*Scriptor Praxis*

Attila Furdek (Hrsg.) /
Matthias Benkeser /
Diana Dragmann

# Denkfehler als Bereicherung des Mathematikunterrichts

## Lösungen analysieren und verstehen

**Die Autoren**

**Attila Furdek** unterrichtet seit 1992 Mathematik am Gymnasium „Heimschule Lender" in 77880 Sasbach. Aus typischen Denkfehlern aus dem Unterricht didaktisches Kapital zu schlagen war und ist ein wichtiges Anliegen von ihm. Neben zahlreichen Veröffentlichungen hielt er auch Vorträge zur Fehlerthematik an den didaktischen Seminaren der Universitäten Freiburg und Karlsruhe sowie an der Landesakademie für Fortbildung und Personalentwicklung an Schulen in Esslingen.

**Matthias Benkeser** unterrichtet seit 2000 Mathematik und Physik am Gymnasium „Heimschule Lender" in 77880 Sasbach. Er hat mehrere gemeinsame Veröffentlichungen mit Attila Furdek, mit dem er seit über 20 Jahren zusammenarbeitet.

**Diana Dragmann** studierte Informatik und arbeitet als Softwareentwicklerin, hat aber eine große Vorliebe für Mathematik. Sie arbeitet seit über zehn Jahren mit Attila Furdek und Matthias Benkeser zusammen und hat mehrere gemeinsame Veröffentlichungen mit den beiden Autoren.

Projektleitung: Dorothee Weylandt, Berlin

Redaktion: Stefan Giertzsch, Werder (Havel)

Umschlagabbildung: stock.adobe.com / Kobby

Umschlaggestaltung: Corinna Babylon, Berlin

Zeichnungen und Grafiken Innenteil: Attila Furdek und Diana Dragmann, Achern

Layoutkonzept: Studio SYBERG, Berlin

Technische Umsetzung: Compuscript Ireland and Chennai

**www.cornelsen.de**

1. Auflage 2024



Druck: H. Heenemann, Berlin

ISBN 978-3-589-16954-2

PEFC zertifiziert

Dieses Produkt stammt aus nachhaltig bewirtschafteten Wäldern und kontrollierten Quellen.

www.pefc.de

*für Daniel und Julia*

# Inhalt

# Vorwort

Fast alle Mathematikbücher folgen demselben Muster: Sie bieten nur fehlerfreie Lösungen an. Dadurch vermitteln sie aber die irreführende Botschaft: Es lässt sich auf Anhieb stets eine vollständige und richtige Lösung finden. Die Leser dieser Bücher machen aber die Erfahrung, dass im „mathematischen Alltag" der Weg, der letztendlich zum richtigen Ergebnis führt, häufig mit Fehlern und Fehlversuchen gepflastert ist. Diese auffallende Diskrepanz zwischen den Büchern und der persönlichen Erfahrung kann unerwünschte Folgen haben. Es kann bei Lesern der Eindruck entstehen, dass nur sie Schwierigkeiten hätten, Aufgaben zu lösen und Mathematik zu verstehen.

Dieses Buch hat eine andere Philosophie. Es löst Aufgaben auf mehrere Arten. Das Besondere dabei: Die unterschiedlichen Lösungen sind zwar alle in sich schlüssig, führen aber zu unterschiedlichen Ergebnissen. So wird ein Spannungsfeld erzeugt, das die Neugier des Lesers wecken soll: Was stimmt nun, was nicht und warum? Auf diese Art und Weise wird aus jeder Aufgabe eine spannende Knobelaufgabe.

Einige der Gedankengänge sind geradezu verführerisch. Man wird sich oft dabei ertappen, dass man genauso vorgegangen wäre.

Zum Aufbau des Buches:
In *Kapitel 1* beschreiben die Autoren Methoden und didaktische Ansätze, die sich im täglichen Unterricht bewährt haben. Alle Methoden haben das Ziel, im Unterricht aus Denkfehlern didaktisches Kapital zu schlagen. Die Beschreibung der einzelnen Methoden erfolgt folgendermaßen: Zunächst wird eine Methode kurz dargestellt. Gleich danach folgen mehrere relevante Beispiele, durch die die Leserinnen und Leser eine erste Vorstellung über mögliche Anwendungen bekommen. Anschließend wird eine mögliche Durchführung der Methode präsentiert. Die Leserinnen und Leser können sich damit die Methode auch im Unterricht vorstellen. Schließlich wird der didaktische Hintergrund erläutert. Kapitel 1 wird mit methodenübergreifenden Bemerkungen sowie mit Anregungen und Tipps zur Anwendung der Methoden abgerundet.

In *Kapitel 2* findet man Arbeitsblätter zum Kopieren. Es werden hier Aufgaben auf mehrere Arten gelöst. Alle Lösungen sind plausibel, sie führen aber zu unterschiedlichen Ergebnissen. Es bleibt zunächst offen, was davon zutrifft und was nicht. Man wird also mit intelligenten Denkfehlern konfrontiert. Die Leserinnen und Leser stehen stets vor einem Rätsel und versuchen in der Regel, allein Klarheit zu schaffen – wohl wissend, dass sie ihre Vermutungen in Kapitel 3 prüfen können.

Tipps für den Unterricht: Stehen auf einer Seite zwei Aufgaben zum selben Themenkreis, können natürlich beide Aufgaben kopiert werden. Es kann aber auch eine der Aufgaben beim Kopieren abgedeckt werden. Bei den sehr wenigen Aufgaben, deren Lösungen sich über zwei Seiten erstrecken, empfehlen wir eine beidseitige Kopie.

Die meisten Aufgaben sind nach Themen sortiert. Unter „Vermischtes" findet man Aufgaben zu verschiedenen Themenkreisen.

Unter „Weitere interessante Gedankengänge" zeigen die Autoren neben Schülerideen auch einige Klassiker, darunter exemplarisch einige spannende Widersprüche, die man nicht auflösen kann – sogenannte Paradoxien.

In *Kapitel 3* werden die Widersprüche aus Kapitel 2 erklärt und die Denkfehler aufgelöst. Die Autoren legen Wert darauf, dies nicht kurz und knapp, sondern ausführlich zu tun. Sie beschränken sich nicht nur darauf, den Denkfehler zu benennen. Die Leserinnen und Leser erfahren auch, wie man allein Einiges hätte entdecken können. Oft werden zudem Lehren gezogen, die über die gestellte Aufgabe hinausweisen. Ferner werden den Leserinnen und Lesern an einigen Stellen weitere, neue Lösungswege angeboten.

Diese Erläuterungen dienen auch als Vorlage für Lehrerinnen und Lehrer, die einen Widerspruch mit der Klasse besprechen möchten. Sie sind darüber hinaus dazu geeignet, an interessierte Schülerinnen und Schüler ausgeteilt zu werden.

Bei den Paradoxien handelt es sich um nicht auflösbare Widersprüche. Obwohl man diese „klassisch" nicht erklären kann, führen die Erläuterungen trotzdem zum besseren Verständnis und ermöglichen einen Blick über den Tellerrand hinaus.

Seit gut 30 Jahren beschäftigt sich der Autor Attila Furdek mit Denkfehlern. Dieses Buch beinhaltet die Quintessenz seiner Leidenschaft für dieses Thema.

Die ausgewählten Beispiele decken ein breites Spektrum der Schulmathematik ab und haben den Anspruch, in die Tiefe zu gehen.

Der Löwenanteil der Gedankengänge sind Schülerideen, die im täglichen Unterricht aufkamen und von den Autoren in die vorliegende Form gebracht wurden. In dieser Form sind sie mehrfach erfolgreich im Unterricht erprobt worden.

Dieses Buch richtet sich an alle, die logisches Denken mögen.

Mathematiklehrerinnen und Mathematiklehrern bietet dieses Buch die Möglichkeit, den Unterricht durch passende Beispiele spannender und abwechslungsreicher zu gestalten und die Motivation der Klasse zu steigern.

Für Schülerinnen und Schüler kann es ein Übungsheft sein. Sie lernen, wie man mit Fehlern sinnvoll umgehen kann. Dadurch wird auch die Angst vor Fehlern abgebaut, und Schülerinnen und Schüler lernen, den Wert eines selbst entdeckten Fehlers zu schätzen.

Wir hoffen, mit dem Buch eine originelle Ergänzung zu den klassischen Mathematikbücher anbieten zu können.

Vor allem aber wünschen wir dem Leser viel Spaß bei der Lektüre!

Das Autorenteam

# 1 Methoden zum Umgang mit Denkfehlern

Was erwartet Sie in diesem Kapitel?

In Kapitel 1 werden Methoden und didaktische Ansätze beschrieben, die sich im täglichen Unterricht bewährt haben.
Alle Methoden haben das Ziel, im Unterricht aus Denkfehlern didaktisches Kapital zu schlagen.
Die Beschreibung der einzelnen Methoden geschieht folgendermaßen:
Zunächst wird eine Methode kurz dargestellt. Danach folgen mehrere relevante Beispiele, durch die die Leserinnen und Leser eine erste Vorstellung über mögliche Anwendungen bekommen.
Anschließend wird eine mögliche Durchführung der Methode präsentiert. Die Leserinnen und Leser können sich damit die Methode auch im Unterricht vorstellen. Schließlich wird der didaktische Hintergrund erläutert.
Das Kapitel wird mit methodenübergreifenden Bemerkungen sowie mit Anregungen und Tipps zur Anwendung der Methoden abgerundet.

Es folgen einige Methoden aus der Praxis, die der Autor Attila Furdek seit 30 Jahren im Unterricht systematisch anwendet. Diese Ansätze hat er selbst entwickelt.

# 1.1 Die Arbeitsblatt-Methode

Die Lehrperson teilt der Klasse ein umgedrehtes Blatt aus. Jeder Schüler faltet das Blatt so, dass man zunächst nur die Aufgabe sieht, die Lösungen nicht.

### 1.1.1 Beispiele

*Beispiel 1*
Berechne die Winkelsumme in einem Siebeneck.

**Janiks Lösung**
Ich zerlege das Siebeneck mithilfe von Diagonalen.
So entstehen fünf Dreiecke.
In jedem Dreieck beträgt die Winkelsumme 180°.
Insgesamt erhalte ich $5 \cdot 180° = 900°$.
Die Winkelsumme beträgt 900°.

**Erikas Lösung**
Ich zerlege das Siebeneck wie eine Geburtstagstorte.
So entstehen sieben Dreiecke.
In jedem Dreieck beträgt die Winkelsumme 180°.
Insgesamt bekomme ich $7 \cdot 180° = 1260°$.
Die Winkelsumme ist 1260°.

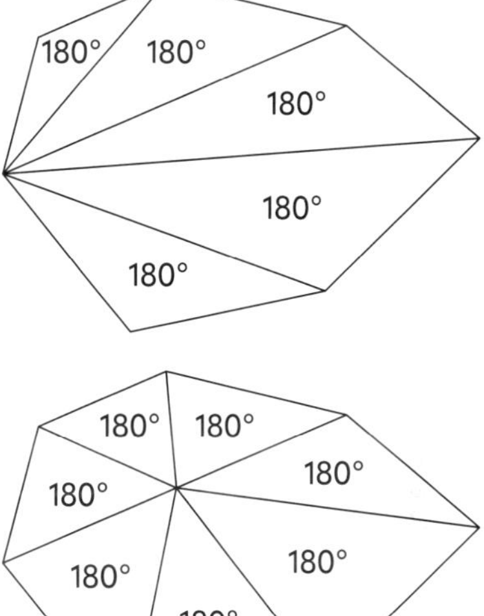


Wie ist es nun?

*Beispiel 2*
Gegeben sind $f(x) = 0{,}5x^2 + x + t$ und $g(x) = tx + t$ wobei $t \in \mathbb{R}$, Parameter.
Ermittle f so, dass sich die Schaubilder von f und g berühren.

**Timos Lösung**
Durch Gleichsetzen folgt:
$0{,}5x^2 + x + t = tx + t$
$0{,}5x^2 + x - tx = 0$
$x \cdot (0{,}5x + 1 - t) = 0$
$x = 0$ oder $0{,}5x + 1 - t = 0 \quad | + t - 1$
$x_1 = 0$ oder $0{,}5x = t - 1 \quad | \cdot 2$
$x_2 = 2t - 2$
Bei Berührung gibt es genau einen gemeinsamen Punkt. Dies ist dann der Fall, wenn die zwei Lösungen übereinstimmen.
$x_1 = x_2$
$0 = 2t - 2$
$t = 1$
Eingesetzt in den allgemeinen Term folgt:
$f(x) = 0{,}5x^2 + x + 1$

**Hannahs Lösung**
Die Steigung der Funktion f ist
$f'(x) = x + 1$
Die Steigung der Geraden ist
$m = t$
Bei Berührung müssen die zwei Steigungen gleich sein:
$t = x + 1$
Eingesetzt in den allgemeinen Term bekommt man
$f(x) = 0{,}5x^2 + x + x + 1$
$f(x) = 0{,}5x^2 + 2x + 1$

Wie ist es nun?

*Beispiel 3*
Die HIV-Rate bei Menschen, die sich vorsichtig verhalten, beträgt lediglich 0,01 %. Ein Aids-Test hat folgende sehr hohe Genauigkeiten:
Wird eine infizierte Person getestet, ist der Test zu 99,9 % positiv.
Umgekehrt ist das Testergebnis einer gesunden Person zu 99,99 % negativ.
Die Frage: Mit welcher Wahrscheinlichkeit ist eine positiv getestete vorsichtige Person tatsächlich infiziert?

**Florians Lösung**
Ich muss also den Fall ausschließen, dass eine nicht infizierte Person positiv getestet wird. Die Wahrscheinlichkeit hierfür ist:
$0{,}9999 \cdot 0{,}0001 = 0{,}000\,099\,99$
Die Gegenwahrscheinlichkeit ist damit
$1 - 0{,}000\,099\,99 = 0{,}999\,900\,01$
Die gesuchte Wahrscheinlichkeit beträgt 99,990 001 %.

**Miriams Lösung**
Werden 10 000 Personen auf HIV getestet, so erhalten zwei einen positiven Test. Die eine, weil sie infiziert ist und die andere, weil ihr Test positiv ausfällt, obwohl sie nicht infiziert ist. In beiden Fällen handelt es sich um einen Anteil von 0,01 % und 0,01 % von 10 000 ist 1.
Zwei Personen erhielten also einen positiven Test, infiziert ist aber nur die eine. Dies bedeutet: Die gesuchte Wahrscheinlichkeit beträgt 50 %.

**Peters Lösung**
Gesucht ist die Wahrscheinlichkeit, positiv getestet und infiziert zu sein.
Es ergibt sich:
$0{,}0001 \cdot 0{,}999 = 0{,}000\,099\,9$
Die gesuchte Wahrscheinlichkeit beträgt 0,009 99 %.

Wie ist es nun?

### 1.1.2 Durchführung der Arbeitsblatt-Methode

***1. Phase:*** Jeder Lernende versucht die Aufgabe ganz allein zu lösen. Dies kann im Heft oder auf der Kehrseite des gefalteten Blattes erfolgen.
***2. Phase:*** Nachdem ein Lernender eine eigene Lösung hat *oder* keine Ideen mehr hat *oder* einfach zu neugierig ist, faltet er das Papier auf. Jetzt sieht er das ganze Blatt. Es enthält mehrere Schülerlösungen zur gestellten Aufgabe. Die Lösungswege führen zu unterschiedlichen Ergebnissen. Die Schülerinnen und Schüler sollen selbst entscheiden, was richtig bzw. was falsch ist und warum.
*Erfahrungswert*: Es kommt häufig vor, dass eine der Lösungen auf dem Blatt mit der Lösung von Schülerinnen oder Schülern übereinstimmt.
***3. Phase:*** Die Lernenden teilen der Lehrperson ihre Vermutungen einzeln mit. Es sind also kurze Gespräche unter vier Augen. Dazu stehen in einer Ecke des Unterrichtsraumes zwei Stühle. Auf einem Stuhl sitzt die Lehrperson. Die Lernenden kommen einzeln auf ihn zu; die anderen stehen Schlange und halten Abstand.
*Anmerkung*: Jeder Lernende kann sich „ausdenken“, in seinem eigenen Tempo. Keiner wird unterbrochen oder beeinflusst. In wenigen Minuten sind etwa 15 Gespräche realistisch.
***4. Phase:*** Die Lehrperson schafft Klarheit mit der ganzen Klasse. Dies erfolgt entweder in derselben Stunde oder erst in der nächsten Stunde. Es kann ein Gespräch sein oder die Klasse erhält ein Blatt mit Erläuterungen.
Bei *Beispiel 1* ist es möglich und sinnvoll, den Fehler gleich nach den Gesprächen unter vier Augen mit der ganzen Klasse zu besprechen. Der Fehler wird auch in Form eines Merksatzes festgehalten.
Bei *Beispiel 2* kommt es auf die Reaktion der Klasse an. Wenn viele Lernende den Fehler entdeckt haben oder sich eine Mehrheit der Klasse eine Klärung wünscht, kann dies noch in derselben Stunde

erfolgen. Wenn aber ein Großteil der Klasse noch weiter nachdenken möchte, so kann die Besprechung des Fehlers auf die nächste Stunde verschoben werden.
Bei *Beispiel 3* sollte man die Klärung des Widerspruchs unbedingt auf die nächste Stunde verschieben. Denn: Bei solchen komplexen und tiefgreifenden Phänomenen ist das Gewinnen von Erkenntnissen, die zur Entdeckung des Fehlers führen können, ein mehrstufiger Prozess, der ohne Zeitdruck ablaufen soll. Die Erläuterung des Fehlers sollte daher erst später erfolgen.
Nachdem einige Lernende in der kommenden Stunde ihre Vermutungen vor der ganzen Klasse geäußert haben, kann die Lehrperson ein klärendes Blatt austeilen (siehe dazu Erläuterungen zur Aufgabe „Fehlerquoten" in Kapitel 3, S. 134).

*Anmerkung:* Bei komplexeren Zusammenhängen hat das Austeilen von Blättern mehrere Vorteile gegenüber einer ausschließlich mündlichen Erklärung. Es spart viel Zeit – denn die Lernenden hören ihren Mitschülerinnen und Mitschülern und der Lehrperson zu, ohne etwas aufschreiben zu müssen. Außerdem wird so sichergestellt, dass das Wichtigste für jeden Lernenden korrekt vorliegt.

### 1.1.3 Didaktischer Hintergrund

Indem die Lehrperson der Klasse Musterfehler von unbeteiligten Dritten vorlegt, entlastet sie sie emotional von jeder Verantwortung für die gemachten Fehler, bietet aber gleichzeitig ohne jeden Zwang die Möglichkeit an, sich mit den „Fehlermachern" zu identifizieren, nach dem Motto „so hätte ich es vielleicht auch versucht". Die Klasse weiß ja, dass es sich um typische Schülerfehler handelt. Somit wird eine mittelbare, aber wegen der Emotionalisierung nachhaltige Erfahrungsübernahme und Steigerung des Urteilsvermögens erreicht.
Ein Widerspruch hat einen besonderen Reiz auf die Lernenden und regt zum Nachdenken an. Die allermeisten versuchen den Fehler erst einmal allein zu finden. Dabei werden Aspekte vertieft, die bis dahin nur überflogen worden sind. Dadurch trägt dieser Prozess zum besseren Verständnis bei und die Arbeit wird effizienter. Erreicht wird dies vor allem durch die aktive Rolle der Lernenden. Sie haben mehrere Gedankengänge allein geprüft, noch einmal Vieles kritisch hinterfragt und Zusammenhänge selbst entdeckt. Diese selbst gewonnenen Erkenntnisse sitzen bekanntlich viel besser als solche, die man als passiver Empfänger erhalten hat.

## 1.2 Die Tafel-Methode

Diese Methode ergibt sich aus folgender Unterrichtssituation heraus: Ein Lernender stellt an der Tafel seinen Lösungsweg vor, der jedoch einen lehrreichen Fehler enthält. Niemand aus der Klasse bemerkt, dass etwas nicht stimmt. Anstatt den Fehler gleich zu korrigieren, schreibt die Lehrperson eine richtige Lösung an die Tafel, die zu einem anderen Ergebnis führt, und fordert die Klasse auf, beide Lösungswege noch einmal zu untersuchen und zu entscheiden, was richtig bzw. was falsch ist und warum.

### 1.2.1 Beispiele

*Beispiel 4*
Brotteig verliert beim Backen $\frac{1}{5}$ seines Gewichts. Wie viel Brotteig muss man zubereiten, damit das Brot nach dem Backen 1 kg wiegt?

Die Lösung einer Schülerin/
eines Schülers:
1 kg = 1000 g
$\frac{1}{5}$ von 1000 g:
1000 g : 5 = 200 g
1000 g + 200 g = 1200 g
Man braucht 1200 g Brotteig.

Die Lösung einer Lehrerin/
eines Lehrers:
$1 - \frac{1}{5} = \frac{4}{5}$ bleibt übrig.
$\frac{4}{5}$ entspricht 1 kg = 1000 g.
$\frac{1}{5}$ entspricht 1000 g : 4 = 250 g.
Das Ganze: $5 \cdot \frac{1}{5} = 5 \cdot 250 = 1250$
Man braucht 1250 g Brotteig.

*Beispiel 5*
Löse die Gleichung $\sqrt{x^2 - 6x + 9} = 1 - 3x$.

| Die Lösung einer Schülerin/ eines Schülers: | Die Lösung einer Lehrerin/ eines Lehrers: |
|---|---|
| Binomische Formel: | Beide Seiten werden quadriert. |
| $x^2 - 6x + 9 = (x - 3)^2$ | $(\sqrt{x^2 - 6x + 9})^2 = (1 - 3x)^2$ |
| Eingesetzt: | $x^2 - 6x + 9 = 1 - 6x + 9x^2$ |
| $\sqrt{(x-3)^2} = 1 - 3x$ | $8 = 8x^2$ |
| $x - 3 = 1 - 3x$ | $x^2 = 1$ |
| $4x = 4$ | $x_{1/2} = \pm 1$ |
| $x = 1$ | Probe: |
| Ich habe nicht quadriert. | $\sqrt{1^2 - 6 \cdot 1 + 9} = 1 - 3 \cdot 1$ falsch ($\sqrt{4} \neq -2$) |
| Daher keine Probe. | $\sqrt{(-1)^2 - 6 \cdot (-1) + 9} = 1 - 3 \cdot (-1)$ ✓ $(4 = 4)$ |
| Lösung: $x = 1$ | Lösung: $x = -1$ |

### 1.2.2 Durchführung der Tafel-Methode

***1. Phase:*** Die Klasse schreibt von der Tafel beide Lösungswege ab.
***2. Phase:*** Jeder Lernende prüft beide Lösungswege noch einmal und versucht, den Fehler zunächst allein zu finden. Dabei sind leise Gespräche mit den Tischnachbarn möglich.
***3. Phase:*** Die Lernenden teilen der Lehrperson ihre Vermutungen einzeln mit. Es sind also kurze Gespräche unter vier Augen. Dazu stehen in einer Ecke des Unterrichtsraumes zwei Stühle. Auf einem Stuhl sitzt die Lehrperson. Die Lernenden kommen einzeln auf sie zu; die anderen stehen Schlange und halten Abstand.
***4. Phase:*** Die Lehrperson schafft in einem Unterrichtsgespräch Klarheit mit der ganzen Klasse. Die gewonnene Erkenntnis wird auch in Form eines kurzen Merksatzes festgehalten.
*Erfahrungswerte*: Die Tafel-Methode ist dann sinnvoll, wenn eine Schülerin oder ein Schüler einen lehrreichen Denkfehler macht. Dies sind zum Beispiel:

- Fehler, die bei Schülerinnen und Schülern häufig auftreten,
- Fehler, die zum besseren Verständnis führen,
- Fehler, die in die Tiefe gehen,
- Fehler, die neue Erkenntnisse bringen,
- Fehler, die bestimmte Zusammenhänge erläutern.

Für diese Methode eignen sich jedoch nur Gedankengänge, die nicht zu lang sind. Die längeren Gedankengänge würden den Rahmen (Platz an der Tafel, Zeitfaktor) sprengen. Für diese ist daher die Arbeitsblatt-Methode geeigneter.
Es ist von Vorteil, wenn die zwei Lösungen nebeneinander stehen.
Die Lehrperson sollte den Fehler im Anschluss an die Gespräche unter vier Augen mit der ganzen Klasse besprechen.

*Anmerkung*: An dem Lernenden, der einen Denkfehler machte, sollte nichts Negatives haften bleiben. Er kann sogar ein Lob dafür erhalten, dass er einen interessanten Vergleich ermöglichte.
*Bemerkung*: Es wäre zumindest ab und zu sinnvoll, dass die Lösung des Lernenden richtig ist und die Lehrperson mit seiner verführerischen Lösung falsch liegt. Begründung: Nur so bleibt für die Klasse wirklich offen, welche Lösung nun richtig ist. Außerdem wird eindrucksvoll widerlegt, dass Lehrpersonen immer Recht haben müssen.

### 1.2.3 Didaktischer Hintergrund

An der Tafel gemachte Fehler werden von den Lehrpersonen in der Regel sofort korrigiert. Dadurch wird der Sachverhalt zwar richtiggestellt, aber die Klasse spielt dabei nur eine Zuschauerrolle. Dies hat als Folge, dass sowohl die gemachten Fehler als auch deren Korrekturen nur eine passive Rolle spielen. Deswegen können sie von den Schülerinnen und Schülern nicht wirklich verinnerlicht werden. Dies ist ein wesentlicher Grund dafür, dass sich bestimmte Fehler trotz erfolgter Korrekturen immer wiederholen.

Dadurch, dass bei dieser Methode an der Tafel zwei Lösungen stehen, die zu unterschiedlichen Ergebnissen führen, wird für die Klasse sofort klar, dass etwas nicht stimmt. Sie erkennt die *Notwendigkeit*, den Fehler zu finden, ihn zu verstehen und dadurch Klarheit zu schaffen.

Auch diese Methode baut auf die *aktive Beteiligung* der Schülerinnen und Schüler. Sie müssen beide Gedankengänge sorgfältig prüfen, dabei Vieles kritisch hinterfragen und Einiges neu denken. So werden Aspekte vertieft, die bis dahin nur gestreift worden sind. Dieser Prozess trägt zum besseren Verständnis bei.

Ferner dürfen sich die Schülerinnen und Schüler mit ihren Nachbarn austauschen. Die Methode ermöglicht also auch eine *Partnerarbeit*.

Wenn die Lehrperson den Fehler anschließend mit der ganzen Klasse bespricht, fallen seine Erklärungen auf einen fruchtbaren Boden. Die Lernenden können den *Fehler einordnen*. Viele erleben sogar einen Aha-Effekt.

Ein psychologisch wesentlicher Punkt: Der Fehler wird von der Klasse nicht als fremd oder uninteressant empfunden, sondern die Klärung des Fehlers ist ein *Erfolgserlebnis*, eine Art „Gemeinschaftsproduktion“, bei der die Klasse eine wichtige Rolle spielt.

Fehler werden häufig schnell weggewischt, als hätte es sie nie gegeben. Bei dieser Methode bleiben sie aber an der Tafel stehen. Sie spielen sogar eine Art Hauptrolle und werden rot markiert. Die neuen Erkenntnisse werden schriftlich festgehalten und stehen der Klasse auch später, bei einer Wiederholung zur Verfügung. Die Methode ist dadurch *nachhaltig*.

## 1.3 Spiel-Methode

Die Lehrperson macht ab und zu typische Fehler an der Tafel (mit Absicht). Wird der Fehler von jemandem bemerkt, so hat die ganze Klasse ein „Tor“ geschossen. Bemerkt niemand den Fehler, so hat die Lehrperson ein Tor geschossen. Das Ganze läuft wie eine Art Spiel zwischen der Klasse und der Lehrperson. Das jeweilige Ergebnis wird stets an der Tafel angezeigt, zum Beispiel:

| 7a | Lehrer | oder | 10d | Lehrerin |
|---|---|---|---|---|
| 0 | 1 | | 1 | 0 |
| 1 | 1 | | 2 | 0 |
| 2 | 1 | | 3 | 0 |

Das Spiel geht jeweils nur über eine Schulstunde oder über eine Doppelstunde. Die Ergebnisse werden nicht auf die nächste Stunde übertragen.

War die Klasse besonders erfolgreich, kann sie belohnt werden. Sie bekommen etwas weniger Hausaufgaben, bei 5 : 0 für die Klasse gar keine Hausaufgaben. Natürlich deckt der Lehrer den Fehler auch auf, wenn die Lernenden ihn nicht entdeckt haben. Zunächst folgen wieder einige Beispiele und anschließend eine mögliche Durchführung der Methode.

Beachten Sie: Damit das Spiel zügig läuft, sind nur solche Fehler geeignet, die die Klasse in kurzer Zeit erfassen und selbst entdecken kann. Sie haben den Charakter eines Witzes: Sie haben jeweils eine einzige klare Pointe. Daher ist es wichtig, bei dieser Methode stets Fehler mit geringem Umfang einzusetzen.

### 1.3.1 Beispiele

Beachten Sie: Die Aufgaben liegen der Klasse vor. Die Lehrperson schreibt an die Tafel nur Lösungen dazu.

*Beispiel 6*
Daniel bekommt 15 € Taschengeld, Anne 30 € und Tim 45 €.
Um wie viel Prozent ist Tims Taschengeld höher als Daniels Taschengeld?

Lösung:
$15\,€ \xrightarrow{100\,\%\text{ mehr}} 30\,€ \xrightarrow{50\,\%\text{ mehr}} 45\,€$
$100\,\% + 50\,\% = 150\,\%$

*Beispiel 7*
Auf wie viele Arten kann man aus sechs Spielern zwei Dreiermannschaften bilden?

Lösung:
Die erste Mannschaft kann man auf $\binom{6}{3} = 20$ Arten bilden. Die drei nicht ausgewählten Spieler bilden automatisch die zweite Mannschaft.
Antwort: Auf 20 Arten.

*Beispiel 8*
$(2x - 3y)^2 = (2x)^2 - 2 \cdot 2x \cdot (-3y) + (3y)^2$

*Beispiel 9*
Die Summe zweier positiven ganzen Zahlen ist 6612. Dividiert man die größere Zahl durch die kleinere (Division mit Rest), so bekommt man als Quotienten 75. Wie lauten die zwei Zahlen?

Lösung:
Systematisches Probieren ergibt 6526 und 86.
Probe: 6526 + 86 = 6612 und 6526 : 86 = 75

$$\begin{array}{r} \underline{602} \\ 506 \\ \underline{430} \\ 76 \end{array}$$

Die gesuchten Zahlen lauten 6526 und 86.

*Beispiel 10*
Rosinen entstehen aus Trauben durch Trocknung. 40 kg Trauben mit einem Wassergehalt von 90 % wurden in die Sonne gelegt. Nach einer gewissen Zeit stellte man fest, dass sie nur noch einen Wassergehalt von 50 % haben.
Wie viel Wasser ist verdunstet?

Lösung:
90 % – 50 % = 40 % Wasser ist verdunstet.
40 kg ↔ 100 %
4 kg ↔ 10 %
16 kg ↔ 40 %
Es sind 16 kg Wasser verdunstet.

*Beispiel 11*
Eine faire Münze wird geworfen. Was ist wahrscheinlicher:
A: „2-mal Kopf aus 3 Würfen“ oder B: „3-mal Kopf aus 4 Würfen“?

Lösung:
$P(A) = \frac{2}{3}$, denn von den 3 möglichen Fällen sind 2 günstig.
$P(B) = \frac{3}{4}$, denn von den 4 möglichen Fällen sind 3 günstig.
$\frac{3}{4} > \frac{2}{3} \Rightarrow$ B ist wahrscheinlicher als A.

*Beispiel 12*
In einem Fischteich gibt es 1800 Forellen. Ohne Abfischen würde sich die Anzahl der Forellen alle sechs Monate verdoppeln (exponentielles Wachstum).
Wie viele Fische können täglich abgefischt werden, damit der Bestand von 1800 Forellen erhalten bleibt? Runde sinnvoll.

Lösung:
Zuwachs von 1800 Fischen in 6 Monaten, also in $6 \cdot 30 = 180$ Tagen.
Der Durchschnittswert beträgt 1800 : 180 = 10 Forellen am Tag.
Es können täglich 10 Forellen abgefischt werden.

*Beispiel 13*
$0 \neq 1$ falsch

*Beispiel 14*
Wie viele Stellen hat die Zahl $3^{1\,000\,000\,000}$?

Lösung:
Laut Taschenrechner ist $3^{100}$ eine 48-stellige Zahl.
Andererseits ist $3^{1\,000\,000\,000} = (3^{100})^{10\,000\,000}$. Daraus folgt:
Es gibt $48 \cdot 10\,000\,000 = 480\,000\,000$ Ziffern.
Die Zahl ist 480 000 000-stellig.

*Beispiel 15*

Ein altes Elektrogerät besteht aus vier Bauteilen $T_1$, $T_2$, $T_3$, $T_4$, die nur noch mit den Wahrscheinlichkeiten 0,7; 0,4; 0,3 und 0,6 funktionieren. Das Gerät besteht aus einer Parallelschaltung und zwei Reihenschaltungen.
Eine Reihenschaltung funktioniert, wenn beide Bauteile funktionieren. Die Parallelschaltung funktioniert, wenn mindestens eine Bauteilgruppe funktioniert.
Ermittle die Wahrscheinlichkeit für das Ereignis E: Das Gerät funktioniert.

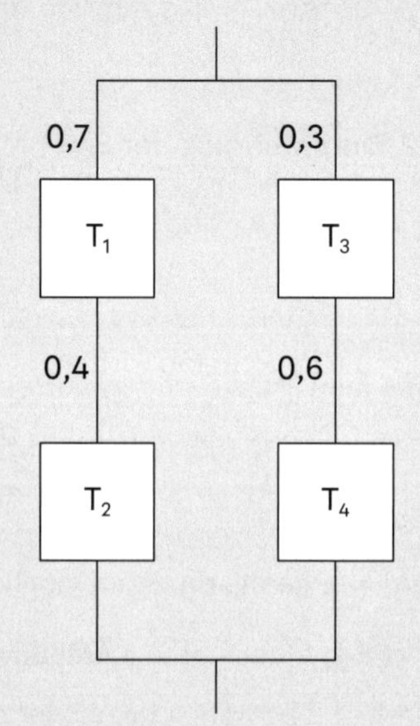


Lösung:
Mit den Pfadregeln folgt.

$$P(A) = \underset{T_1}{0{,}7} \cdot \underset{T_2}{0{,}4} + \underset{T_3}{0{,}3} \cdot \underset{T_4}{0{,}6} = 0{,}46$$

*Anmerkung*: Der Lehrer kann Spannung und Neugier erzeugen, indem er anregt:
Wären alle vier Wahrscheinlichkeiten 0,9 gewesen, so erhielten wir

$$P(A) = \underset{T_1}{0{,}9} \cdot \underset{T_2}{0{,}9} + \underset{T_3}{0{,}9} \cdot \underset{T_4}{0{,}9} = 1{,}62$$

Das Ergebnis 1,62 muss aber falsch sein, denn keine Wahrscheinlichkeit ist größer als 1.

*Beispiel 16*

$$\frac{2(x-4)}{x^2-4} - \frac{5+2x}{x^2-4} = \frac{x(x+4)}{x^2-4} \quad | \cdot (x^2-4)$$

$$2x - 4 - 5 + 2x = x^2 + 4x$$

*Beispiel 17*

Berechne die Wahrscheinlichkeit des Ereignisses E: Man hat genau drei Richtige im Lotto 6 aus 49.

Lösung:

$$P(E) = \underset{R}{\frac{6}{49}} \cdot \underset{R}{\frac{5}{48}} \cdot \underset{R}{\frac{4}{47}} = \frac{120}{110\,544} = \frac{5}{4606}$$

*Beispiel 18*

Aus den Ziffern 1, 2, 3, 4, 5, 6, 7, 8, 9 werden alle fünfstelligen Zahlen gebildet. Wie viele Zahlen entstehen insgesamt?

Lösung:
Die kleinste Zahl, die man bilden kann, ist die 11 111.
Die größte Zahl, die man bilden kann, ist die 99 999.
Es gibt also insgesamt 99 999 – 11 111 = 88 888 Zahlen.

*Beispiel 19*
Berechne den Grenzwert $\lim\limits_{n\to\infty}\left(\frac{1+2+3+\ldots+2n}{n^2}\right)$

Lösung:

$$\lim_{n\to\infty}\left(\frac{1+2+3+\ldots+2n}{n^2}\right)$$
$$= \lim_{n\to\infty}\frac{1}{n^2} + \lim_{n\to\infty}\frac{2}{n^2} + \lim_{n\to\infty}\frac{3}{n^2} + \ldots + \lim_{n\to\infty}\frac{2}{n}$$
$$= 0 + 0 + 0 + \ldots + 0 = 0$$

### 1.3.2 Durchführung der Spiel-Methode

Wird ein Fehler von den Lernenden nicht bemerkt, notiert die Lehrperson ein Tor für sich an der Tafel. Anschließend verlässt sie den Raum und wartet hinter der Tür. Schülerinnen und Schüler, die eine Idee haben, kommen einzeln heraus (die Tür bleibt halboffen, die Aufsichtspflicht wird daher erfüllt, die Lehrperson wirft ab und zu einen Blick ins Klassenzimmer).
Die Gespräche zwischen der Lehrperson und den Schülerinnen und Schülern sind leise. Lernende, die Recht haben, erhalten ein Lob und dürfen draußen bleiben (damit sie den anderen Lernenden den Fehler nicht verraten können). Lernende, die falsch lagen, müssen zurück ins Klassenzimmer.
Eine Alternative zum Verlassen des Raums: Einen Zusatzstuhl neben den Lehrertisch stellen. Die Gespräche finden dann unter vier Augen und im Flüsterton statt.
Das Ganze dauert etwa drei Minuten. Anschließend schafft man Klarheit mit der ganzen Klasse. Das Wichtigste wird auch schriftlich festgehalten.

*Anmerkung:* Es ist erstaunlich, wie viele unterschiedliche Anregungen die Schülerinnen und Schüler mitbringen. Die Klasse wird elektrisiert und kommt in einen kreativen und aktiven Zustand.
Viele Lernende nehmen das Angebot an, eine persönliche Meinung zu äußern. Im Schnitt kann man in 2–3 Minuten mit ca. 20 Schülerinnen und Schülern unter vier Augen sprechen. Während der Gespräche empfehlen wir folgende Haltung: Man stelle sich ein bisschen dumm und die Schülerinnen und Schüler müssen der Lehrperson alles überzeugend erklären – und nicht umgekehrt.
Bei der Durchführung des Spiels gibt es eine Möglichkeit, die Motivation der Klasse sprunghaft zu steigern: Man lässt die Klasse bereits nach ca. 10 Minuten mit 4 : 0 in Führung gehen. Dadurch entsteht ein hoher Spannungsfaktor, denn jeder weiß: nur noch ein einziger entdeckter Fehler und die Klasse bekommt keine Hausaufgaben. Als Lehrperson braucht man natürlich Nerven, noch 40 Minuten fehlerfrei durchzuhalten. Aber es lohnt sich. Nicht zuletzt, weil man so garantiert auch mal verlieren wird – und das ist gut so. Dieses Spiel spielt der Autor Attila Furdek täglich, seit 30 Jahren. Bei ihm erhalten die Klassen mit einem 5 : 0 etwa 3 Mal pro Schuljahr Hausaufgabenfrei.
Im Gegenzug steigt die Aufmerksamkeit der Klasse in jeder Stunde.
Ein Nebeneffekt der Methode: Man erfährt ständig, wie viele Fehler man ohne Absicht macht.

### 1.3.3 Didaktischer Hintergrund

Diese Methode hat den Vorteil, dass das Mitverfolgen der Gedankengänge und Rechenwege bei vielen Lernenden selbstverständlich wird. Nicht unbedingt wegen der Mathematik. Sie spielen einfach das Spiel gerne mit und möchten erreichen, dass sie gegen die Lehrperson gewinnen (und keine Hausaufgaben bekommen).
Bei dieser Methode tritt ein spannender Rollenwechsel auf. Die Lernenden korrigieren die Lehrperson statt umgekehrt. Aus den Gejagten werden die Jäger!
Uns ist keine andere Methode bekannt, die themenübergreifend in allen Altersstufen jede Klasse so stark motiviert und vielen Schülerinnen und Schülern sogar Spaß bereitet.
Dieses Spiel hat auch eine soziale Komponente: Es stärkt das Gemeinschaftsgefühl.

## 1.4 Methodenübergreifende Bemerkungen

Die Faustregel lautet: Die Ansätze müssen einem gefallen. Spricht einen eine bestimmte Idee nicht an, sollte man es lieber lassen.
Bei den dargestellten Durchführungen handelt es sich nur um *mögliche* Vorgehensweisen. Sie stellen einen erprobten Ausgangspunkt für ein erstes Ausprobieren der Methoden dar. Jede Lehrperson kann diese an ihren Unterrichtsstil anpassen und sie mit der Zeit weiterentwickeln und verfeinern.
Eine Vorbereitung auf die Gespräche über einen Fehler ist nur bedingt möglich. Man muss jederzeit schnell und spontan auf die verschiedensten Anregungen reagieren können. Dies kann mitunter anstrengend sein. Anstrengender als ein klassischer Frontalunterricht. Aber auch viel interessanter...
Ein Widerspruch in einem Lösungsweg ist wie das Salz in der Suppe: Zu viel Salz macht die Suppe ungenießbar. Es gibt kein Universalrezept. Aus der Praxis kann man aber sagen, dass ein Fehler pro Unterrichtsstunde in der Regel nicht zu viel ist.
Man sollte jedoch vermeiden, eine neue Lehrplaneinheit gleich mit einem Fehler zu beginnen. Begründung: Um einen Fehler entdecken zu können, braucht man solide Grundkenntnisse zum Thema. Zunächst sollte man diese aufbauen. Anschließend kann man dann die Klasse durch gezielt eingebaute Fehler auf die Probe stellen, um weitere Erkenntnisse zu gewinnen und den Stoff zu vertiefen.
Ebenso sollte man Fehler vermeiden, die an den Haaren herbeigezogen sind. Die besten ergeben sich übrigens im täglichen Unterricht.
Der Schwierigkeitsgrad der Fehler muss dem Niveau der jeweiligen Klasse entsprechen. Dies ist unseres Erachtens nach dann der Fall, wenn etwa ein Drittel der Lernenden den Fehler knacken. Schwierigere Fehler kann man aber als wahlfreie Hausaufgabe geben oder gezielt für die Förderung begabter Schülerinnen und Schüler verwenden. In beiden Fällen ist das Austeilen von Blättern zu empfehlen.

## 1.5 Anregungen bevor Sie diese Methoden ausprobieren

Zur **Arbeitsblatt-Methode** finden Sie etwa 90 ausgewählte Beispiele im Buch. Diese kann man teilweise auch zur **Spiel-Methode** anwenden. Die nötigen korrekten Lösungen zur **Tafel-Methode** liegen Ihnen stets vor.
Die dargestellten Methoden sind gewöhnungsbedürftig, sowohl für die Lehrpersonen als auch für die Schülerinnen und Schüler. Letztere machen ganz am Anfang große Augen, schon nach wenigen Wochen machen sie aber sehr gerne mit. Nicht nur einige, sondern die große Mehrheit.
*Wagen Sie den ersten Schritt!* Probieren Sie bei Gelegenheit etwas aus. Nur so. Unverbindlich. Ergebnisoffen. Wenn Sie jedoch feststellen, dass Sie auf diesem Wege eine Klasse zum Nachdenken motivieren können, es vielen Spaß macht und die Effizienz der Arbeit steigt, wird es Ihnen leichtfallen, ausgewählte Ansätze immer wieder einzusetzen. Mit der Zeit wird es zur Routine, einige der Methoden gehören dann zu Ihrem Standardrepertoire.
*Ein letzter Tipp*: Notieren Sie sich lehrreiche Fehler aus Ihrem Unterricht gleich. Die besten kann man auch schriftlich ausarbeiten. So entsteht mit der Zeit Ihre eigene wertvolle Sammlung.

Dem Leser möchten wir nun viel Erfolg und viel Spaß wünschen.

Das Autorenteam

# 2

# Aufgaben mit Lösungen – aber welche Lösungen?

Was erwartet Sie in diesem Kapitel?

In Kapitel 2 finden Sie Arbeitsblätter zum Kopieren.
Es werden hier Aufgaben auf mehrere Arten gelöst. Alle Lösungen sind plausibel, sie führen aber zu unterschiedlichen Ergebnissen.
Es bleibt zunächst offen, was davon zutrifft und was nicht. Man wird also mit intelligenten Denkfehlern konfrontiert. Die Leserinnen und Leser stehen stets vor einem Rätsel und versuchen in der Regel, allein Klarheit zu schaffen – wohl wissend, dass sie ihre Vermutungen in Kapitel 3 prüfen können.

Tipps für den Unterricht:
Stehen auf einer Seite zwei Aufgaben zum selben Themenkreis, können natürlich beide Aufgaben kopiert werden. Es kann aber auch eine der Aufgaben beim Kopieren abgedeckt werden.

Bei den sehr wenigen Aufgaben, deren Lösungen sich über zwei Seiten erstrecken, empfehlen wir eine beidseitige Kopie.

Die meisten Aufgaben sind nach Themen sortiert. Unter „Vermischtes“ findet man Aufgaben zu verschiedenen Themenkreisen.

Unter „Weitere interessante Gedankengänge“ zeigen die Autoren neben Schülerideen auch Klassiker, darunter exemplarisch einige spannende Widersprüche, die man nicht auflösen kann – sogenannte Paradoxien.

Name: Klasse: Datum:

## Wertverlust eines Autos

Ein fabrikneues Auto verliert im ersten Jahr $\frac{1}{4}$, im zweiten Jahr $\frac{1}{6}$ und im dritten Jahr $\frac{1}{8}$ seines Neupreises an Wert. Was kostete das nagelneue Auto, das heute 3 Jahre alt ist und noch 15.400 € wert ist?

**Dirks Lösung**

15.400 € entspricht dem Anteil $\frac{7}{8}$. Es folgt 15.400 : 7 = 2.200 und 8 · 2.200 = 17.600 €.

17.600 € entspricht dem Anteil $\frac{5}{6}$. Es folgt 17.600 : 5 = 3.250 und 6 · 3.250 = 21.120 €.

21.120 € entspricht dem Anteil $\frac{3}{4}$. Es folgt 21.120 : 3 = 7.040 und 4 · 7.040 = 28.160 €.

Antwort: Das nagelneue Auto kostete **28.160 €**.

**Anettes Lösung**

Der anteilsmäßige Gesamtverlust beträgt $\frac{1}{4} + \frac{1}{6} + \frac{1}{8} = \frac{13}{24}$.

Der anteilsmäßige Restwert nach 3 Jahren beträgt $1 - \frac{13}{24} = \frac{11}{24}$.

15.400 : 11 = 1.400 und 1.400 · 24 = 33.600.

Antwort: Das nagelneue Auto kostete **33.600 €**.

*Wie ist es nun?*



## Klassensprecherwahl

Es wurden Klassensprecherwahlen durchgeführt. In der Klasse 7A wurde Anna mit 13 von 20 Stimmen Klassensprecherin, in der Klasse 7B wurde Marius mit 16 von 25 Stimmen gewählt. Wer hat bei der Wahl besser abgeschnitten: Anna oder Marius?

**Brunos Lösung**

Anna hat nur 13, Marius aber 16 Stimmen bekommen.
Ein Vergleich zeigt: 16 > 13
Daraus folgt: **Marius** hat bei der Wahl besser abgeschnitten.

**Alinas Lösung**

Ich untersuche, wie viele Stimmen Anna bei einer Klassenstärke von 25 bekommen hätte. Dazu wende ich den Dreisatz an.
20 ↔ 13
25 ↔ ?

$? = \frac{25 \cdot 13}{20} = 16{,}25$

Marius hat 16 Stimmen bekommen. Anna hätte aber 16,25 Stimmen bekommen.
Ein Vergleich zeigt: 16,25 > 16.
Daraus folgt: **Anna** hat bei der Wahl besser abgeschnitten.

*Wie ist es nun?*

Name: Klasse: Datum:

# Mädchen und Jungen

In einer Schulklasse sind 60 % der Kinder Mädchen. 50 % der Mädchen wohnen auswärts, 40 % aller Kinder wohnen am Schulort.
Wie viel Prozent der Jungen wohnen außerhalb des Schulorts?

**Lolas Lösung**
50 % bedeutet die Hälfte. Die Hälfte von 60 % ist 30 %.
Der Anteil der Mädchen, die am Schulort wohnen ist also 30 %.
Andererseits wohnen 40 % aller Kinder am Schulort.
Unter dem Strich wohnen 40 % – 30 % = 10 % der Jungen am Schulort.
Schließlich ist 100 % – 90 % = 10 %.
Also wohnen **90 %** der Jungen außerhalb des Schulorts.

**Emils Lösung**
50 % der Mädchen, also die Hälfte von ihnen wohnen auswärts.
Andererseits sind 60 % der Kinder Mädchen.
Die Hälfte von 60 % ist 30 %, also beträgt der Anteil der Mädchen die auswärts wohnen 30 %.
Ferner wohnen 60 % der Schülerinnen und Schüler auswärts und 60 % – 30 % = 30 %.
Daher wohnen **30 %** der Jungen außerhalb des Schulorts.

*Wie ist es nun?*



# Fahrkarten

Die Zehnerkarte für den Linienbus kostet 8 €, eine Einzelkarte kostet 1 €.
Um wie viel Prozent ist die Zehnerkarte billiger als 10 Einzelkarten?

**Claires Lösung**
10 Einzelkarten kosten 10 · 1 € = 10 €. Eine Zehnerkarte ist um 2 € billiger als 10 Einzelkarten, denn 10 € – 8 € = 2 €.
Ich berechne nun diese Differenz in Prozenten:

| | |
|---|---|
| 100 % ↔ 10 € | Nebenrechnung |
| 1 % ↔ 0,1 € | 10 € : 100 = 0,1 € |
| 20 % ↔ 2 € | 2 € : 0,1 € = 20 |

Antwort: Die Zehnerkarte ist um **20 %** billiger als 10 Einzelkarten.

**Lasses Lösung**
10 Einzelkarten kosten 10 · 1 € = 10 €. Ich berechne, um wie viel Prozent sind 10 Einzelkarten teurer als die Zehnerkarte. 10 Einzelkarten sind um 2 € teurer als die Zehnerkarte, denn 10 € – 8 € = 2 €.
Nun berechne ich den Prozentsatz:

| | |
|---|---|
| 100 % ↔ 8 € | Nebenrechnung |
| 1 % ↔ 0,08 € | 8 € : 100 = 0,08 € |
| 25 % ↔ 2 € | 2 € : 0,08 € = 25 |

10 Einzelkarten sind also um 25 % teurer als die Zehnerkarte.
Antwort: Die Zehnerkarte ist um **25 %** billiger als 10 Einzelkarten.

*Wie ist es nun?*

Name: Klasse: Datum:

# Trauben und Rosinen

Rosinen entstehen aus Trauben durch Trocknung. 40 kg Trauben mit einem Wassergehalt von 90 % wurden in die Sonne gelegt. Nach einer gewissen Zeit stellte man fest, dass sie nur noch einen Wassergehalt von 50 % haben. Wie viel Wasser ist verdunstet?

**Pablos Lösung**

Aus den Angaben folgt: 90 % – 50 % = 40 % Wasser ist verdunstet. Jetzt rechne ich mit dem Dreisatz weiter.

40 kg ↔ 100 %
4 kg ↔ 10 %
16 kg ↔ 40 %

Es sind also **16 kg** Wasser verdunstet.

**Isabels Lösung**

Am Anfang waren 10 % der Trauben kein Wasser. 10 % von 40 kg sind 4 kg. Diese Trockenmasse von 4 kg ist unverändert geblieben, entsprach aber später einem Anteil von 50 %.

50 % ↔ 4 kg
100 % ↔ 8 kg

Ich berechne nun die Differenz: 40 kg – 8 kg = 32 kg.
**32 kg** Wasser sind verdunstet.

*Wie ist es nun?*

# Wie viele Autos kommen auf 1000 Einwohner?

In einer Region kamen 1960 auf je 1000 Einwohner 35 Autos. Dieser Anteil ist gleichmäßig auf 105 Autos je 1000 Einwohner im Jahre 1995 angewachsen. Angenommen, diese Entwicklung ging so weiter. Wie hoch war der Anteil im Jahr 2016?

**Bernds Lösung**

1960 ↔ 35
2016 ↔ ?

$? = \frac{2016 \cdot 35}{1960} = 36$

Antwort: Der gesuchte Anteil beträgt **36** Autos je 1000 Einwohner.

**Paulines Lösung**

35 ↔ 70
21 ↔ ?

$? = \frac{21 \cdot 70}{35} = 42$ und $70 + 42 = 112$

Nebenrechnungen:
1995 – 1960 = 35 Jahre
2016 – 1995 = 21 Jahre
105 – 35 = 70 Autos

Antwort: Der gesuchte Anteil beträgt **112** Autos je 1000 Einwohner.

**Robins Lösung**

35 ↔ 70
56 ↔ ?

$? = \frac{56 \cdot 70}{35} = 112$ und $35 + 112 = 147$

Nebenrechnungen:
2016 – 1960 = 56 Jahre
1995 – 1960 = 35 Jahre
105 – 35 = 70 Autos

Antwort: Der gesuchte Anteil beträgt **147** Autos je 1000 Einwohner.

*Wie ist es nun?*

Name: Klasse: Datum:

## Geschirr geht zu Bruch

In einer Porzellanfabrik gibt es bei der Herstellung von Geschirr bis zu 20 % Bruch. Wie viele Teller müssen geformt werden, um einen Auftrag über 1000 Stück erfüllen zu können?

**Lucas Lösung**

100 % ↔ 1000 Stück
20 % ↔ ?

$? = \frac{20\,\% \cdot 1000\text{ Stück}}{100\,\%} = 200\text{ Stück}$

1000 + 200 = 1200

*Probe*: 100 % + 20 % = 120 %
100 % ↔ 1000 Stück
120 % ↔ ?

$? = \frac{120\,\% \cdot 1000\text{ Stück}}{100\,\%} = 1200$ und es stimmt.

Daraus folgt:
Antwort: Es müssen etwa **1200** Teller geformt werden.

**Laras Lösung**

100 % – 20 % = 80 %
80 % ↔ 1000 Stück
20 % ↔ ?

$? = \frac{20\,\% \cdot 1000\text{ Stück}}{80\,\%} = 250\text{ Stück}$

1000 + 250 = 1250

*Probe*:
1250 ↔ 100 %
? ↔ 20 %

$? = \frac{1250 \cdot 20\,\%}{100\,\%} = 250$

1000 + 250 = 1250, es stimmt.

Antwort: Es müssen etwa **1250** Teller geformt werden.

*Wie ist es nun?*



## Taschengeld

Daniel bekommt 15 € Taschengeld, Anne 30 € und Tim 45 €.
Um wie viel Prozent ist Tims Taschengeld höher als Daniels Taschengeld?

**Finjas Lösung**

$15\,€ \xleftarrow{\text{50 \% weniger}} 30\,€ \xrightarrow{\text{50 \% mehr}} 45\,€$

50 % + 50 % = 100 %
Tims Taschengeld ist um **100 %** höher als Daniels Taschengeld.

**Fabios Lösung**

15 € ↔ 100 %
0,15 € ↔ 1 %
45 € ↔ 300 %

Nebenrechnungen:
15 : 100 = 0,15
45 : 0,15 = 300 €

Tims Taschengeld ist um **300 %** höher als Daniels Taschengeld.

**Angelas Lösung**

$15\,€ \xrightarrow{\text{100 \% mehr}} 30\,€ \xrightarrow{\text{50 \% mehr}} 45\,€$

Tims Taschengeld ist um 100 % + 50 % = **150 %** höher als Daniels Taschengeld.

**Philipps Lösung**

45 € – 15 € = 30 €

15 € ↔ 100 %
0,15 € ↔ 1 %
30 € ↔ 200 %

Nebenrechnungen:
15 : 100 = 0,15
30 : 0,15 = 200

Tims Taschengeld ist um **200 %** höher als Daniels Taschengeld.

*Wie ist es nun?*

Name: Klasse: Datum:

# Der Geschäftsmann

Ein Geschäftsmann hat vom Großhändler drei gleiche Artikel erworben. Den ersten verkauft er mit 10 % Gewinn, den zweiten mit 5 % Gewinn. Beim dritten Artikel macht er weder Gewinn noch Verlust. Insgesamt hat er für die drei Artikel 45 € bezahlt.
Wie viel hat er beim Verkauf der drei Artikel verdient?

**Tils Lösung**

Der Händler hat pro Artikel im Schnitt 5 % gewonnen.

| | Nebenrechnungen |
|---|---|
| 100 % ↔ 45 € | |
| 1 % ↔ 0,45 € | 45 : 100 = 0,45 |
| 5 % ↔ 2,25 € | 5 · 0,45 = 2,25 |

Es waren drei Artikel, daher 3 · 2,25 € = 6,75 €.
Der Händler hat **6,75 €** verdient.

**Viviens Lösung**

Der Händler hat insgesamt 10 % + 5 % = 15 % gewonnen.

| | Nebenrechnungen |
|---|---|
| 100 % ↔ 45 € | |
| 1 % ↔ 0,45 € | 45 : 100 = 0,45 |
| 15 % ↔ 6,75 € | 15 · 0,45 = 6,75 |

Der Händler hat **6,75 €** verdient.

**Daniels Lösung**

Im Schnitt hat der Händler für jeden Artikel 15 € erhalten.
Im Schnitt hat der Händler 5 % pro Artikel gewonnen.

| | Nebenrechnungen |
|---|---|
| 100 % ↔ 15 € | |
| 1 % ↔ 0,15 € | 15 : 100 = 0,15 |
| 5 % ↔ 0,75 € | 5 · 0,15 = 0,75 |

Es waren drei Artikel, daher 3 · 0,75 € = 2,25 €.
Der Händler hat **2,25 €** verdient.

**Julias Lösung**

Anbei ein tabellarischer Überblick:

| | **1. Artikel** | **2. Artikel** | **3. Artikel** | **gesamt** |
|---|---|---|---|---|
| **vor dem Verkauf** | 100 % | 100 % | 100 % | 300 % |
| **nach dem Verkauf** | 110 % | 105 % | 100 % | 315 % |

| | Nebenrechnungen |
|---|---|
| 300 % ↔ 45 € | |
| 1 % ↔ 0,15 € | 45 : 300 = 0,15 |
| 15 % ↔ 2,25 € | 15 · 0,15 = 2,25 |

Der Händler hat **2,25 €** verdient.

*Wie ist es nun?*

Name: Klasse: Datum:

# Zauberkästchen

Versuche, aus den Teilen I, II, III, IV ein rechtwinkliges Dreieck zu basteln. Man darf die einzelnen Teile umdrehen, verschieben und drehen.

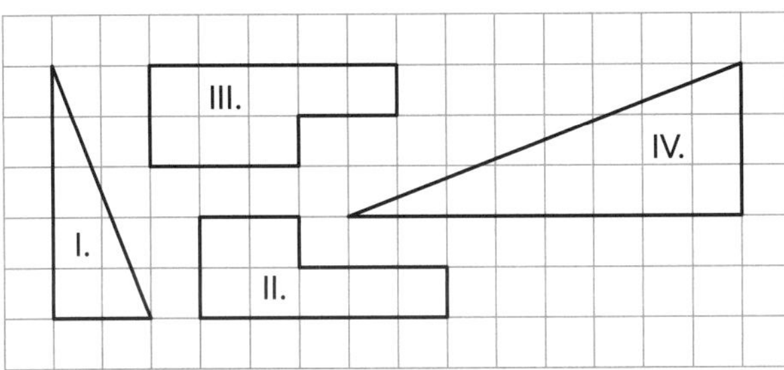


**Julians Lösung**

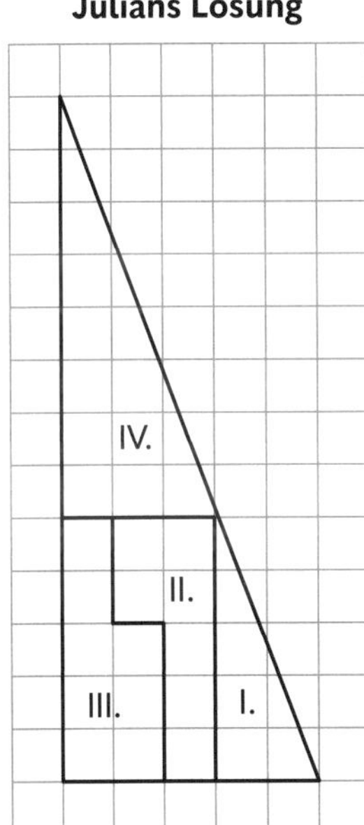


**Vanessas Lösung**

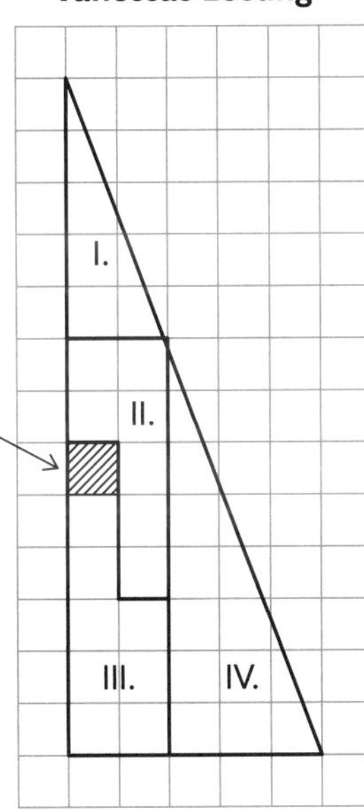


**Annabells Bemerkung**

Beide haben dasselbe Dreieck gebastelt. Vanessas Dreieck enthält jedoch ein zusätzliches Kästchen. Das darf doch nicht wahr sein!

*Wie ist es nun?*

Name: Klasse: Datum:

# Kann man es entscheiden?

In Kukucksheim wohnen zweierlei Bürger: „Bodenständige“ und „Doppelzüngler“.
Ein Bodenständiger weiß stets alles richtig und sagt, was er denkt.
Ein Doppelzüngler weiß stets alles verkehrt und sagt das Gegenteil davon, was er denkt.
Kann man anhand von „Ja-Nein“-Fragen einen Bodenständigen von einem Doppelzüngler unterscheiden?

**Petras Lösung**
Zuerst versuche ich es mit einer *Ja-Frage*: „Hat ein Tag 24 Stunden“?
Ein Bodenständiger weiß, dass dies stimmt und er sagt auch, was er denkt. Also lautet seine Antwort „ja“.
Ein Doppelzüngler denkt, dass dies nicht stimmt, sagt aber das Gegenteil davon. Deswegen lautet auch seine Antwort „ja“.
Jetzt versuche ich es mit einer *Nein-Frage*: „Ist zwei plus zwei fünf“?
Ein Bodenständiger weiß, dass dies nicht stimmt und er sagt auch, was er denkt. Daher antwortet er mit „nein“.
Ein Doppelzüngler denkt, dass dies stimmt, sagt aber das Gegenteil davon. Er antwortet also ebenfalls mit „nein“.
Damit habe ich herausgefunden: Sowohl bei „Ja-Fragen“ als auch bei „Nein-Fragen“ antworten Bodenständige und Doppelzüngler gleich.
Die Antwort auf die Frage der Aufgabe ist daher **„nein“**.

**Davids Lösung**
Ich suche mir zufällig einen Bürger aus und stelle ihm diese Frage: „Sind Sie ein Bodenständiger?“.
Wenn der Gefragte ein Bodenständiger ist, dann weiß er, dass dies stimmt und er sagt auch, was er denkt. Deswegen lautet seine Antwort „ja“.
Wenn der Gefragte ein Doppelzüngler ist, dann denkt er, dass dies stimmt, sagt aber das Gegenteil davon. Also lautet seine Antwort „nein“.
Damit ist die Antwort auf die Frage der Aufgabe **„ja“**.

*Wie ist es nun?*

Name: Klasse: Datum:

# Mannschaftsspiel

Eine Mannschaft besteht aus drei Spielern *A*, *B* und *C*. Betrachten wir folgendes Mannschaftsspiel: Die drei im Kreis stehenden Spieler bekommen mit verbundenen Augen je einen Hut aufgesetzt. Der Spielleiter hat durch Werfen einer fairen Münze für jeden Spieler unabhängig von den anderen die Farbe des Hutes so ermittelt: Zeigt die Münze Zahl, so nimmt er einen weißen Hut, bei Wappen einen grauen. Wenn die Augenbinden abgenommen sind, kann jeder Spieler sehen, welche Hutfarbe die beiden anderen tragen, die eigene Farbe sieht er aber nicht. Nun kann jeder Spieler entweder versuchen, die eigene Farbe zu erraten oder er sagt: „Ich passe!".
Die Mannschaft gewinnt, wenn mindestens ein Spieler die eigene Farbe richtig erraten hat *und* kein Spieler die eigene Farbe falsch geraten hat.
Ansonsten hat die Mannschaft verloren.

Wir erläutern das Spiel anhand einer denkbaren Verteilung der Hüte:
Die Spieler *A* und *B* haben einen weißen und *C* einen grauen Hut.

*Beispiel 1:* *A tippt auf weiß, B auf weiß und C auf grau.*
Die Mannschaft gewinnt.

*Beispiel 2:* *A tippt auf weiß, B tippt auf grau und C passt.*
Die Mannschaft verliert wegen des falschen Tipps von B.

*Beispiel 3:* *A tippt auf weiß, B passt und C tippt auf grau.*
Die Mannschaft gewinnt.

*Beispiel 4:* *A passt, B passt und C passt.*
Die Mannschaft verliert, da sie keinen richtigen Tipp haben.

A B C

Anmerkung: Während des Spieles dürfen die Spieler nicht miteinander kommunizieren. Aber sie dürfen vor dem Spiel eine Strategie des Ratens oder Passens absprechen.

Die Frage: Bei welcher Strategie hat die Mannschaft die größten Gewinnchancen? Begründe deine Antwort.

**Neles Lösung**
Um zu gewinnen, braucht die Mannschaft mindestens einen Treffer. Je mehr Spieler raten, desto größer sind die Chancen für einen richtigen Tipp.
Die optimale Strategie besteht also darin, dass alle **drei Spieler** tippen.

**Jakobs Lösung**
Um nicht zu verlieren, darf kein Spieler die falsche Farbe gesagt haben.
Je mehr Spieler tippen, desto größer ist die Gefahr, dass jemand die falsche Farbe sagt. Falls niemand tippt, gibt es aber keinen richtigen Tipp.
Die optimale Strategie besteht somit darin, dass nur **ein Spieler** tippt.

**Melinas Lösung**
Es können ein, zwei oder drei Spieler raten.
Je mehr Personen tippen, desto höher ist zwar die Chance eines Treffers aber auch die Wahrscheinlichkeit, dass jemand die falsche Farbe sagt.
Je weniger Personen raten, desto geringer ist zwar die Wahrscheinlichkeit einer falschen Farbe aber auch die eines Treffers.
Die ideale Lösung liegt in der Mitte.
Die optimale Strategie besteht also darin, dass genau **zwei Spieler** tippen.

*Wie ist es nun?*

Name: Klasse: Datum:

# Milch und Kaffee

Auf einem Tisch stehen zwei Tassen nebeneinander. Die linke Tasse enthält 60 ml Milch, die rechte Tasse 60 ml Kaffee.
In einem ersten Schritt wird aus der linken Tasse 20 ml Milch entnommen und in die rechte Tasse gegossen. Die rechte Tasse wird danach gut umgerührt.
In einem zweiten Schritt werden der rechten Tasse ebenfalls 20 ml entnommen und zurück in die linke Tasse gegossen.
Ist nun mehr Milch im Kaffee oder mehr Kaffee in der Milch?

**Nathalies Lösung**
In die rechte Tasse werden 20 ml reine Milch gegossen. In die linke Tasse wird aber *weniger* als 20 ml Kaffee gegossen, denn es handelt sich hier um eine Mischung aus Milch und Kaffee.
Anders gesagt: In die rechte Tasse wurde *mehr* Milch gegossen als Kaffee in die linke Tasse.
Es ist also mehr Milch im Kaffee.

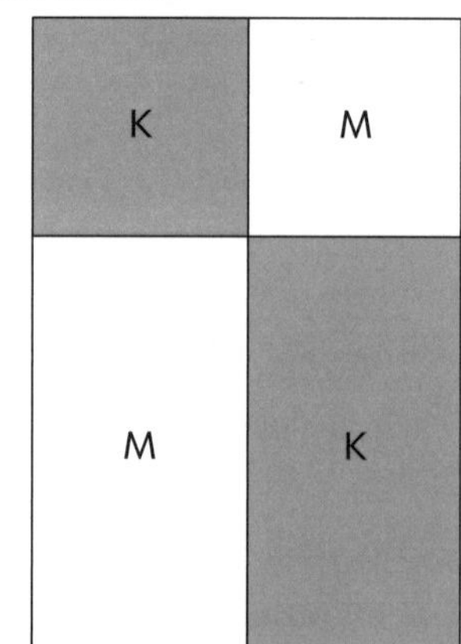


**Dominiks Lösung**
Ich veranschauliche die zwei Tassen nebeneinander.
„K“ steht für Kaffee und „M“ für Milch.
Außerdem trenne ich Milch und Kaffee gedanklich voneinander.
Am Ende ist in beiden Tassen dieselbe Gesamtmenge, nämlich 60 mg.
Insgesamt befinden sich in den zwei Tassen 60 mg Milch und 60 mg Kaffee. Daraus folgt, dass der Anteil der Milch im Kaffee und der Anteil des Kaffees in der Milch gleich sein müssen.
In der Milch ist genauso viel Kaffee wie Milch im Kaffee ist.

*Wie ist es nun?*

# Dreistellige Zahl

Denke dir eine dreistellige Zahl mit drei unterschiedlichen Ziffern aus. Bilde aus diesen Ziffern die Zahl mit umgekehrter Ziffernfolge. Nun subtrahiere die beiden Zahlen voneinander. Bilde aus den Ziffern der Differenz wieder die Zahl mit umgekehrter Ziffernfolge. Addiere nun diese Zahl zur Differenz. Wie lautet dein Ergebnis?

**Sandras Lösung**
Zunächst untersuche ich zwei Zahlenbeispiele.
*Beispiel 1*: 257 → 752 – 257 = 495 → 594 + 495 = 1089
*Beispiel 2*: 861 → 861 – 168 = 693 → 396 + 693 = 1089
Meine Vermutung lautet: Das Ergebnis ist stets 1089.
Beweis der Vermutung
Es sei $\overline{abc}$ eine dreistellige Zahl mit $a > c$. Dann gilt: $\overline{abc} - \overline{cba} = 100a + 10b + c - (100c + 10b + a)$
$= 100(a - c - 1) + 90 + 10 - (a - c) = \overline{x9y}$, wobei $x = a - c - 1$ und $y = 10 - (a - c)$.
Ich berechne nun $\overline{x9y} + \overline{y9x}$.
$\overline{x9y} + \overline{y9x} = 100x + 90 + y + 100y + 90 + x = 101(x + y) + 180 = 101 \cdot 9 + 180 = 1089$
Damit ist der Beweis zu Ende. Das Ergebnis ist stets **1089**.

**Matteos Bemerkung**
Ich betrachte folgendes *Beispiel*: 625 → 625 – 526 = 99 → 99 + 99 = **198**

*Wie ist es nun?*

Furdek/Benkeser/Dragmann 2024 (9783589169542)

Name: Klasse: Datum:

# Wähle eine Klassenarbeit!

Der Mathematiklehrer ist schon immer ein ungewöhnlicher Mensch gewesen. Letztes Mal hat er sich aber selbst übertroffen. Ein Tag vor der Klassenarbeit teilte er der Klasse mit, dass sie diesmal bei der Auswahl der Arbeit ein gewisses Mitspracherecht hätte. Er hielt drei gleich aussehende versiegelte Umschläge in die Höhe und sagte:
„Ich habe eine schwere und eine leichte Klassenarbeit vorbereitet. In zweien der drei Umschläge befindet sich die schwere Arbeit auf liniertem Papier. In einem Umschlag steckt die leichte Arbeit auf grauem Papier. Der Klassensprecher darf zunächst einen Umschlag auswählen."
Der Klassensprecher zuckte mit den Achseln und zeigte auf einen Umschlag. Daraufhin öffnete der Lehrer einen der anderen zwei Umschläge, in dem die Rückseite eines linierten Blattes zu sehen war.
„Ich habe euch gerade eine zusätzliche Hilfe gegeben. Ihr könnt euch jetzt beraten, ob ihr bei der Wahl eures Klassensprechers bleibt, oder einen anderen Umschlag wählt. Diese Wahl bestimmt dann endgültig, welche Klassenarbeit ihr morgen schreiben werdet."
Die Frage: Durch welche Entscheidung stehen die Chancen der Klasse besser, die leichte Arbeit zu schreiben?

**Raphaels Lösung**
Der Lehrer hat das Geheimnis des einen Umschlages gelüftet. Somit sind nur noch zwei Umschläge übriggeblieben. In einem Umschlag befindet sich die schwierige, in dem anderen die leichte Arbeit. Die Klasse muss sich für einen dieser Umschläge entscheiden. Die Klasse weiß aber nicht, welche Arbeit sich in welchem Umschlag befindet. Die Chancen für die leichte oder die schwere Arbeit sind also gleich. Und dies ist völlig unabhängig davon, ob die Klasse die erste Wahl des Klassensprechers beibehält oder ändert. Denn in beiden Fällen gibt es zwei gleichwertige Möglichkeiten, von denen genau eine günstig ist.
Antwort: Die Chance auf die leichtere Arbeit ist von der Entscheidung der Klasse unabhängig.

**Antonias Lösung**
Angenommen, der Klassensprecher zeigt im ersten Schritt auf den ersten Umschlag. Ich untersuche nun alle denkbaren Fälle.

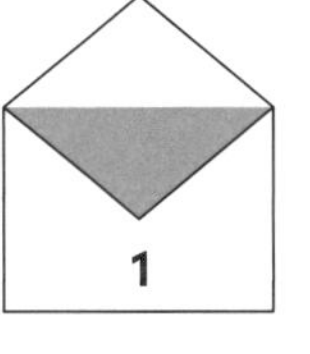

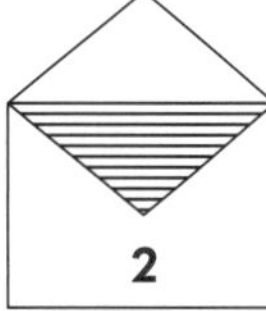

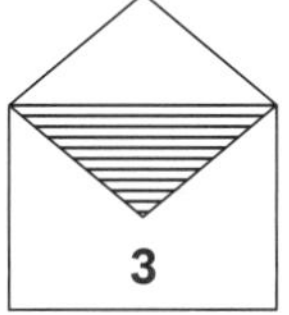


*1. Fall:* Die leichte Arbeit befindet sich in Umschlag **1**. Der Lehrer zeigt der Klasse zum Beispiel Umschlag **2**. Ein Wechsel von **1** zu **3** wäre dann ungünstig.

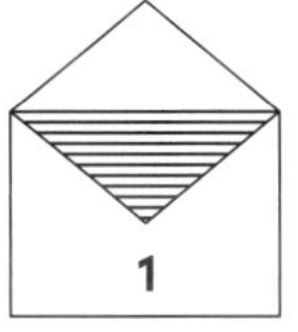

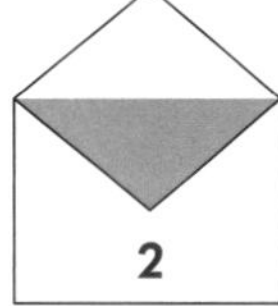

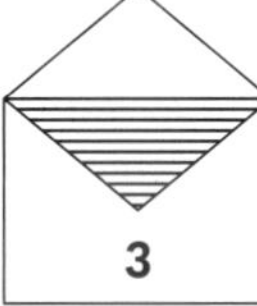


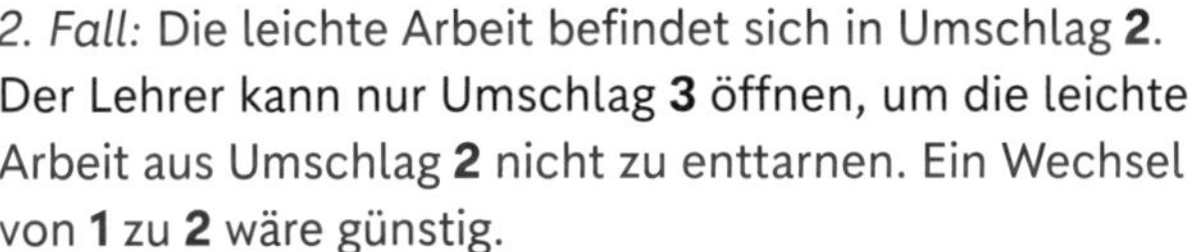

*2. Fall:* Die leichte Arbeit befindet sich in Umschlag **2**. Der Lehrer kann nur Umschlag **3** öffnen, um die leichte Arbeit aus Umschlag **2** nicht zu enttarnen. Ein Wechsel von **1** zu **2** wäre günstig.

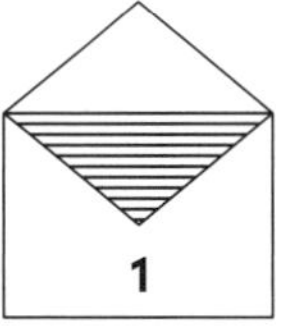

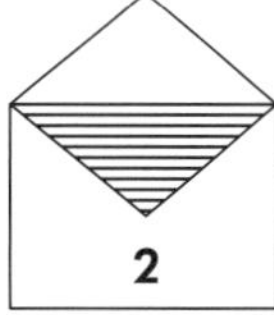

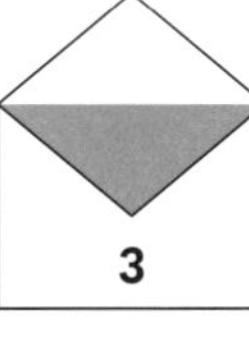


*3. Fall:* Die leichte Arbeit befindet sich in Umschlag **3**. Der Lehrer kann nur Umschlag **2** öffnen, um die leichte Arbeit aus Umschlag **3** nicht zu enttarnen. Ein Wechsel von **1** zu **3** wäre günstig.

Bleibt man in den drei Fällen bei der Wahl des Klassensprechers, so ist nur *Fall 1* günstig.
Wechselt man hingegen, so sind von den drei Fällen sogar zwei Fälle günstig.
Antwort: Die Änderung der Wahl des Klassensprechers bietet die höhere Chance auf die leichtere Arbeit.

*Wie ist es nun?*

Name: Klasse: Datum:

# Der Große Zauberer

Der Große Zauberer bietet dem kleinen Moritz eine Zauberaktion an, die von $20^{00}$ Uhr bis $24^{00}$ Uhr laufen soll, und zwar folgendermaßen:
Der Zauberer stellt eine durchsichtige Zauberbox auf den Tisch. Um $20^{00}$ Uhr wirft Moritz 1 € in die Zauberbox. Das ist die 1. Münze. Um $22^{00}$ Uhr entnimmt der Zauberer der Box die 1. Münze, zaubert aber die 2-te, 3-te und 4-te Münze in die Box. Um $23^{00}$ Uhr entnimmt der Zauberer der Box die 2. Münze und zaubert die 5-te, 6-te und 7-te Münze in die Box. Um $23^{30}$ Uhr wird die 3. Münze herausgenommen und die 8-te, 9-te und 10-te Münze hineingetan.
Die *Regel* lautet also: Jedes Mal, wenn die Hälfte der Restzeit abgelaufen ist, ersetzt der Zauberer die Münze mit der kleinsten Nummer durch drei Münzen mit den nächsten drei Nummern. Dieses Verfahren wird bis ins Unendliche fortgesetzt.
Alles, was um Mitternacht in der Zauberbox ist, gehört Moritz.
Die Frage: Wie viele Münzen sind um $24^{00}$ Uhr in der Zauberbox?
*Anmerkung*: Für den Großen Zauberer sind folgende „Kleinigkeiten" kein Problem: Er kann beliebig viele Münzen herbeizaubern. Das Herausnehmen bzw. Hineintun von Münzen ist für ihn in beliebig kurzer Zeit möglich. In der Zauberbox gibt es Platz für beliebig viele Münzen.

**Ulrikes Lösung**
Jedes Mal wird eine Münze herausgenommen und drei neue Münzen kommen dazu. Also nimmt die Anzahl der Münzen in der Box jedes Mal um 2 zu.
Gleich nach $22^{00}$ Uhr gibt es 3 (1 + 2), gleich nach $23^{00}$ Uhr gibt es 5 (3 + 2), gleich nach $23^{30}$ Uhr gibt es 7 (5 + 2) Münzen in der Zauberbox. Da die Zauberei bis ins Unendliche geht, haben wir nach und nach
3; 5; 7; 9; 11; 13; 15; 17; 19; 21; 23; 25, 27; 29, 31, 33, 35, 37, 39, 41, ...
Münzen in der Box.
Allgemein gilt: Nach dem n-ten Schritt sind 2n + 1 Münzen in der Box.
Die natürliche Zahl n wird aber beliebig groß. Daraus folgt:
Antwort: Um $24^{00}$ Uhr sind **unendlich viele** Münzen in der Zauberbox.

**Jeremias' Lösung**
Zunächst stelle ich fest:
Alle Münzen, die der Zauberer aus der Zauberbox entnommen hat, werden nicht noch einmal hineingeworfen.
Nun stelle ich mir die Frage:
Welche Münzen befinden sich um $24^{00}$ Uhr in der Zauberbox?
Die 3. Münze kann es zum Beispiel nicht sein, denn sie wurde beim 3. Schritt herausgenommen (und danach nicht mehr hineingeworfen).
Die 13. Münze kann es auch nicht sein, denn sie wurde beim 13. Schritt herausgenommen (und danach nicht mehr hineingeworfen).
Die 2024. Münze kann es nicht sein, denn sie wurde beim 2024. Schritt herausgenommen (und danach nicht mehr hineingeworfen).
Die 10 000-te Münze kann es nicht sein, denn sie wurde beim 10 000. Schritt herausgenommen (und danach nicht mehr hineingeworfen).
Die 999 999 999-te Münze kann es ebenfalls nicht sein, denn sie wurde beim 999 999 999-ten Schritt herausgenommen (und danach nicht mehr hineingeworfen).
Allgemein gilt: Die n-te Münze wurde beim n-ten Schritt herausgenommen und danach nicht mehr hineingeworfen.
Daraus schließe ich: Jede Münze wurde irgendwann aus der Zauberbox endgültig entfernt.
Antwort: Um $24^{00}$ Uhr ist **keine einzige** Münze in der Zauberbox. Sie ist leer.

*Wie ist es nun?*

Name: Klasse: Datum:

# Marienkäfer im Wunderland

Ein 2 m langes Gummiband ist am linken Ende befestigt. Ein Marienkäfer sitzt am linken Ende des Bandes und bewegt sich mit der konstanten Geschwindigkeit von einem Meter pro Minute nach rechts. Nach jeder vollen Minute wird die Länge des Gummibandes durch eine gleichmäßige Dehnung nach rechts verdoppelt.
Die Frage: Ist es möglich, dass der Marienkäfer irgendwann 99 % der jeweiligen Bandlänge hinter sich bringt?
*Anmerkungen*: Die Größe des Marienkäfers ist zu vernachlässigen. Das Gummiband kann man beliebig weit dehnen. Die Dauer der Dehnungen ist zu vernachlässigen.

**Emmas Lösung**
Die Länge des Gummibandes wird im Minutentakt verdoppelt, die Geschwindigkeit des Marienkäfers bleibt hingegen konstant. Deswegen arbeitet die Zeit gegen ihn. Genauer: Mit jeder vergangenen Minute wird der Marienkäfer einen immer kleiner werdenden Anteil des Gummibandes hinter sich bringen. Anstatt sich dem rechten Ende zu nähern, bleibt er somit immer weiter zurück. Dies bedeutet:
Es ist **unmöglich**, dass der Marienkäfer 99 % des jeweiligen Bandes zurücklegt.

**Antonios Lösung**
Der Marienkäfer läuft jede Minute genau 1 m. In der 1. Minute legt er $\frac{1}{2}$ des Bandes zurück. In der zweiten Minute kommt noch $\frac{1}{4}$ dazu (1 m von 4 m). In der dritten Minute kommt dann $\frac{1}{8}$ dazu (1 m von 8 m) usw. 99 % $= \frac{99}{100} = 0{,}99$.

Die Frage lautet also, ob Summen wie $\frac{1}{2} + \frac{1}{4}$, $\frac{1}{2} + \frac{1}{4} + \frac{1}{8}$ usw. irgendwann größer werden als 0,99 oder nicht.
Man berechnet nun nach und nach einige dieser Summen:

$\frac{1}{2} + \frac{1}{4} + \frac{1}{8} = \frac{7}{8} = 0{,}875$

$\frac{1}{2} + \frac{1}{4} + \frac{1}{8} + \frac{1}{16} = \frac{15}{16} \approx 0{,}938$

$\frac{1}{2} + \frac{1}{4} + \frac{1}{8} + \frac{1}{16} + \frac{1}{32} = \frac{31}{32} \approx 0{,}969$

$\frac{1}{2} + \frac{1}{4} + \frac{1}{8} + \frac{1}{16} + \frac{1}{32} + \frac{1}{64} = \frac{63}{64} \approx 0{,}984$

$\frac{1}{2} + \frac{1}{4} + \frac{1}{8} + \frac{1}{16} + \frac{1}{32} + \frac{1}{64} + \frac{1}{128} = \frac{127}{128} \approx 0{,}992$

Die letzte Summe mit sieben Summanden hat 0,99 überschritten.
Dies bedeutet:
In der **siebten Minute** wird der Marienkäfer über 99 % des entsprechenden Bandes zurücklegen.

**Vincents Lösung**
In der ersten Minute hat der Marienkäfer 1 m von 2 m geschafft. 1 m von 2 m entspricht 50 %.
In der zweiten Minute ist das Band 4 m lang und der Marienkäfer hat 2 m hinter sich. 2 m von 4 m entspricht 50 %.
In der dritten Minute ist das Band 8 m lang und der Marienkäfer hat 3 m hinter sich. 3 m von 8 m entspricht 37,5 %.
In der vierten Minute ist das Band 16 m lang und der Marienkäfer hat 4 m hinter sich. 4 m von 16 m entspricht 25 %.
Ab der dritten Minute sinkt der prozentuale Anteil des zurückgelegten Weges.
Der Marienkäfer wird daher **nie** 99 % des jeweiligen Bandes zurücklegen.

*Wie ist es nun?*

Name: Klasse: Datum:

# Farbenspiele in einem Kreis

In einen Kreis werden Sehnen eingezeichnet. Dadurch wird die Kreisscheibe in mehrere Bereiche zerlegt. Man soll nun diese Bereiche so färben, dass benachbarte Gebiete stets verschieden gefärbt sind.
Frage: Wie viele unterschiedliche Farben benötigt man mindestens?
*Lösungshinweise*:
Zwei Bereiche, die nur einen einzigen Punkt gemeinsam haben, gelten *nicht* als benachbart.
Die gesuchte Anzahl von Farben soll ermöglichen, dass eine *beliebige* Zerlegung der Kreisscheibe durch passende Sehnen wie gewünscht gefärbt werden kann.

**Charlottes Lösung**
Zunächst färbe ich alle Bereiche, die nur einen gemeinsamen Punkt haben, mit derselben Farbe. Dadurch wird die Anzahl der benötigten Farben geringer, als wenn ich zwei solche Bereiche mit zwei unterschiedlichen Farben färben würde.
Weitere benachbarte Bereiche, die mehr als einen gemeinsamen Punkt haben, färbe ich nun mit einer anderen Farbe. So könnten eventuell schon zwei Farben reichen (weiß und grau, linke Abbildung). Ich stelle aber fest: Manchmal braucht man drei Farben (rechte Abbildung), denn grau und dunkelgrau reichen nicht aus. Für die mit ? markierten Bereiche braucht man eine weitere, dritte Farbe.

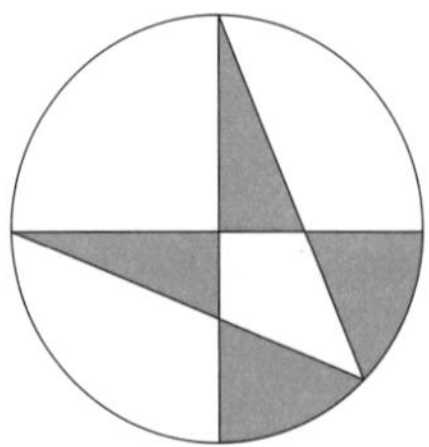

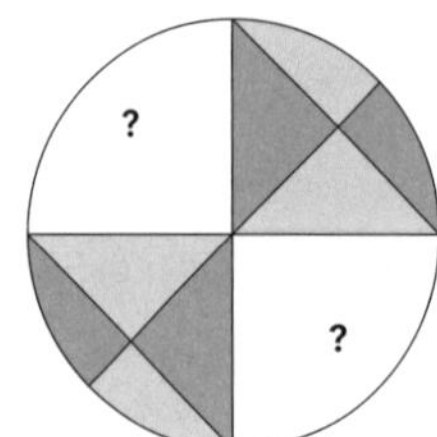


Da die gesuchte Anzahl von Farben ermöglichen soll, dass eine *beliebige* Zerlegung der Kreisscheibe gefärbt werden kann, folgt:
Man benötigt **drei** Farben.

**Gabriels Lösung**
Ich gehe schrittweise vor.
Zunächst zeichne ich eine einzige Sehne. Für die zwei entstandenen Bereiche brauche ich zwei Farben. Jetzt kommt die nächste Sehne. Die entstandenen neuen Bereiche färbe ich dann passend (linke Abbildung).
So gehe ich auch mit den weiteren Sehnen vor.
Wie das Umfärben genauer abläuft, schildere ich an einem Beispiel (mittlere Abbildung). Neu ist hier die fett eingezeichnete Sehne. Auf einer Seite dieser Sehne (in diesem Fall links) lasse ich die Farben unverändert.
Auf der anderen Seite (in diesem Fall rechts) vertausche ich die zwei Farben (rechte Abbildung).
Damit sind die Bedingungen der Aufgabe erfüllt.

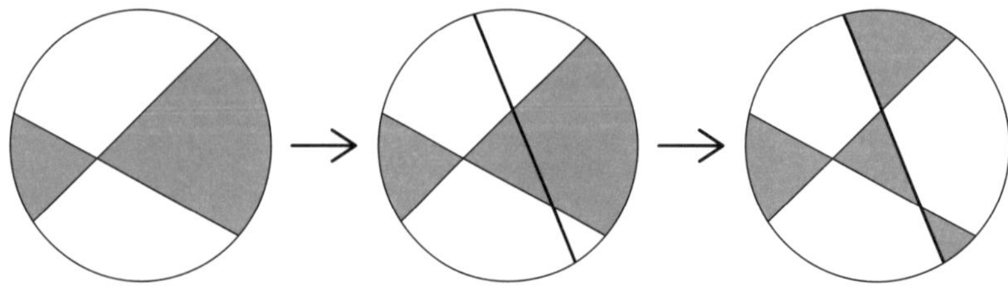

Man benötigt **zwei** Farben.

*Wie ist es nun?*

Name: Klasse: Datum:

# Die reine Wahrheit

Betrachten wir die folgenden eingerahmten Aussagen:

$p_1$: Zwei mal zwei ist fünf.
$p_2$: Berlin ist die Hauptstadt von Ungarn.
$p_3(n)$: In diesem Rahmen sind genau n falsche Aussagen.

Untersuche die Aussage $p_3(n)$ für $n = 2$ und für $n = 3$.

**Maltes Lösung**
$p_3(2)$: „In diesem Rahmen sind genau 2 falsche Aussagen" ist richtig.
Begründung: Es stimmt, denn $p_1$ und $p_2$ sind falsch, $p_3(2)$ ist richtig.
$p_3(3)$: „In diesem Rahmen sind genau 3 falsche Aussagen." kann nicht richtig sein.
Begründung: Wenn $p_3(3)$ richtig wäre, dann müsste man – laut $p_3(3)$ – *genau* 3 falsche Aussagen haben. Damit müsste aber auch $p_3(3)$ falsch sein, Widerspruch zur Annahme.
Da $p_3(3)$ nicht richtig sein kann, ist es falsch.
Antwort: $p_3(2)$ ist **richtig**, $p_3(3)$ ist **falsch**.

**Eddas Lösung**
$p_3(2)$: „In diesem Rahmen sind genau 2 falsche Aussagen" ist falsch.
Begründung: $p_1$, $p_2$ und $p_3(2)$ sind falsch, und die Bedingung "genau 2 falsche Aussagen" ist nicht erfüllt.
$p_3(2)$ ist also tatsächlich falsch.
$p_3(3)$: „In diesem Rahmen sind genau 3 falsche Aussagen." kann nicht falsch sein.
Tatsächlich:
Angenommen, $p_3(3)$ wäre falsch.
Dann wäre der Satz „In diesem Rahmen sind *genau 3 falsche* Aussagen" falsch.
Das Verneinen von $p_3(3)$ bedeutet aber:
In diesem Rahmen sind *nicht genau drei* falsche Aussagen.
Da $p_1$ und $p_2$ falsch sind, müsste $p_3(3)$ richtig sein – Widerspruch zur Annahme.
Da $p_3(3)$ nicht falsch sein kann, ist es richtig.
*Antwort*: $p_3(2)$ ist **falsch**, $p_3(3)$ ist **richtig**.

*Wie ist es nun?*

Name: Klasse: Datum:

# Eine einfache Gleichung

Löse die Gleichung:
$x^2 - 4 = 0$

**Jonahs Lösung**

$x^2 - 4 = 0 \quad | +4$

$x^2 = 4 \quad | \sqrt{\ }$

Wurzel und hoch zwei heben sich auf.

$x = \sqrt{4}$

$x = \mathbf{2}$

**Lillys Lösung**

$x^2 - 4 = 0$

$x^2 - 2^2 = 0$

$(x - 2)(x + 2) = 0$

Mit dem Satz vom Nullprodukt folgt:

$x - 2 = 0$ oder $x + 2 = 0$

$x_1 = \mathbf{2}$ $x_2 = \mathbf{-2}$

*Wie ist es nun?*

# Noch eine einfache Gleichung

Löse die Gleichung:
$2x^2 - 6x = 0$

**Fannys Lösung**

$2x^2 - 6x = 0 \quad | +6x$

$2x^2 = 6x \quad | :2$

$x^2 = 3x \quad | :x$

$x = \mathbf{3}$

**Aarons Lösung**

$2x^2 - 6x = 0$

$2x(x - 3) = 0$

Mit dem Satz vom Nullprodukt folgt:

$2x = 0$ oder $x - 3 = 0$

$x_1 = \mathbf{0}$ $x_2 = \mathbf{3}$

*Wie ist es nun?*

Name: Klasse: Datum:

# Wurzelgleichung

Löse die Gleichung:
$2x - 1 = \sqrt{x^2 - 4x + 4}$

**Danielas Lösung**
Ich arbeite mit einer binomischen Formel.
$x^2 - 4x + 4 = (x - 2)^2$
Eingesetzt in die Gleichung:
$2x - 1 = \sqrt{(x - 2)^2}$
Die Wurzel und hoch 2 heben sich auf.
$2x - 1 = x - 2$
$x = -1$
Da ich nicht quadrierte, brauche ich keine Probe zu machen.
Antwort: x = **–1**

**Kilians Lösung**
Ich nehme beide Seiten hoch 2.
$(2x - 1)^2 = \left(\sqrt{x^2 - 4x + 4}\right)^2$
Die Wurzel und hoch 2 heben sich auf.
$4x^2 - 4x + 1 = x^2 - 4x + 4$
$3x^2 = 3$
$x^2 = 1$
$x_{1,2} = \pm 1$
Probe in der Ausgangsgleichung:
x = 1: $2 \cdot 1 - 1 = \sqrt{1^2 - 4 \cdot 1 + 4}$
$1 = \sqrt{1}$ stimmt
x = –1: $2 \cdot (-1) - 1 = \sqrt{(-1)^2 - 4 \cdot (-1) + 4}$
$-3 = \sqrt{9}$
$-3 = 3$ stimmt nicht.
Antwort: x = **1**

*Wie ist es nun?*

Name: Klasse: Datum:

# Vier Gleichungen, drei Unbekannte

Löse das Gleichungssystem:

$-x + 2y + z = -2$ (1)
$x - y - z = 1$ (2)
$x - 2y + z = -2$ (3)
$x - y + z = 1$ (4)

**Amelies Lösung**

Aus (1) + (2) folgt
$y = -1$ (5)
Aus (2) – (4) folgt
$z = 0$ (6)
(5) und (6) in (3) ergibt
$x + 2 = -2$ und damit
$x = -4$ (7)
**L = {(–4 | –1 | 0)}**

**Leons Lösung**

Durch die Gleichsetzung von (1) und (3) folgt
$2y - x + z = x - 2y + z$
$4y = 2x$
$x = 2y$ (5)
Mit (5) in (2) folgt
$2y - y - z = 1$
$y - z = 1$ (6)
Mit (5) in (4) folgt
$2y - y + z = 1$
$y + z = 1$ (7)
Aus (6) + (7) folgt
$2y = 2$
$y = 1$ (8)
Aus (6) – (7) folgt
$y - z - y - z = 0$
$z = 0$ (9)
Mit (8) und (9) in (1) folgt
$-x + 2 \cdot 1 + 0 = -2$
$-x + 2 = -2$
$x = 4$ (10)
Also: **L = {(4 | 1 | 0)}**

*Wie ist es nun?*

Name: Klasse: Datum:

# Gauß-Verfahren

Wie viele Lösungen hat das folgende Gleichungssystem?

$$\begin{aligned} 5x_1 + 2x_2 - 8x_3 - 2x_4 &= 0 \\ 4x_1 - 4x_2 + 3x_3 + x_4 &= 9 \\ -2x_1 + x_2 + x_3 + x_4 &= 0 \\ 2x_1 + 2x_2 - 3x_3 + x_4 &= 5 \end{aligned}$$

*Hinweis:* Die Ermittlung der Lösungsmenge wird nicht verlangt.

**Ritas Lösung**

| $x_1$ | $x_2$ | $x_3$ | $x_4$ | | |
|---|---|---|---|---|---|
| 5 | 2 | –8 | –2 | 0 | I. |
| 4 | –4 | 3 | 1 | 9 | II. |
| –2 | 1 | 1 | 1 | 0 | III. |
| 2 | 2 | –3 | 1 | 5 | IV. |
| 1 | 6 | –11 | –3 | –9 | I.a = I. – II. |
| 0 | –2 | 5 | 3 | 9 | II.a = III. · (2) + II. |
| 0 | 3 | –2 | 2 | 5 | III.a = III. + IV. |
| 0 | –8 | 9 | –1 | –1 | IV.a = IV. · (–2) + II. |
| 1 | 6 | –11 | –3 | –9 | I.b = I.a |
| 0 | 1 | 3 | 5 | 14 | II.b = II.a + III.a |
| 0 | 0 | –11 | –13 | –37 | III.b = III.a + II.b · (–3) |
| 0 | 0 | 33 | 39 | 111 | IV.b = IV.a + II.b · (8) |
| 1 | 6 | –11 | –3 | –9 | I.c = I.b |
| 0 | 1 | 3 | 5 | 14 | II.c = II.b |
| 0 | 0 | –11 | –13 | –37 | III.c = III.b |
| 0 | 0 | 0 | 0 | 0 | IV.c = III.b · (3) + IV.b |

Aus der letzten Zeile folgt:
Das Gleichungssystem hat **unendlich viele** Lösungen.

*Auf der nächsten Seite geht es weiter.*

Name: Klasse: Datum:

**Benjamins Lösung**

| $x_1$ | $x_2$ | $x_3$ | $x_4$ | | |
|---|---|---|---|---|---|
| 5 | 2 | –8 | –2 | 0 | I. |
| 4 | –4 | 3 | 1 | 9 | II. |
| –2 | 1 | 1 | 1 | 0 | III. |
| 2 | 2 | –3 | 1 | 5 | IV. |
| 1 | 6 | –11 | –3 | –9 | I.a = I. – II. |
| 4 | –4 | 3 | 1 | 9 | |
| –2 | 1 | 1 | 1 | 0 | |
| 2 | 2 | –3 | 1 | 5 | |
| 1 | 6 | –11 | –3 | –9 | |
| 0 | –28 | 47 | 13 | 45 | II.a = I.a · (–4) + II. |
| 0 | 13 | –21 | –5 | –18 | III.a = I.a · (2) + III. |
| 0 | –10 | 19 | 7 | 23 | IV.a = I.a · (–2) + IV. |
| 1 | 6 | –11 | –3 | –9 | |
| 0 | –1 | 1,9 | 0,7 | 2,3 | IV.a: (10) |
| 0 | 13 | –21 | –5 | –18 | anschließend IV.a ↔ II.a |
| 0 | –28 | 47 | 13 | 45 | |
| 1 | 6 | –11 | –3 | –9 | |
| 0 | –1 | 1,9 | 0,7 | 2,3 | |
| 0 | 0 | 3,7 | 4,1 | 11,9 | III.b = II.a · (13) + III.a |
| 0 | 0 | – 6,2 | –6,6 | –19,4 | IV.b = II.a · (–28) + IV.a |
| 1 | 6 | –11 | –3 | –9 | |
| 0 | –1 | 1,9 | 0,7 | 2,3 | |
| 0 | 0 | 3,7 | 4,1 | 11,9 | |
| 0 | 0 | 0 | 1 | 2 | IV.c = III.b · (6,2) + IV.b · (3,7) |

Aus der Stufenform folgt:
Das Gleichungssystem hat **genau eine** Lösung.

*Wie ist es nun?*

Name: Klasse: Datum:

# Nicht lineares Gleichungssystem

Bestimme die Lösungsmenge für das Gleichungssystem:
$x^2 - 2y = 2$
$y^2 + 8z = -31$
$z^2 - 6u = -3$
$u^2 + 4x = 2$

**Henriks Lösung**
Zunächst addiere ich alle vier Gleichungen.
$x^2 + y^2 + z^2 + u^2 - 2y + 8z - 6u + 4x = -30$
$x^2 + y^2 + z^2 + u^2 - 2y + 8z - 6u + 4x + 30 = 0$
Nun arbeite ich mit binomischen Formeln. Mit 30 = 4 + 1 + 16 + 9 folgt:
$x^2 + 4x + 4 + y^2 - 2y + 1 + z^2 + 8z + 16 + u^2 - 6u + 9 = 0$
$(x + 2)^2 + (y - 1)^2 + (z + 4)^2 + (u - 3)^2 = 0$
Eine Quadratzahl ist stets größer oder gleich null.
Eine Quadratzahl ist nur dann null, wenn die quadrierte Zahl null ist.
Die Summe der vier Quadrate ist daher genau dann null, wenn alle vier Quadrate null sind.
$(x + 2)^2 = 0$
$x + 2 = 0$
$x = -2$
$(y - 1)^2 = 0$
$y - 1 = 0$
$y = 1$
$(z + 4)^2 = 0$
$z + 4 = 0$
$z = -4$
$(u - 3)^2 = 0$
$u - 3 = 0$
$u = 3$
Die Lösungsmenge ist:
**L = {(–2 | 1 | –4 | 3)}**

**Elisas Bemerkung**
Ich mache die Probe in den einzelnen Gleichungen.
Erste Gleichung:
$(-2)^2 - 2 \cdot 1 = 2$
4 – 2 = 2 und es stimmt.
Zweite Gleichung:
$1^2 + 8 \cdot (-4) = -31$
1 – 32 = –31 und es stimmt.
Dritte Gleichung:
$(-4)^2 - 6 \cdot 3 = -3$
16 – 18 = –3 stimmt aber nicht.
Die **dritte Gleichung** ist also **nicht erfüllt**.

*Wie ist es nun?*

Name: Klasse: Datum:

# Wie viel Schokolade?

Man möchte von einer bestimmten Schokolade mehr verkaufen. Daher enthält jede Tafel Schokolade einen kleinen Gutschein. Für zehn Gutscheine bekommt man eine Tafel Schokolade umsonst. Wie viel Schokolade ist ein Gutschein wert?

**Pias Lösung**
Zehn Gutscheine sind eine Schokolade wert. Ein Gutschein ist damit ein Zehntel Schokolade wert.
Ein Gutschein ist also $\frac{1}{10}$ Schokolade wert.

**Toms Lösung**
Für zehn Gutscheine bekommt man eine Packung Schokolade. Für einen Gutschein bekäme man theoretisch $\frac{1}{10}$ Packung.
Ein Gutschein ist daher $\mathbf{\frac{1}{10}}$ Packung wert.

Eigentlich aber *mehr*, denn: In $\frac{1}{10}$ Packung gibt es auch $\frac{1}{10}$ Gutschein. Für 1 Gutschein bekäme man $\frac{1}{10}$ Packung. Für $\frac{1}{10}$ Gutschein bekäme man weitere $\frac{1}{10} \cdot \frac{1}{10} = \frac{1}{100}$ Packung.

Ein Gutschein ist daher $\mathbf{\frac{1}{10} + \frac{1}{100}}$ Packung wert.

Eigentlich aber noch *mehr*, denn:

In $\frac{1}{100}$ Packung gibt es auch $\frac{1}{100}$ Gutschein. Für 1 Gutschein bekäme man $\frac{1}{10}$ Packung.

Für $\frac{1}{100}$ Gutschein bekäme man noch $\frac{1}{10} \cdot \frac{1}{100} = \frac{1}{1000}$ Packung.

Ein Gutschein ist daher $\mathbf{\frac{1}{10} + \frac{1}{100} + \frac{1}{1000}}$ Packung wert.

Eigentlich aber noch *mehr* und noch *mehr*, denn dieser Gedankengang lässt sich beliebig fortsetzen, er endet nie. Dies bedeutet:
Es ist **unmöglich**, den Wert eines Gutscheins genau zu bestimmen.

**Noras Lösung**
Ich gehe mit nur neun Gutscheinen ins Geschäft und verlange eine Tafel Schokolade. Auf den Einwand
„Es fehlt doch ein Gutschein."
erwidere ich:
„Es scheint zwar so zu sein, ist es aber nicht. Denn die Tafel Schokolade, die ich bekomme, enthält einen weiteren Gutschein. Sie können diesen Gutschein der Packung entnehmen. Damit haben Sie die zehn Gutscheine und ich kann endlich meine Schokolade bekommen."
Für nur neun Gutscheine bekomme ich eine Schokolade.
Ein Gutschein ist also $\frac{1}{9}$ Schokolade wert.

*Wie ist es nun?*

Name: Klasse: Datum:

# Viel Bewegung

Paul und Paula legen großen Wert auf ihre Kondition. Deswegen laufen sie täglich eine Strecke von 30 km. Paul joggt die halbe Strecke und geht in der zweiten Hälfte. Paula joggt die halbe Zeit und geht in der zweiten Hälfte. Paul und Paula haben dasselbe Tempo sowohl beim Joggen als auch beim Gehen, wobei sie doppelt so schnell joggen als sie gehen. Sie starten gleichzeitig.
Wer kommt zuerst an?

**Rebeccas Lösung**
Sie laufen dieselbe Strecke und haben dieselben Geschwindigkeiten sowohl beim Joggen als auch beim Gehen. Außerdem wird sowohl die Gesamtstrecke als auch die Gesamtzeit halbiert.
Daraus folgt:
Sie kommen **gleichzeitig** an.

**Ralfs Lösung**
Die Geschwindigkeiten sind weder beim Joggen noch beim Gehen bekannt. Sie wären aber erforderlich, um die Zeiten ermitteln zu können. Dies bedeutet:
Die **Frage kann nicht beantwortet werden**.

**Rodrigos Lösung**
Paul joggt die halbe Strecke. Da er doppelt so schnell joggt als er geht, braucht er fürs Gehen die doppelte Zeit wie beim Joggen. Paul geht also länger als er joggt. Paula hingegen joggt genauso lang wie sie geht.
Daher kommt **Paula als erste** an.

*Wie ist es nun?*



# Zahlenrätsel

Die Summe zweier positiver ganzer Zahlen ist 6612. Dividiert man die größere Zahl durch die kleinere Zahl (Division mit Rest), so bekommt man als Quotienten 75.
Wie lauten die zwei Zahlen?

**Noahs Lösung**
Die zwei Zahlen seien a und b. Dann gilt:
a + b = 6612 (1)
a = 75b + r (2)
Aus (1) folgt a = 6612 – b (3)
(3) in (2):
6612 – b = 75b + r | + b
6612 = 76b + r (4)
Ich bestimme nun b und r,
indem ich 6612 durch 76 teile:
6612 : 76 = 87
608
532
532
0
Es ist also b = 87 und r = 0. Mit b = 87 in (3)
folgt a = 6612 – 87 = 6525.
Die gesuchten Zahlen lauten **6525** und **87**.

**Sophies Lösung**
Ich verlasse mich auf Raten und finde
die Zahlen 6526 und 86.
Probe:
6526 + 86 = 6612 und
6526 : 86 = 75
602
506
430
76
Die gesuchten Zahlen lauten **6526** und **86**.

*Wie ist es nun?*

Name: Klasse: Datum:

# Öltank

Ein Öltank mit 6000 ℓ Fassungsvermögen wird gleichmäßig mit Heizöl gefüllt. Nach 6 Minuten sind 2100 Liter im Tank, eine Viertelstunde später 4350 Liter. Wie lange dauert es insgesamt, bis der Tank voll ist?

**Lunas Lösung**

Wegen des gleichmäßigen Füllens kann ich das Phänomen mit einer linearen Funktion beschreiben:
$y = mx + c$
y bezeichnet den Füllstand des Tanks in Liter, x die Zeit in Minuten. Wegen der Angaben geht das Schaubild durch die Punkte (6 | 2100) und (21 | 4350). Aus der Punktprobe folgt:

$2100 = 6m + c$
$c = 2100 - 6m \quad (1)$
$4350 = 21m + c$
$c = 4350 - 21m \quad (2)$

Durch Gleichsetzen von (1) und (2) folgt:

$2100 - 6m = 4350 - 21m$
$15m = 2250$
$m = 150$

Eingesetzt in (1) bekomme ich $c = 2100 - 6 \cdot 150 = 2100 - 900 = 1200$.
Damit ist $f(x) = 150x + 1200$ die gesuchte lineare Funktion.
Nun ermittle ich die Restzeit: 6000 ℓ – 4350 ℓ = 1650 ℓ.
Schließlich bestimme ich x, sodass

$f(x) = 1650$
$150x + 1200 = 1650$
$150x = 450$
$x = 3$

Zusammengezählt: $6 + 15 + 3 = 24$
Der Tank wird in **24** Minuten voll sein.

**Christians Lösung**

Nach 6 Minuten sind 2100 ℓ im Tank. Dies bedeutet: Pro Minute fließen 2100 ℓ : 6 = 350 ℓ in den Tank.
In 2 Minuten fließen 2 · 350 ℓ, in 3 Minuten 3 · 350 ℓ, in x Minuten fließen 350x Liter. Die lineare Funktion ist damit $g(x) = 350x$.
Der Tank ist voll, wenn die 6000 ℓ erreicht worden sind, also

$g(x) = 6000$
$350x = 6000$
$x = \frac{6000}{350} = \frac{120}{7}$
$x \approx 17{,}1$

Der Tank wird in gut **17** Minuten voll.

**Sabines Lösung**

Ich verwende wie Luna eine lineare Funktion und erhalte wie sie $f(x) = 150x + 1200$.
Ab hier gehe ich jedoch anders vor.

$f(x) = 6000$
$150x + 1200 = 6000$
$150x = 4800$
$x = 32$

Der Tank wird in **32** Minuten voll.

*Wie ist es nun?*

Furdek/Benkeser/Dragmann 2024 (9783589169542)

Name: Klasse: Datum:

# Zwei Dörfer

Die Dörfer A und B liegen 12 km voneinander entfernt. Rolf ist am Vormittag von A nach B gelaufen. In einer Stunde legte er 6 km zurück. Am Nachmittag ist er zurückgelaufen. Diesmal legte er jedoch nur 4 km pro Stunde zurück.
Wie lange war Rolf unterwegs?

**Richards Lösung**
Rolf ist insgesamt 12 km + 12 km = 24 km gelaufen. Im Schnitt legte er $\frac{6+4}{2}$ = 5 km pro Stunde zurück.
Der Weg ist die Geschwindigkeit mal Zeit.
$24 = 5 \cdot \text{Zeit} \qquad | : 5$
Zeit = 4,8
Antwort: Rolf war **4,8** Stunden unterwegs.

**Theresas Lösung**
Von A nach B hat Rolf genau 2 Stunden gebraucht, denn 2 · 6 km = 12 km.
Von B nach A hat Rolf genau 3 Stunden gebraucht, denn 3 · 4 km = 12 km.
Insgesamt war er also 2 + 3 = 5 Stunden unterwegs.
Antwort: Rolf war **5** Stunden unterwegs.

*Wie ist es nun?*

Name: Klasse: Datum:

# Neuneck

Jemand versucht, die Zahlen 1, 2, 3, 4, 5, 6, 7, 8, 9, 10, 11, 12, 13, 14, 15, 16, 17, 18 auf die Eckpunkte und auf die Seitenmittelpunkte eines Neunecks so zu verteilen, dass für jede Seite die Summe der drei Zahlen an den Eckpunkten und am Mittelpunkt den gleichen Wert ergibt.
Jede der Zahlen von 1 bis 18 soll genau einmal vorkommen.
Untersuche, ob eine solche Verteilung möglich ist.

**Falcos Lösung**
Zunächst berechne ich die Summe aller Zahlen mit dem Rechner:
$1 + 2 + 3 + 4 + 5 + 6 + 7 + 8 + 9 + 10 + 11 + 12 + 13 + 14 + 15 + 16 + 17 + 18 = 171$
Nun nehme ich an, dass eine solche Verteilung möglich wäre.
Für jede Seite wäre die Summe der drei Zahlen laut Bedingung $171 : 9 = 19$. Andererseits würde sich auch die Zahl 18 an irgendeiner Seite befinden. Für diese Seite würde dann gelten: 18 und die anderen zwei Zahlen ergäben zusammen 19. Dies ist aber nicht möglich, denn selbst $19 + 1 + 2$ ergibt schon 22, also größer als 19.
Es geht also *nicht*. Der Widerspruch zeigt, dass meine Annahme falsch sein muss.
Eine solche Verteilung ist **nicht möglich**.

**Lanis Lösung**
Die Eckpunkte seien $A_1$, $A_2$, $A_3$, $A_4$, $A_5$, $A_6$, $A_7$, $A_8$, $A_9$ und die Mittelpunkte $M_1$, $M_2$, $M_3$, $M_4$, $M_5$, $M_6$, $M_7$, $M_8$, $M_9$, wobei gilt: $M_1$ ist der Mittelpunkt von $A_1A_2$, $M_2$ der Mittelpunkt von $A_2A_3$ usw. und $M_9$ der Mittelpunkt von $A_9A_1$.
Die Verteilung der Zahlen zeige ich durch eine Tabelle. Die Zuordnungen erfolgen in den Spalten. $A_1$ wird die Zahl 1, $M_1$ die Zahl 17, $A_2$ die Zahl 6, $M_2$ die Zahl 16 zugeordnet usw.

| $A_1$ | $M_1$ | $A_2$ | $M_2$ | $A_3$ | $M_3$ | $A_4$ | $M_4$ | $A_5$ | $M_5$ | $A_6$ | $M_6$ | $A_7$ | $M_7$ | $A_8$ | $M_8$ | $A_9$ | $M_9$ |
|---|---|---|---|---|---|---|---|---|---|---|---|---|---|---|---|---|---|
| 1 | | | | 2 | | | | 3 | | | | 4 | | | | 5 | |
| | | 6 | | | | 7 | | | | 8 | | | | 9 | | | |
| | 17 | | 16 | | 15 | | 14 | | 13 | | 12 | | 11 | | 10 | | 18 |
| | 24 | | | | 24 | | | | 24 | | | | 24 | | | | 24 → |
| ← | | | 24 | | | | 24 | | | | 24 | | | | 24 | | |

Die Bedingung ist erfüllt, die Summe der drei Zahlen ist bei jeder Strecke 24, siehe die grauen Bereiche.
$1 + 17 + 6 = 24$ (Strecke $A_1A_2$), $6 + 16 + 2 = 24$ (Strecke $A_2A_3$) usw. Es gilt noch $5 + 18 + 1 = 24$ (Strecke $A_9A_1$).
Mein Beispiel zeigt: Eine solche Verteilung ist **möglich**.

*Wie ist es nun?*

Name: Klasse: Datum:

# Geschwister

Ein Ehepaar hat zwei Kinder. Man weiß, dass sie mindestens einen Jungen haben. Das Geschlecht des anderen Kindes bleibt aber offen.
Mit welcher Wahrscheinlichkeit hat das Ehepaar eine Tochter?
*Hinweis*: Es wird angenommen, dass gleich viele Jungen wie Mädchen geboren werden.

**Annas Lösung**
Für das zweite Kind gibt es zwei Möglichkeiten, nämlich Mädchen oder Junge. Die Chancen für beide Möglichkeiten sind gleich. Daher ist die Wahrscheinlichkeit $\mathbf{\frac{1}{2}}$.

**Daniels Lösung**
Ich arbeite mit dem Gegenereignis. „J" steht für einen Jungen.

$P(\overline{E}) = \underset{J}{\frac{1}{2}} \cdot \underset{J}{\frac{1}{2}} = \frac{1}{4}$ und daraus folgt $P(E) = 1 - P(\overline{E}) = 1 - \frac{1}{4} = \mathbf{\frac{3}{4}}$.

**Julias Lösung**
Mit M = Mädchen, J = Junge folgt: JJ, JM und MJ sind jene drei Möglichkeiten, bei denen ein Junge vorkommt. Bei zwei dieser Fälle kommt ein Mädchen vor. Somit ist die Wahrscheinlichkeit $\mathbf{\frac{2}{3}}$.

**Fabians Lösung**
Es gibt drei Fälle: „zwei Brüder", „zwei Schwestern" und „gemischt". Da ein Sohn dabei ist, scheidet der Fall „zwei Schwestern" aus. Von den übrigen zwei Fällen ist nur der Fall „gemischt" günstig.

Daher ist die Wahrscheinlichkeit $\mathbf{\frac{1}{2}}$.

**Olivias Lösung**
Ich arbeite mit den Pfadregeln: $P(E) = \underset{J}{\frac{1}{2}} \cdot \underset{M}{\frac{1}{2}} + \underset{M}{\frac{1}{2}} \cdot \underset{J}{\frac{1}{2}} = \mathbf{\frac{1}{2}}$.

*Wie ist es nun?*

# Spielabbruch

Die Spieler *A* und *B* besitzen die gleiche Spielstärke. Derjenige, der als erster fünf Spiele gewonnen hat, erhält einen Geldpreis. Beim Zwischenstand von 4 zu 3 für *A* muss das Spiel vorzeitig abgebrochen werden. Die Spieler wollen den Geldpreis trotzdem gerecht untereinander verteilen.
Welchen Anteil des Geldes soll *A* bzw. *B* erhalten?

**Timos Lösung**
Die drei Fälle A, BA, BB führen zu einer Entscheidung. In den ersten zwei Fällen hätte *A*, im letzten Fall hätte *B* gewonnen. Das Verhältnis ist also 2 : 1. *A* bekommt daher $\mathbf{\frac{2}{3}}$ und *B* $\mathbf{\frac{1}{3}}$ des Geldes.

**Lisas Lösung**
Die zwei Spieler besitzen die gleiche Spielstärke. Jeder Spieler hat also bei jedem Spiel dieselbe Gewinnchance. Beim Zwischenstand 4 : 3 muss daher das Geld im selben Verhältnis verteilt werden. *A* bekommt $\mathbf{\frac{4}{7}}$ und *B* $\mathbf{\frac{3}{7}}$ des Geldes.

**Antons Lösung**
Damit *B* gewinnen kann, sind zwei weitere Spiele erforderlich. Diese können Folgendes ergeben: BB, BA, AB, AA. Im ersten Fall würde *B*, in den letzten drei Fällen *A* gewinnen. Das Verhältnis ist also 3 : 1. Dies bedeutet: *A* bekommt $\mathbf{\frac{3}{4}}$ und *B* $\mathbf{\frac{1}{4}}$ des Geldes.

*Wie ist es nun?*

Name: Klasse: Datum:

# Wo ist wohl mehr Geld?

In zwei gleich aussehenden Umschlägen befinden sich zwei Geldsummen, wobei in dem einen Umschlag doppelt so viel ist wie in dem anderen. Matthias wählt einen Umschlag aus, öffnet ihn und zählt das Geld. Im Anschluss kann er sich entscheiden, ob er diesen Umschlag behält oder lieber doch den anderen wählt.
Matthias weiß nicht, wie viel die größere Geldsumme beträgt.
Bei welcher Strategie hat Matthias bessere Chancen?

**Florians Lösung**
Wenn Matthias den anderen Umschlag wählt, kann er entweder 100 % gewinnen (wenn er das Doppelte bekommt) oder 50 % verlieren (wenn er die Hälfte bekommt). Aus 100 % > 50 % folgt: Die bessere Strategie besteht darin, **den anderen Umschlag** zu **wählen**.

**Erwins Lösung**
Der Geldbetrag aus dem ausgewählten Umschlag sei x. In dem anderen Umschlag gibt es somit entweder den Betrag 2x oder $\frac{x}{2}$ mit den jeweiligen Wahrscheinlichkeiten $\frac{1}{2}$. Damit ist der Erwartungswert $E = \frac{1}{2} \cdot 2x + \frac{1}{2} \cdot \frac{x}{2} = 1{,}25x$
Wegen $1{,}25x > x$ gilt: Die bessere Strategie besteht darin, **den anderen Umschlag** zu **wählen**.

**Hannelores Lösung**
Die zwei Umschläge sind gleichwahrscheinlich. Da Matthias die größere Geldsumme nicht kennt, spielt es keine Rolle, ob er bei dem ausgewählten Umschlag bleibt oder den anderen wählt.
Beide Strategien haben also **gleiche Chancen**.

*Wie ist es nun?*



# Altes Gerät

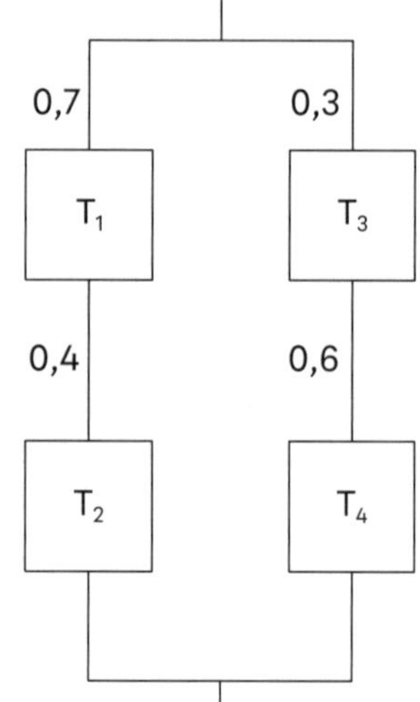


Ein altes Elektrogerät besteht aus vier Bauteilen $T_1$, $T_2$, $T_3$, $T_4$, die nur noch mit den Wahrscheinlichkeiten 0,7; 0,4; 0,3 und 0,6 funktionieren. Das Gerät besteht aus einer Parallelschaltung und zwei Reihenschaltungen. Eine Reihenschaltung funktioniert, wenn beide Bauteile funktionieren. Die Parallelschaltung funktioniert, wenn mindestens eine Bauteilgruppe funktioniert.
Ermittle die Wahrscheinlichkeit für das Ereignis E: Das Gerät funktioniert.

**Lenas Lösung**
Ich arbeite mit den Pfadregeln.
$P(A) = \underset{T_1}{0{,}7} \cdot \underset{T_2}{0{,}4} + \underset{T_3}{0{,}3} \cdot \underset{T_4}{0{,}6} = 0{,}46$
Das Gerät funktioniert mit der Wahrscheinlichkeit von **0,46**.

**Finns Lösung**
Es gilt $E = (T_1 \cap T_2) \cup (T_3 \cap T_4)$.
Jetzt wende ich den Additionssatz an:
$P(E) = P(T_1 \cap T_2) + P(T_3 \cap T_4) - P((T_1 \cap T_2) \cap (T_3 \cap T_4))$
Nun wende ich den Multiplikationssatz an:
$P(E) = P(T_1) \cdot P(T_2) + P(T_3) \cdot P(T_4) - P(T_1) \cdot P(T_2) \cdot P(T_3) \cdot P(T_4)$
$= 0{,}7 \cdot 0{,}4 + 0{,}3 \cdot 0{,}6 - 0{,}7 \cdot 0{,}4 \cdot 0{,}3 \cdot 0{,}6 = 0{,}4096$
Die gesuchte Wahrscheinlichkeit ist **0,4096**.

*Wie ist es nun?*

Name: Klasse: Datum:

# Überraschungsei

Ein Hersteller von Überraschungseiern versieht jedes fünfte Ei mit einem Dinosaurier. In den übrigen Überraschungseiern befindet sich ein anderes Tier. Jemand kauft drei Eier.
Berechne die Wahrscheinlichkeit des Ereignisses E: Keines der drei Eier enthält einen Dinosaurier.

**Axels Lösung**
Mit D bezeichne ich einen Dinosaurier, mit $\overline{D}$ ein anderes Tier. Es ist $P(D) = \frac{1}{5}$ und $P(\overline{D}) = \frac{4}{5}$
Ich arbeite mit den Pfadregeln.

$$P(E) = \underset{\overline{D}}{\frac{4}{5}} \cdot \underset{\overline{D}}{\frac{4}{5}} \cdot \underset{\overline{D}}{\frac{4}{5}} = \mathbf{0{,}512}$$

**Chiaras Lösung**
Von fünf Eiern enthält eines einen Dinosaurier. Der graue Kreis stellt das Ei mit einem Dinosaurier dar, die weißen Kreise veranschaulichen die Eier mit einem anderen Tier.

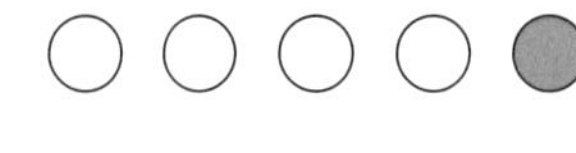

Ich arbeite mit Kombinatorik. Aus den fünf Eiern kann man drei auf insgesamt $\binom{5}{3} = 10$ Arten aussuchen. Dies ist die Anzahl der möglichen Fälle.
Aus den vier Eiern mir einem anderen Tier kann man drei auf insgesamt $\binom{4}{3} = 4$ Arten aussuchen. Dies ist die Anzahl der günstigen Fälle.
$P(E)= \frac{4}{10} = \mathbf{0{,}4}$

*Wie ist es nun?*

# Gesunde und Kranke

Einer von 1000 Bundesbürgern leidet an einer bestimmten Krankheit. Dies lässt sich in einem Test feststellen, der bei jedem Kranken positiv ausfällt. Der Test ist jedoch nicht perfekt, da das Ergebnis manchmal auch bei Gesunden positiv ist. Genauer: Unter 1000 gesunden Testpersonen sind 10 mit einem positiven Resultat.
Welcher Anteil der Testpersonen mit positivem Ergebnis ist wirklich krank?

**Nicos Lösung**
Von 1000 Personen erhalten 10 ein positives Ergebnis, obwohl sie gesund sind. Andererseits ist laut Statistik einer von 1000 Personen tatsächlich krank. Somit bekommen 11 Testpersonen (10 + 1) ein positives Ergebnis. Tatsächlich krank ist aber nur eine Person. Dies bedeutet:
Der Anteil der wirklich Kranken beträgt $\mathbf{\frac{1}{11}}$.

**Melikes Lösung**
Ich wende die Ergebnisse der statistischen Erhebungen auf 100 000 Personen an. Da jede 1000-ste Person krank ist, gibt es 100 Kranke (100 000 : 1000). Gesund sind also 99 900 Personen (100 000 – 100). „Unter 1000 gesunden Testpersonen sind 10 mit einem positiven Resultat“ bedeutet: $\frac{10}{1000} = \frac{1}{100} = 1\,\%$ der gesunden Personen wird irrtümlich für krank gehalten. 1 % von 99 900 ist 999 (99 900 : 100 = 999). Insgesamt gibt es somit 1099 Personen (100 + 999) mit positivem Testergebnis. Tatsächlich krank sind aber nur 100. Daraus folgt:
Der Anteil der wirklich Kranken beträgt $\mathbf{\frac{100}{1099}}$.

*Wie ist es nun?*

Name: Klasse: Datum:

## Münzwurf

Eine faire Münze wird geworfen. Was ist wahrscheinlicher:
A: „2-mal Kopf aus 3 Würfen“ oder B: „3-mal Kopf aus 4 Würfen“?

**Maras Lösung**
Ich arbeite mit der Definition. $P(A) = \frac{2}{3}$, denn von den 3 möglichen Fällen sind 2 günstig.
$P(B) = \frac{3}{4}$, denn von den 4 möglichen Fällen sind 3 günstig.
Ein Vergleich zeigt: $\frac{3}{4} > \frac{2}{3}$
Das Ereignis **B ist wahrscheinlicher** als das Ereignis A.

**Joels Lösung**
Ich wende die Pfadregeln an. K steht für Kopf, Z für Zahl.

$$P(A) = \underset{K}{\frac{1}{2}} \cdot \underset{K}{\frac{1}{2}} \cdot \underset{Z}{\frac{1}{2}} + \underset{K}{\frac{1}{2}} \cdot \underset{Z}{\frac{1}{2}} \cdot \underset{K}{\frac{1}{2}} + \underset{Z}{\frac{1}{2}} \cdot \underset{K}{\frac{1}{2}} \cdot \underset{K}{\frac{1}{2}} = \frac{3}{8} = 0{,}375$$

$$P(B) = \underset{K}{\frac{1}{2}} \cdot \underset{K}{\frac{1}{2}} \cdot \underset{K}{\frac{1}{2}} \cdot \underset{Z}{\frac{1}{2}} + \underset{K}{\frac{1}{2}} \cdot \underset{K}{\frac{1}{2}} \cdot \underset{Z}{\frac{1}{2}} \cdot \underset{K}{\frac{1}{2}} + \underset{K}{\frac{1}{2}} \cdot \underset{Z}{\frac{1}{2}} \cdot \underset{K}{\frac{1}{2}} \cdot \underset{K}{\frac{1}{2}} + \underset{Z}{\frac{1}{2}} \cdot \underset{K}{\frac{1}{2}} \cdot \underset{K}{\frac{1}{2}} \cdot \underset{K}{\frac{1}{2}} = \frac{4}{16} = 0{,}25$$

Es ist $P(A) > P(B)$, da $0{,}375 > 0{,}25$.
Das Ereignis **A ist wahrscheinlicher** als das Ereignis B.

*Wie ist es nun?*

## Fehlerquoten

Die HIV-Rate bei Menschen, die sich vorsichtig verhalten, beträgt lediglich 0,01 %. Ein Aids-Test hat folgende sehr hohe Genauigkeiten: Wird eine infizierte Person getestet, ist der Test zu 99,9 % positiv. Umgekehrt ist das Testergebnis einer gesunden Person zu 99,99 % negativ.
Mit welcher Wahrscheinlichkeit ist eine positiv getestete vorsichtige Person tatsächlich infiziert?

**Maurices Lösung**
Ich muss also den Fall ausschließen, dass eine nicht infizierte Person positiv getestet wird. Die Wahrscheinlichkeit hierfür ist:
$0{,}9999 \cdot 0{,}0001 = 0{,}000\,099\,99$
Die Gegenwahrscheinlichkeit ist damit
$1 - 0{,}000\,099\,99 = 0{,}999\,900\,01$
Die gesuchte Wahrscheinlichkeit beträgt **99,990 001 %**.

**Miriams Lösung**
Werden 10 000 Personen auf HIV getestet, so erhalten zwei einen positiven Test. Die eine, weil sie infiziert ist und die andere, weil ihr Test positiv ausfällt, obwohl sie nicht infiziert ist. In beiden Fällen handelt es sich um einen Anteil von 0,01 % und 0,01 % von 10 000 ist 1. Zwei Personen erhielten also einen positiven Test, infiziert ist aber nur die eine. Dies bedeutet: Die gesuchte Wahrscheinlichkeit beträgt **50 %**.

**Rezas Lösung**
Gesucht ist die Wahrscheinlichkeit positiv getestet und infiziert zu sein. Es ergibt sich:
$0{,}0001 \cdot 0{,}999 = 0{,}000\,099\,9$
Die gesuchte Wahrscheinlichkeit beträgt **0,009 99 %**.

*Wie ist es nun?*

Name: Klasse: Datum:

# Durchschnittswert

12 weiße und 2 schwarze Karten werden gut gemischt. Nachher werden sie einzeln gezogen. Wie oft muss man im Durchschnitt ziehen, bis man eine schwarze Karte bekommt?

**Leanders Lösung**

Ich stelle die 14 Karten kreisförmig dar.
Aus Symmetriegründen untersuche ich die Verteilung aus der folgenden Abbildung.
Hier gibt es keine erste Stelle, man kann also bei allen der 14 Karten genauso gut anfangen. Nun untersuche ich alle möglichen Fälle. Die Zahlen neben den Kreisen geben an, wie viele Ziehungen nötig wären, wenn man bei der jeweiligen Karte anfinge und im Uhrzeigersinn zöge. Eine Zufallsvariable X definiere ich so:
X: Die Anzahl der Ziehungen, bis die erste schwarze Karte erscheint.
Ich ermittle nun den Erwartungswert der Zufallsvariable. Wegen des Kommutativgesetzes spielt es keine Rolle, an welcher Stelle man anfängt.

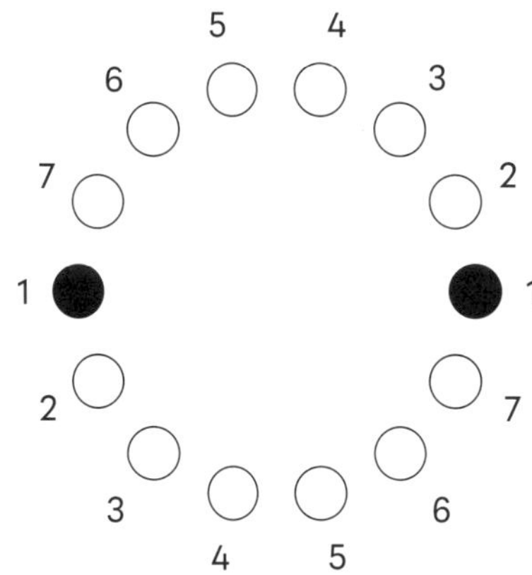


$$E(X) = 1 \cdot \frac{1}{14} + 7 \cdot \frac{1}{14} + 6 \cdot \frac{1}{14} + 5 \cdot \frac{1}{14} + 4 \cdot \frac{1}{14} + 3 \cdot \frac{1}{14} + 2 \cdot \frac{1}{14} + 1 \cdot \frac{1}{14} + 7 \cdot \frac{1}{14} + 6 \cdot \frac{1}{14} + 5 \cdot \frac{1}{14} + 4 \cdot \frac{1}{14} + 3 \cdot \frac{1}{14} + 2 \cdot \frac{1}{14} = 4$$

Im Schnitt muss man **viermal** ziehen.

**Bastians Lösung**

Alle Karten sind gleichwahrscheinlich. Auf sechs weiße Karten kommt eine schwarze Karte. Ich ermittle, wie oft man aus diesen sieben Karten im Schnitt ziehen muss, bis die schwarze Karte erscheint. Es sei
X: Die Anzahl der Ziehungen, bis die schwarze Karte erscheint.
Nun berechne ich den Erwartungswert der Zufallsvariable:

$$E(X) = 1 \cdot \frac{1}{7} + 2 \cdot \frac{1}{7} + 3 \cdot \frac{1}{7} + 4 \cdot \frac{1}{7} + 5 \cdot \frac{1}{7} + 6 \cdot \frac{1}{7} + 7 \cdot \frac{1}{7} = \frac{28}{7} = 4$$

Im Schnitt muss man **viermal** ziehen.

**Emilias Lösung**

Ich stelle mir die 14 Karten in einer Reihe nebeneinander vor. X bezeichnet die Anzahl der Ziehungen, bis die erste schwarze Karte erscheint. Ich betrachte dazu beide schwarze Karten. Sie können auf $\binom{14}{2} = 91$ Arten liegen. Dies ist die Anzahl der möglichen Fälle. Wenn zum Beispiel die *erste* schwarze Karte die 12-te ist, dann gibt es 2 günstige Fälle: Die *zweite* schwarze Karte kann auf Platz 13 oder 14 sein.

$P(X = 12) = \frac{2}{91}$ oder anders geschrieben: $P(X = 12) = \frac{14 - 12}{91}$.

Allgemein gilt $P(X = i) = \frac{14 - i}{91}$ und damit

$$E(X) = \sum_{i=1}^{14} i \cdot P(X = i) = \sum_{i=1}^{14} i \cdot \frac{14 - i}{91}$$

$$E(X) = \frac{1 \cdot 13 + 2 \cdot 12 + 3 \cdot 11 + 4 \cdot 10 + 5 \cdot 9 + 6 \cdot 8 + 7 \cdot 7 + 8 \cdot 6 + 9 \cdot 5 + 10 \cdot 4 + 11 \cdot 3 + 12 \cdot 2 + 13 \cdot 1 + 14 \cdot 0}{91} = 5$$

Im Schnitt muss man **fünfmal** ziehen.

*Wie ist es nun?*

Name: Klasse: Datum:

# Wer mit wem?

Aus einer Gruppe von 10 Personen werden zufällig 5 ausgewählt. Berechne die Wahrscheinlichkeit des Ereignisses E: Julia und Daniel werden ausgewählt und Andreas, Bea und Timo werden nicht ausgewählt.
*Anmerkung:* Alle zehn Personen haben unterschiedliche Namen.

**Benedikts Lösung**
Aus 10 Personen kann man 5 auf insgesamt $\binom{10}{5}$ Arten auswählen. Dies ist die Anzahl der möglichen Fälle.
Nun ermittle ich die Anzahl der günstigen Fälle.

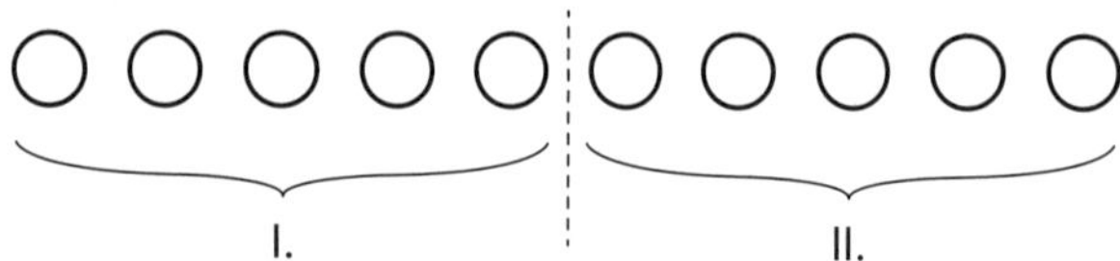


I. stellt die eingeladenen Personen, II. die nicht eingeladenen Personen dar.

Julia und Daniel müssen sich im Bereich I. befinden. Dies ist auf $\binom{5}{2}$ Arten möglich.

Andreas, Bea und Timo müssen sich im Bereich II. befinden. Dies ist auf $\binom{5}{3}$ Arten möglich.

Die Anzahl der günstigen Fälle ist somit $\binom{5}{2} \cdot \binom{5}{3}$.

Die Wahrscheinlichkeit ist $P(E) = \frac{\binom{5}{2} \cdot \binom{5}{3}}{\binom{10}{5}} = \frac{10 \cdot 10}{252} = \mathbf{\frac{25}{63}}$

**Melissas Lösung**
Aus 10 Personen können 5 auf insgesamt $\binom{10}{5}$ Arten ausgewählt werden. Dies ist die Anzahl der möglichen Fälle. Jetzt bestimme ich die Anzahl der günstigen Fälle.

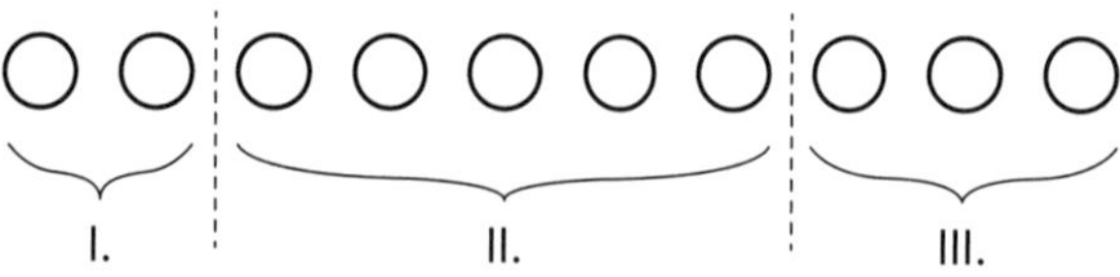


I. stellt die „erwünschten Personen“, II. die neutralen Personen und III. die „unerwünschten Personen“ dar.

Man kann Julia und Daniel aus dem Bereich I. auf $\binom{2}{2}$ Arten wählen. Drei neutrale Personen aus dem Bereich II. kann man auf $\binom{5}{3}$ Arten wählen. Weder Andreas noch Bea noch Timo zu wählen, ist im Bereich III. auf $\binom{3}{0}$ Arten möglich. Die Anzahl der günstigen Fälle ist damit $\binom{2}{2} \cdot \binom{5}{3} \cdot \binom{3}{0}$.

Die Wahrscheinlichkeit ist $P(E) = \frac{\binom{2}{2} \cdot \binom{5}{3} \cdot \binom{3}{0}}{\binom{10}{5}} = \frac{1 \cdot 10 \cdot 1}{252} = \mathbf{\frac{5}{126}}$

*Wie ist es nun?*

Name: Klasse: Datum:

# Zwei Bonbon-Schachteln

Ein Prüfling steckt vor seiner Mathematikprüfung zwei gleiche Bonbon-Schachteln in seine Tasche. In jeder Schachtel befinden sich 10 Bonbons. Jedes Mal, wenn er sich unsicher fühlt, greift er zufällig nach einer Schachtel und nimmt sich einen Bonbon. Irgendwann merkt er, dass eine Schachtel leer ist – und zwar, wenn er aus ihr den letzten Bonbon herausnimmt. Ermittle die Wahrscheinlichkeit des Ereignisses
E: Wenn eine Schachtel leer wird, befinden sich in der anderen Schachtel noch genau 5 Bonbons.

**Stefans Lösung**
Das Ereignis tritt ein, wenn der Prüfling 10-mal die eine und 5-mal die andere Schachtel gewählt hat.
Damit ist

$$\binom{10}{10} \cdot \binom{10}{5} = 252$$

die Anzahl der günstigen Fälle.
Es sind insgesamt 10 + 10 = 20 Bonbons. Von 20 Bonbons kann man 15 insgesamt auf

$$\binom{20}{15} = 15\,504$$

Arten wählen.
Dies ist die Anzahl der möglichen Fälle.
Aus der Definition folgt

$$P(E) = \frac{252}{15\,504} = \frac{21}{1292}$$

$$P(E) \approx 0{,}0163$$

Die gesuchte Wahrscheinlichkeit beträgt $\frac{21}{1292} \approx 0{,}0163$.

**Claudias Lösung**
Das Phänomen kann ich als Bernoulli-Kette auffassen. Die Länge der Kette ist $n = 15$. „Treffer" bedeutet, dass der Prüfling jene Schachtel wählt, die als erste leer wird. Die Trefferwahrscheinlichkeit ist $p = \frac{1}{2}$.
Mit der Formel von Bernoulli erhält man

$$P(E) = \binom{15}{10} \cdot \left(\frac{1}{2}\right)^{10} \cdot \left(\frac{1}{2}\right)^{5}$$

$$P(E) = 3003 \cdot \frac{1}{1024} \cdot \frac{1}{32}$$

$$P(E) = \frac{3003}{32\,768}$$

$$P(E) \approx 0{,}0916$$

Die gesuchte Wahrscheinlichkeit beträgt $\frac{3003}{32\,768} \approx 0{,}0916$.

*Wie ist es nun?*

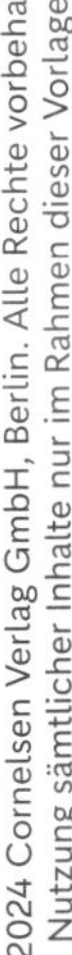

Name: Klasse: Datum:

# Drei Richtige im Lotto

Berechne die Wahrscheinlichkeit des Ereignisses
E: Man hat genau drei Richtige im Lotto 6 aus 49.

**Lenis Lösung**
Aus 49 Zahlen kann man 6 auf $\binom{49}{6}$ Arten ziehen.
$\binom{49}{6} = 13\,983\,816$ ist die Anzahl der möglichen Fälle.
Aus den gezogenen 6 Zahlen kann man 3 Richtige auf $\binom{6}{3} = 20$ Arten haben.
Dies ist die Anzahl der günstigen Fälle.
Laut Definition ist
$P(E) = \frac{20}{13\,983\,816}$

**Dafnes Lösung**
Man soll genau drei Richtige haben.
Die erste richtige Zahl kommt mit einer Wahrscheinlichkeit von $\frac{6}{49}$.
Die zweite richtige Zahl hat die Wahrscheinlichkeit $\frac{5}{48}$.
Die dritte richtige Zahl hat die Wahrscheinlichkeit $\frac{4}{47}$.
Mit den Pfadregeln folgt:
$P(E) = \frac{6}{49} \cdot \frac{5}{48} \cdot \frac{4}{47}$
$P(E) = \frac{5}{4606}$

*Wie ist es nun?*

Name: Klasse: Datum:

# Socken im Dunklen

Aus 5 weißen, 4 schwarzen und 3 grauen Socken werden im Dunklen zufällig 3 ausgewählt.
Berechne die Wahrscheinlichkeit des Ereignisses
E: Man hat mindestens zwei gleichfarbige Socken ausgewählt.

**Simons Lösung**
Die Anzahl der möglichen Fälle ist $\binom{12}{3}$, denn aus insgesamt 12 Socken (5 + 4 + 3) werden 3 ausgewählt.
Ich bestimme nun die Anzahl der günstigen Fälle für mindestens zwei weiße Socken:

Aus 5 weißen Socken kann man 2 auf $\binom{5}{2}$ Arten auswählen. Damit sind zwei weiße Socken garantiert.

Aus den restlichen 10 (12 – 2) Socken wird noch eine weitere ausgewählt. Dies ist auf $\binom{10}{1}$ Arten möglich. Damit hat man in $\binom{5}{2} \cdot \binom{10}{1}$ Fällen mindestens zwei weiße Socken.

Ganz ähnlich folgt:

In $\binom{4}{2} \cdot \binom{10}{1}$ Fällen zieht man mindestens zwei schwarze Socken, in $\binom{3}{2} \cdot \binom{10}{1}$ Fällen sind es mindestens zwei graue Socken.

$$P(E) = \frac{\binom{5}{2} \cdot \binom{10}{1} + \binom{4}{2} \cdot \binom{10}{1} + \binom{3}{2} \cdot \binom{10}{1}}{\binom{12}{3}} = \frac{10 \cdot 10 + 6 \cdot 10 + 3 \cdot 10}{220}$$

$$P(E) = \frac{190}{220} = \mathbf{\frac{19}{22}}$$

**Sarahs Lösung**
W steht für eine weiße, $\overline{W}$ für eine nicht weiße Socke. S steht für eine schwarze, $\overline{S}$ für eine nicht schwarze Socke. G steht für eine graue, $\overline{G}$ für eine nicht graue Socke. Ich arbeite nun mit den Pfadregeln:

$$P(E) = \underset{W}{\frac{5}{12}} \cdot \underset{W}{\frac{4}{11}} \cdot \underset{W}{\frac{3}{10}} + \underset{W}{\frac{5}{12}} \cdot \underset{W}{\frac{4}{11}} \cdot \underset{\overline{W}}{\frac{7}{10}} + \underset{W}{\frac{5}{12}} \cdot \underset{\overline{W}}{\frac{7}{11}} \cdot \underset{W}{\frac{4}{10}} + \underset{\overline{W}}{\frac{7}{12}} \cdot \underset{W}{\frac{5}{11}} \cdot \underset{W}{\frac{4}{10}}$$

$$+ \underset{S}{\frac{4}{12}} \cdot \underset{S}{\frac{3}{11}} \cdot \underset{S}{\frac{2}{10}} + \underset{S}{\frac{4}{12}} \cdot \underset{S}{\frac{3}{11}} \cdot \underset{\overline{S}}{\frac{8}{10}} + \underset{S}{\frac{4}{12}} \cdot \underset{\overline{S}}{\frac{8}{11}} \cdot \underset{S}{\frac{3}{10}} + \underset{\overline{S}}{\frac{8}{12}} \cdot \underset{S}{\frac{4}{11}} \cdot \underset{S}{\frac{3}{10}}$$

$$+ \underset{G}{\frac{3}{12}} \cdot \underset{G}{\frac{2}{11}} \cdot \underset{G}{\frac{1}{10}} + \underset{G}{\frac{3}{12}} \cdot \underset{G}{\frac{2}{11}} \cdot \underset{\overline{G}}{\frac{9}{10}} + \underset{G}{\frac{3}{12}} \cdot \underset{\overline{G}}{\frac{9}{11}} \cdot \underset{G}{\frac{2}{10}} + \underset{\overline{G}}{\frac{9}{12}} \cdot \underset{G}{\frac{3}{11}} \cdot \underset{G}{\frac{2}{10}}$$

$$P(E) = \frac{60 + 3 \cdot 140 + 24 + 3 \cdot 96 + 6 + 3 \cdot 54}{1320} = \frac{960}{1320}$$

$$P(E) = \mathbf{\frac{8}{11}}$$

*Wie ist es nun?*

Name: Klasse: Datum:

# Es fallen Sechser

Ein idealer Würfel wird 5-mal geworfen. Ermittle die Wahrscheinlichkeit des Ereignisses:
E: Es fallen mindestens zwei und höchstens drei Sechsen.

**Franks Lösung**

Es seien C: „Es fallen genau zwei Sechsen." und D: „Es fallen genau drei Sechsen."
Nun arbeite ich mit dem Additionssatz.

$P(E) = P(C \cup D)$

$P(E) = P(C) + P(D) - P(C \cap D) \qquad (1)$

$P(C) = \binom{5}{2} \cdot \left(\frac{1}{6}\right)^2 \cdot \left(\frac{5}{6}\right)^3 = \frac{625}{3888} \qquad (2)$

$P(D) = \binom{5}{3} \cdot \left(\frac{1}{6}\right)^3 \cdot \left(\frac{5}{6}\right)^2 = \frac{125}{3888} \qquad (3)$

$P(C \cap D) = 0 \qquad (4)$

Mit (2), (3) und (4) in (1) folgt:

$P(E) = \frac{625}{3888} + \frac{125}{3888} - 0 = \frac{750}{3888} = \frac{125}{648}$

Antwort: $P(E) = \frac{125}{648} \approx \mathbf{0{,}1929}$

**Silkes Lösung**

Es seien A: „Es fallen mindestens zwei Sechsen." und B: „Es fallen höchstens drei Sechsen."
Nun arbeite ich mit dem Gegenereignis.

$P(\overline{A}) = \underbrace{\binom{5}{0} \cdot \left(\frac{1}{6}\right)^0 \cdot \left(\frac{5}{6}\right)^5}_{\text{keine Sechs}} + \underbrace{\binom{5}{1} \cdot \left(\frac{1}{6}\right)^1 \cdot \left(\frac{5}{6}\right)^4}_{\text{eine Sechs}} = \frac{6250}{7776} = \frac{3125}{3888}$

$P(A) = 1 - P(\overline{A}) = 1 - \frac{3125}{3888} = \frac{763}{3888} \approx 0{,}1962$

$P(\overline{B}) = \underbrace{\binom{5}{4} \cdot \left(\frac{1}{6}\right)^4 \cdot \left(\frac{5}{6}\right)^1}_{\text{4 Sechsen}} + \underbrace{\binom{5}{5} \cdot \left(\frac{1}{6}\right)^5 \cdot \left(\frac{5}{6}\right)^0}_{\text{5 Sechsen}} = \frac{13}{3888}$

$P(B) = 1 - P(\overline{B}) = 1 - \frac{13}{3888} = \frac{3875}{3888} \approx 0{,}9967$

Zum Schluss wende ich noch den Multiplikationssatz an.

$P(E) = P(A \cap B) = P(A) \cdot P(B)$

$P(E) = \frac{763}{3888} \cdot \frac{3875}{3888} = \frac{2\,956\,625}{15\,116\,544}$

Antwort: $P(E) = \frac{2\,956\,625}{15\,116\,544} \approx \mathbf{0{,}1956}$

*Wie ist es nun?*

Name: Klasse: Datum:

# Sechseck

In wie vielen Punkten schneiden sich die Diagonalen eines Sechsecks?
Es werden nur die Schnittpunkte im Inneren des Sechsecks betrachtet.

**Sofias Lösung**
Die 6 Eckpunkte kann man auf $\binom{6}{2} = 15$ Arten verbinden. Von den 15 Verbindungsstrecken sind 6 Seiten und 9 Diagonalen (15 – 6). Zwei Diagonalen bestimmen einen Schnittpunkt. Aus 9 Diagonalen kann man 2 auf $\binom{9}{2} = 36$ Arten auswählen. Man muss noch die 6 Eckpunkte abziehen:
$36 - 6 = 30$
Die Diagonalen eines Sechsecks schneiden sich in **30** Punkten.

**Henrys Lösung**
Ein Schnittpunkt ist durch zwei Diagonalen eindeutig bestimmt. Zwei Diagonalen sind durch die vier Eckpunkte eindeutig bestimmt. Vier Eckpunkte bestimmen also eindeutig einen Schnittpunkt.
Aus 6 Eckpunkten kann man 4 auf $\binom{6}{4} = 15$ Arten auswählen.
Die Diagonalen eines Sechsecks schneiden sich in **15** Punkten.

**Ellas Lösung**
Ich zeichne ein Sechseck samt Diagonalen und zähle die Diagonalenschnittpunkte.
Das Zusammenzählen ergibt **13** Schnittpunkte.

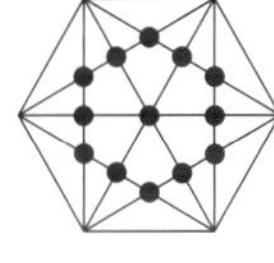

*Wie ist es nun?*

# Frauenquote

Aus 7 Männern und 4 Frauen wird eine fünfköpfige Delegation gebildet.
Auf wie viele Arten ist dies möglich, wenn die Delegation mindestens 2 Frauen enthalten muss?

**Franziskas Lösung**

Um die Bedingung zu erfüllen, wählt man zunächst 2 Frauen aus. Von 4 Frauen kann man 2 auf $\binom{4}{2}$ Arten auswählen. Nun muss man noch von den übriggebliebenen 9 Personen 3 weitere auswählen. Da in der Delegation bereits 2 Frauen sind, gibt es keine Einschränkungen, man kann also 3 beliebige Personen wählen. Von 9 Personen kann man 3 auf $\binom{9}{3}$ Arten auswählen.
Mit der Produktregel folgt:
$\binom{4}{2} \cdot \binom{9}{3} = 6 \cdot 84 = 504$
Die Delegation kann auf insgesamt **504** Arten gebildet werden.

**Reinholds Bemerkung**
Gäbe es keine Einschränkung, so könnte man aus den 11 Personen eine fünfköpfige Delegation auf insgesamt $\binom{11}{5}$ = **462** Arten bilden.
**Ohne** Einschränkungen gibt es also *weniger* Möglichkeiten als **mit** Einschränkungen, denn
$462 < 504$
Dies dürfte aber nicht sein.

*Wie ist es nun?*

Name: Klasse: Datum:

# Schachbrett

Auf wie viele Arten kann man 8 Türme auf ein Schachbrett stellen, sodass sich keine zwei Türme schlagen?
*Anmerkung*: Türme können nur waagerecht (in einer Zeile) oder senkrecht (in einer Spalte) bewegt werden.

**Daniels Lösung**
Da sich keine zwei Türme schlagen dürfen, befindet sich in jeder Spalte und jeder Zeile genau ein Turm.
Ich werde die Türme spaltenweise stellen.
Den 1. Turm kann ich auf 8 Arten in die 1. Spalte stellen.
Dadurch werden die grauen Felder blockiert.
Den 2. Turm kann ich auf 7 Arten in die 2. Spalte stellen.
Dadurch werden weitere graue Felder blockiert.
Ähnlich folgt:
Den 3. Turm kann ich auf 6 Arten in die 3. Spalte stellen.
Den 4. Turm kann ich auf 5 Arten in die 4. Spalte stellen.
Den 5. Turm kann ich auf 4 Arten in die 5. Spalte stellen.
Den 6. Turm kann ich auf 3 Arten in die 6. Spalte stellen.
Den 7. Turm kann ich auf 2 Arten in die 7. Spalte stellen.
Den 8. Turm kann ich auf nur 1 Art in die 8. Spalte stellen.
Um die Gesamtanzahl zu ermitteln, wende ich die Produktregel an:
$8 \cdot 7 \cdot 6 \cdot 5 \cdot 4 \cdot 3 \cdot 2 \cdot 1 = 8!$
8 Türme kann man auf einem Schachbrett auf **8!** Arten stellen.

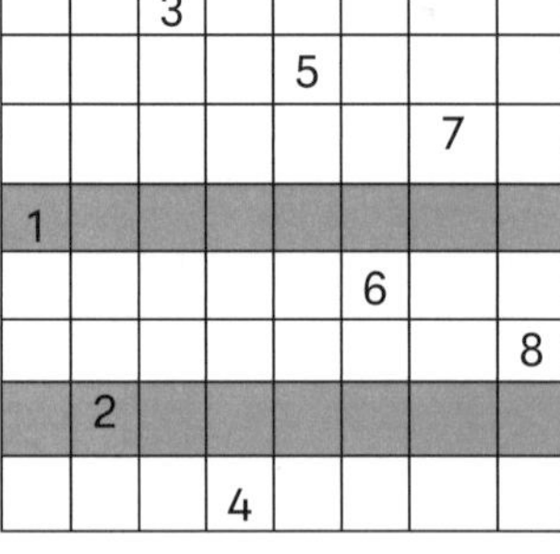


**Julias Lösung**
Das Schachbrett hat $8 \cdot 8 = 64$ Felder.
Den 1. Turm kann man auf 64 Arten stellen.
Dadurch werden alle Felder aus der Reihe und der Spalte, in der dieser Turm steht, für weitere Türme blockiert.
Es gibt 15 solche Felder.
Den 2. Turm kann man auf $64 - 15 = 49$ Arten stellen.
Dadurch werden 13 weitere Felder blockiert.
Den 3. Turm kann man auf $49 - 13 = 36$ Arten stellen.
Ähnlich folgt:
Den 4. Turm kann man auf $36 - 11 = 25$ Arten stellen.
Den 5. Turm kann man auf $25 - 9 = 16$ Arten stellen.
Den 6. Turm kann man auf $16 - 7 = 9$ Arten stellen.
Den 7. Turm kann man auf $9 - 5 = 4$ Arten stellen.
Den 8. Turm kann man nur auf $4 - 3 = 1$ Art stellen.
Den Gedankengang kann man an einem Schachbrett nachvollziehen.
Um die Gesamtanzahl zu ermitteln, arbeite ich mit der Produktregel:
$64 \cdot 49 \cdot 36 \cdot 25 \cdot 16 \cdot 9 \cdot 4 \cdot 1$
Oder umgeformt:
$64 \cdot 49 \cdot 36 \cdot 25 \cdot 16 \cdot 9 \cdot 4 \cdot 1 = 8^2 \cdot 7^2 \cdot 6^2 \cdot 5^2 \cdot 4^2 \cdot 3^2 \cdot 2^2 \cdot 1^2 = (8 \cdot 7 \cdot 6 \cdot 5 \cdot 4 \cdot 3 \cdot 2 \cdot 1)^2 = (8!)^2$
8 Türme kann man auf einem Schachbrett auf $\mathbf{(8!)^2}$ Arten stellen.

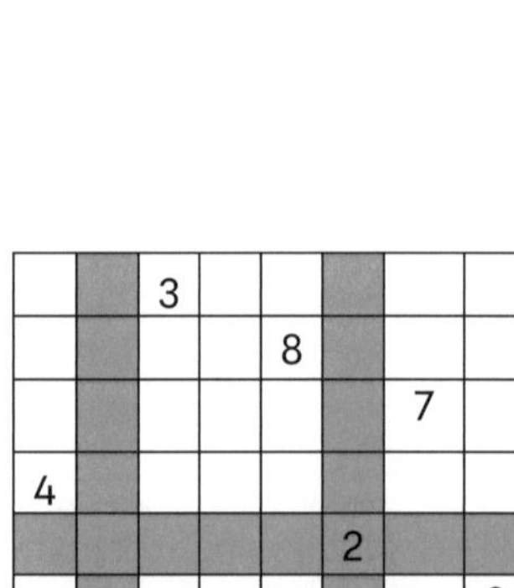


*Wie ist es nun?*

Name: Klasse: Datum:

# Vierstellige Zahlen

Es werden alle denkbaren vierstelligen Zahlen gebildet. Wie viele Zahlen entstehen insgesamt?

**Deborahs Lösung**
Für die erste Ziffer gibt es neun Möglichkeiten (Ziffern 1 bis 9), für die anderen Ziffern je zehn Möglichkeiten (Ziffern 0 bis 9).

| 1. Ziffer | 2. Ziffer | 3. Ziffer | 4. Ziffer |
|---|---|---|---|
| ↓ | ↓ | ↓ | ↓ |
| 9 Möglichkeiten | 10 Möglichkeiten | 10 Möglichkeiten | 10 Möglichkeiten |

Um die Gesamtanzahl zu ermitteln, wende ich nun die Produktregel an:
$9 \cdot 10 \cdot 10 \cdot 10 = 9000$
Es entstehen **9000** Zahlen.

**Maiks Lösung**
Die kleinste Zahl, die man bilden kann, ist die 1000.
Die größte Zahl, die man bilden kann, ist die 9999.
Es gibt also insgesamt 9999 – 1000 Zahlen.
Es entstehen **8999** Zahlen.

*Wie ist es nun?*



# Fünfstellige Zahlen

Aus den Ziffern 1, 2, 3, 4, 5, 6, 7, 8, 9 werden alle fünfstelligen Zahlen gebildet.
Wie viele Zahlen entstehen insgesamt?

**Rauls Lösung**
Für jede Ziffer gibt es genau neun Möglichkeiten.

| 1. Ziffer | 2. Ziffer | 3. Ziffer | 4. Ziffer | 5. Ziffer |
|---|---|---|---|---|
| ↓ | ↓ | ↓ | ↓ | ↓ |
| 9 Möglichkeiten | 9 Möglichkeiten | 9 Möglichkeiten | 9 Möglichkeiten | 9 Möglichkeiten |

Um die Gesamtanzahl zu ermitteln, wende ich nun die Produktregel an:
$9 \cdot 9 \cdot 9 \cdot 9 \cdot 9 = 59\,049$
Es entstehen **59 049** Zahlen.

**Sinas Lösung**
Die kleinste Zahl, die man bilden kann, ist die 11 111.
Die größte Zahl, die man bilden kann, ist die 99 999.
Es gibt also insgesamt 99 999 – 11 111 Zahlen.
Es entstehen **88 888** Zahlen.

*Wie ist es nun?*

Name: Klasse: Datum:

## Mini-Sudoku

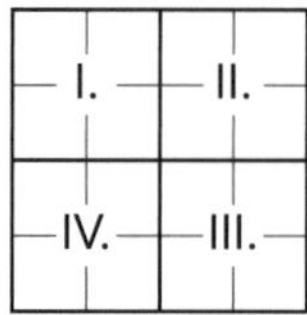


Das Quadrat aus der Abbildung soll so ausgefüllt werden, dass die Zahlen 1, 2, 3 und 4 in jeder Zeile, in jeder Spalte und in jeder der Quadrate I., II., III. und IV. genau einmal vorkommen.
Auf wie viele Arten ist dies insgesamt möglich?

**Claras Lösung**

Zunächst fülle ich die Quadrate I. und III. in der linken Abbildung aus.
Dies ist auf jeweils 4! = 24 Arten möglich.
I. und III. kann ich aber voneinander unabhängig ausfüllen.
Aus der Produktregel folgt: Es gibt 24 · 24 = 576 Möglichkeiten diese zwei Quadrate auszufüllen.

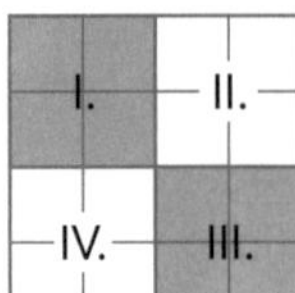


| 1 | 2 | | |
|---|---|---|---|
| 3 | 4 | | |
| | | 1 | 2 |
| | | 3 | 4 |

| 1 | 2 | 4 | 3 |
|---|---|---|---|
| 3 | 4 | 2 | 1 |
| 4 | 3 | 1 | 2 |
| 2 | 1 | 3 | 4 |

| 4 | 2 | | |
|---|---|---|---|
| 3 | 1 | | |
| | | 1 | 4 |
| | | 2 | 3 |

| 4 | 2 | 3 | 1 |
|---|---|---|---|
| 3 | 1 | 4 | 2 |
| 2 | 3 | 1 | 4 |
| 1 | 4 | 2 | 3 |

Nun ergänze ich die restlichen Felder, sodass alle Bedingungen erfüllt werden. Ich stelle fest:
Dies ist nur jeweils auf eine einzige Art möglich. Die zweite Abbildung führt zwangsläufig zur dritten Abbildung und die vierte Abbildung zur fünften Abbildung.
Es entstehen also keine neuen Fälle.
Daher gibt es **576** Quadrate mit den gesuchten Eigenschaften.

**Nicks Lösung**

In einem *1. Schritt* legt man die Zahlen im Quadrat I. wie in dieser Abbildung fest.
In einem *2. Schritt* ermittelt man durch systematisches Probieren alle möglichen Quadrate für diesen Fall. Man erhält die folgenden 12 Möglichkeiten:

| 1 | 2 |
|---|---|
| 3 | 4 |

| 1 | 2 | 4 | 3 |
|---|---|---|---|
| 3 | 4 | 2 | 1 |
| 4 | 3 | 1 | 2 |
| 2 | 1 | 3 | 4 |

| 1 | 2 | 3 | 4 |
|---|---|---|---|
| 3 | 4 | 2 | 1 |
| 4 | 3 | 1 | 2 |
| 2 | 1 | 4 | 3 |

| 1 | 2 | 4 | 3 |
|---|---|---|---|
| 3 | 4 | 2 | 1 |
| 2 | 3 | 1 | 4 |
| 4 | 1 | 3 | 2 |

| 1 | 2 | 4 | 3 |
|---|---|---|---|
| 3 | 4 | 1 | 2 |
| 4 | 3 | 2 | 1 |
| 2 | 1 | 3 | 4 |

| 1 | 2 | 3 | 4 |
|---|---|---|---|
| 3 | 4 | 1 | 2 |
| 4 | 3 | 2 | 1 |
| 2 | 1 | 4 | 3 |

| 1 | 2 | 3 | 4 |
|---|---|---|---|
| 3 | 4 | 1 | 2 |
| 4 | 1 | 2 | 3 |
| 2 | 3 | 4 | 1 |

| 1 | 2 | 4 | 3 |
|---|---|---|---|
| 3 | 4 | 2 | 1 |
| 4 | 1 | 3 | 2 |
| 2 | 3 | 1 | 4 |

| 1 | 2 | 4 | 3 |
|---|---|---|---|
| 3 | 4 | 2 | 1 |
| 2 | 1 | 3 | 4 |
| 4 | 3 | 1 | 2 |

| 1 | 2 | 4 | 3 |
|---|---|---|---|
| 3 | 4 | 1 | 2 |
| 2 | 1 | 3 | 4 |
| 4 | 3 | 2 | 1 |

| 1 | 2 | 3 | 4 |
|---|---|---|---|
| 3 | 4 | 1 | 2 |
| 2 | 3 | 4 | 1 |
| 4 | 1 | 2 | 3 |

| 1 | 2 | 3 | 4 |
|---|---|---|---|
| 3 | 4 | 2 | 1 |
| 2 | 1 | 4 | 3 |
| 4 | 3 | 1 | 2 |

| 1 | 2 | 3 | 4 |
|---|---|---|---|
| 3 | 4 | 1 | 2 |
| 2 | 1 | 4 | 3 |
| 4 | 3 | 2 | 1 |

In einem *3. Schritt* untersucht man, auf wie viele Arten man insgesamt die Zahlen im Ausgangsquadrat I. festlegen kann. Es gibt 4! = 24 Möglichkeiten dafür.
In einem *4. Schritt* verbindet man die Ergebnisse aus Schritt 2 und 3.
Mit der Produktregel folgt 24 · 12 = 288.
Es gibt **288** Quadrate mit den gesuchten Eigenschaften.

*Wie ist es nun?*

Furdek/Benkeser/Dragmann 2024 (9783589169542)

Name: Klasse: Datum:

# Wie viel Mathematik?

Auf wie viele Arten kann man das Wort MATHEMATIK in der Abbildung lesen?
Man startet beim obersten Buchstaben **M** und kommt beim untersten Buchstaben **K** an. Man bewegt sich stets von oben nach unten. Es sind keine Sprünge erlaubt. Ansonsten gibt es keine Einschränkungen.

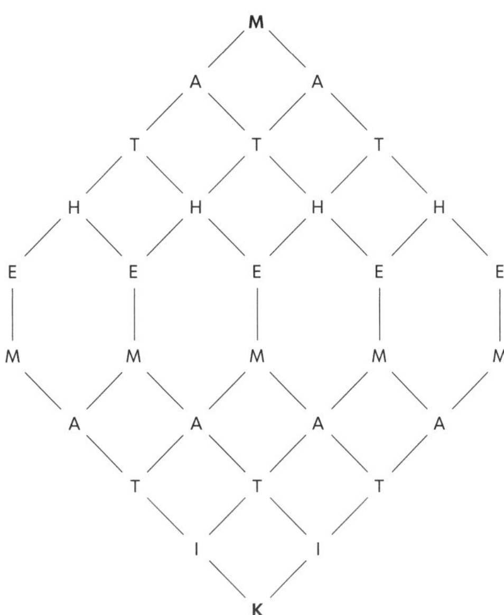

**Emelies Lösung**
Durch systematisches Probieren erhalte ich 2 MA, 4 MAT, 8 MATH und 16 MATHE Wege. Da bin ich an der Mitte angekommen. Wenn ich nun von unten nach oben lese, erhalte ich 2 KI, 4 KIT, 8 KITA und 16 KITAM Wege.

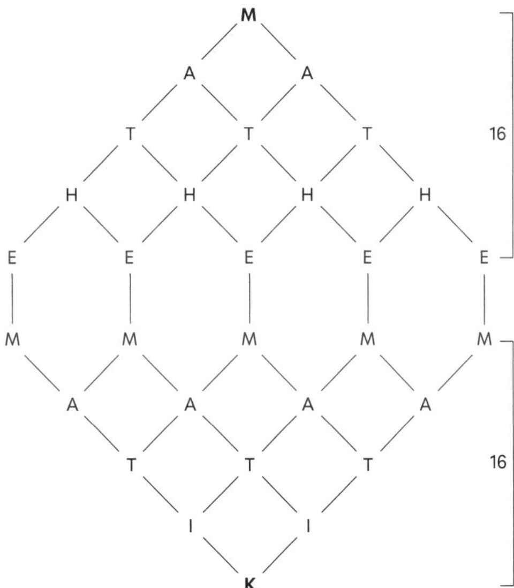


Aus den Teilwegen ergeben sich $16 \cdot 16 = 256$ vollständige Wege.
Man kann daher das Wort MATHEMATIK auf **256** Arten lesen.

*Auf der nächsten Seite geht es weiter.*

Name: Klasse: Datum:

**Samuels Lösung**
Man kann jeden Buchstaben als Endstation betrachten und gesondert untersuchen, wie viele Wege es gibt, die bei **M** beginnen und bei dem jeweiligen Buchstaben aufhören. Die Anzahl dieser Wege wurde in der Abbildung rechts an den jeweiligen Buchstaben geschrieben. Man kann sie für die ersten paar Zeilen durch systematisches Probieren schnell ermitteln.

Man kann entdecken:
2 = 1 + 1
3 = 1 + 2
4 = 1 + 3
6 = 3 + 3 usw.
Mithilfe dieser Regel kann man nun das Diagramm vervollständigen, ohne die einzelnen Wege zählen zu müssen:
1 + 4 = 5
5 + 10 = 15
10 + 10 = 20
15 + 20 = 35
35 + 35 = 70

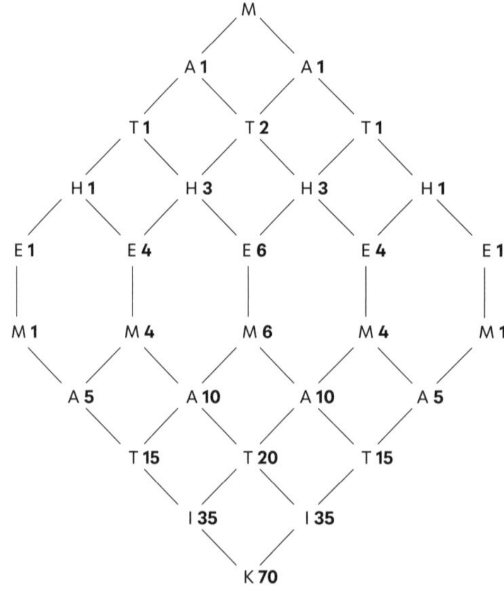


Es gibt also 70 Wege, die bei **M** beginnen und bei **K** aufhören.
Daraus folgt: Man kann das Wort MATHEMATIK auf **70** Arten lesen.

*Wie ist es nun?*

Name: Klasse: Datum:

## Siebeneck

Berechne die Winkelsumme in einem Siebeneck.

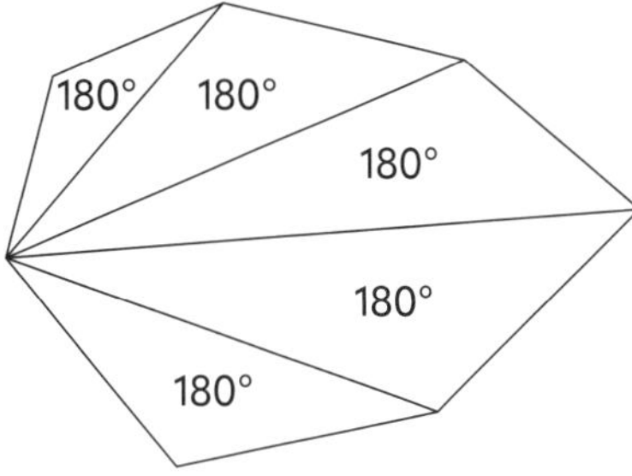


**Janiks Lösung**
Ich zerlege das Siebeneck mithilfe von Diagonalen.
So entstehen fünf Dreiecke.
In jedem Dreieck beträgt die Winkelsumme 180°.
Insgesamt erhalte ich:
$5 \cdot 180° = 900°$
Die Winkelsumme beträgt **900°**.

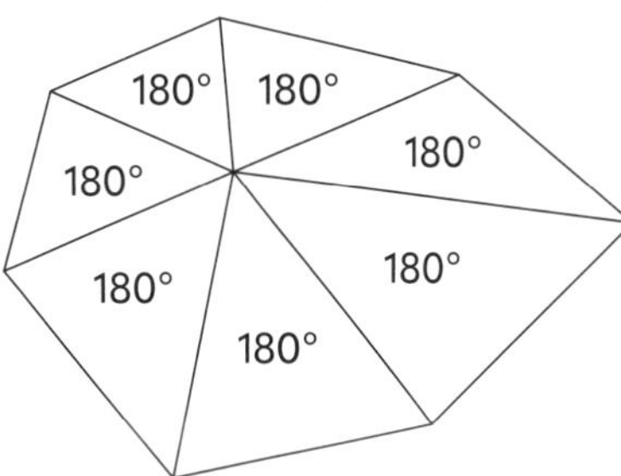


**Erikas Lösung**
Ich zerlege das Siebeneck wie eine Geburtstagstorte.
So entstehen sieben Dreiecke.
In jedem Dreieck beträgt die Winkelsumme 180°.
Insgesamt bekomme ich
$7 \cdot 180° = 1260°$
Die Winkelsumme ist **1260°**.

*Wie ist es nun?*



## Komische Dreiecksberechnung

In einem rechtwinkligen Dreieck ist $b = \sqrt{12}$ cm, $c = 4$ cm, $\alpha = 40°$.
Ermittle die restlichen Winkel und Seiten.

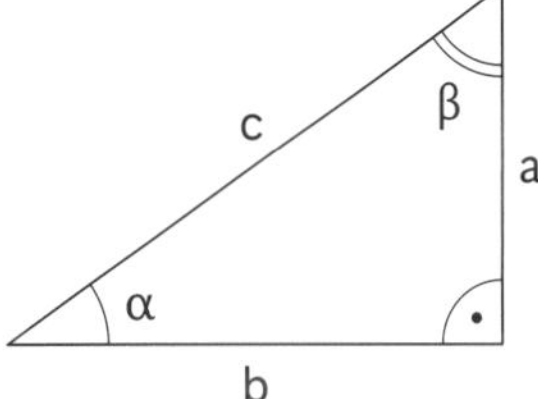


**Adrians Lösung**
$\beta = 90° - \alpha = 90° - 40° = 50°$
$\sin(\alpha) = \frac{a}{c} \mid \cdot c$
$a = c \cdot \sin(\alpha)$
$a = 4 \cdot \sin(40°)$
Der Taschenrechner liefert $a \approx 2{,}57$.
Antwort: $\beta = 50°$ und $a \approx$ **2,57** cm.

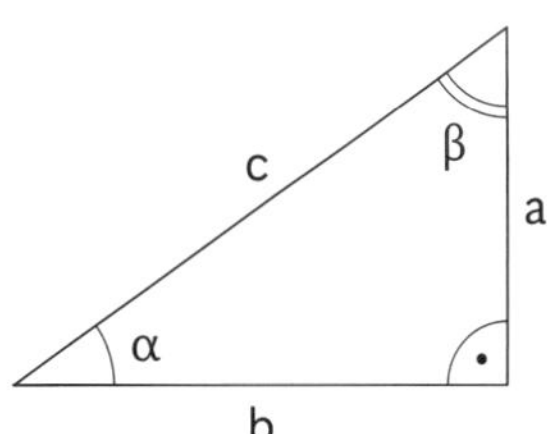


**Jasmins Lösung**
$\tan(\alpha) = \frac{a}{b} \mid \cdot b$
$a = b \cdot \tan(\alpha)$
$a = \sqrt{12} \cdot \tan(40°) \approx 2{,}9$
$\tan(\beta) = \frac{b}{a}$
$\tan(\beta) = \frac{\sqrt{12}}{2{,}9}$
Der Taschenrechner liefert $\beta = 50°$.
Antwort: Es ist $\beta = 50°$ und $a \approx$ **2,9** cm.

*Wie ist es nun?*

Name: Klasse: Datum:

# Gleichseitiges Dreieck

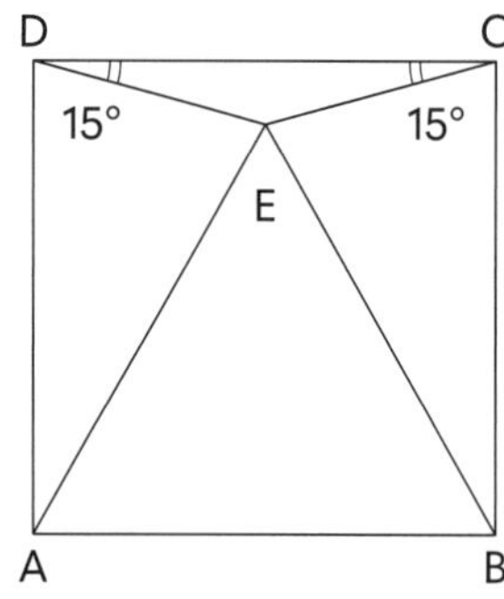


Im Inneren eines Quadrates ABCD liegt der Punkt E, sodass gilt:
$\sphericalangle$ EDC = $\sphericalangle$ DCE = 15°.
Beweise: Das Dreieck AEB ist gleichseitig.
*Vorbemerkung:*
Es lässt sich einfach zeigen:
$\sphericalangle$ EDA = $\sphericalangle$ ECB = 75°, $\sphericalangle$ DEC = 150°
Die obigen Erkenntnisse setzen wir als bekannt voraus.

**Max' Lösung**
Ich untersuche, was sich ergäbe, wenn $\sphericalangle$ BAE = 60° wäre.
$\sphericalangle$ EAD = 90° – 60° = 30° und aus Symmetriegründen $\sphericalangle$ EBC = 30°. Damit ist $\sphericalangle$ EBA = 60°.
Im Dreieck EBA bekomme ich $\sphericalangle$ AEB = 180° – (60° + 60°) = 60°.
Das Dreieck AEB ist also gleichseitig. Daraus folgt auch
$\overline{AB} = \overline{AE}$ (1)
Da ABCD ein Quadrat ist, gilt:
$\overline{AB} = \overline{AD}$ (2)
Aus (1) und (2) folgt $\overline{AE} = \overline{AD}$. Im gleichschenkligen Dreieck DEA gilt daher $\sphericalangle$ ADE = $\sphericalangle$ DEA.
$\sphericalangle$ ADE = (180° – 30°) : 2 = 75° und daher $\sphericalangle$ EDC = 15°. Dies stimmt aber, es ist eine der Angaben.
Dies ist die Bestätigung dafür, dass meine Annahme $\sphericalangle$ BAE = 60° richtig sein muss.
Unter der Annahme $\sphericalangle$ BAE = 60° habe ich aber bereits bewiesen, dass das Dreieck AEB gleichseitig ist.
Damit ist der Beweis zu Ende.

**Leas Lösung**

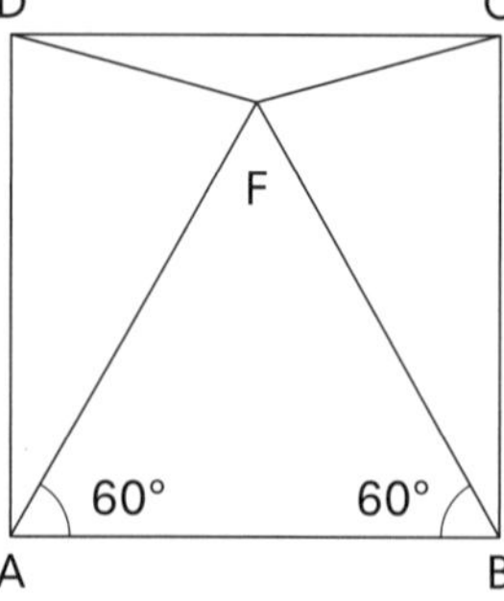


Im Inneren des Quadrates konstruiere ich an den Punkten A und B je einen 60°-Winkel. Die zwei Schenkel schneiden sich im Punkt F.
$\sphericalangle$ FAD = 30° und $\sphericalangle$ FBC = 30°.
Im Dreieck FBA bekomme ich $\sphericalangle$ AFB = 180° – (60° + 60°) = 60°
Das Dreieck AFB ist damit gleichseitig. Daraus folgt auch:
$\overline{AB} = \overline{AF}$ (1)
Da ABCD ein Quadrat ist, gilt:
$\overline{AB} = \overline{AD}$ (2)
Aus (1) und (2) folgt $\overline{AF} = \overline{AD}$. Im gleichschenkligen Dreieck DFA gilt
$\sphericalangle$ ADF = $\sphericalangle$ DFA.
Damit ist
$\sphericalangle$ ADF = (180° – 30°) : 2 = 75° und $\sphericalangle$ FDC = 15°.
Ähnlich kann man zeigen, dass $\sphericalangle$ FCD = 15°. Also
$\sphericalangle$ FDC = 15° und $\sphericalangle$ FCD = 15° (3)
Laut Angabe gilt aber:
$\sphericalangle$ EDC = 15° und $\sphericalangle$ ECD = 15° (4)
Aus (3) und (4) folgt, dass die Punkte E und F übereinstimmen: E = F.
Ich habe gezeigt, dass das Dreieck AFB gleichseitig ist.
Aus E = F folgt:
Das Dreieck AEB ist ebenfalls gleichseitig, was zu beweisen war.

*Hinweis an den Leser:* Eine Lösung ist korrekt und eine Lösung ist falsch.

*Wie ist es nun?*

Name: Klasse: Datum:

# Sich schneidende Geraden

Die sich schneidenden Geraden g und h liegen in der Ebene E.

$g: \vec{x} = \begin{pmatrix} 7,5 \\ 18,5 \\ 8 \end{pmatrix} + t \begin{pmatrix} 2,25 \\ 15,75 \\ 4,5 \end{pmatrix}, \; h: \vec{x} = \begin{pmatrix} 3 \\ 1 \\ 2 \end{pmatrix} + s \begin{pmatrix} 2 \\ 0 \\ 1 \end{pmatrix}$

Ermittle eine Koordinatengleichung von E.

**Giulias Lösung**

Ich wähle als Stützvektor von E den Stützvektor von h. Die Spannvektoren von E sind die Richtungsvektoren der zwei Geraden.

Damit gilt:

$E: \vec{x} = \begin{pmatrix} 3 \\ 1 \\ 2 \end{pmatrix} + t \begin{pmatrix} 2,25 \\ 15,75 \\ 4,5 \end{pmatrix} + s \begin{pmatrix} 2 \\ 0 \\ 1 \end{pmatrix}$

$x_1 = 3 + 2,25t + 2s$ I
$x_2 = 1 + 15,75t$ II
$x_3 = 2 + 4,5t + s$ III
Aus III · (–2) + I folgt:
$x_1 - 2x_3 = -1 - 6,75t$ IV
Mit IV · (7) + II · (3) folgt:
$7x_1 + 3x_2 - 14x_3 = -4$
Also ist E: $\mathbf{7x_1 + 3x_2 - 14x_3 = -4}$

**Werners Lösung**

Zunächst ermittle ich zwei Punkte der Geraden g und einen Punkt der Geraden h:
t = 0 in g ergibt: A (7,5 | 18,5 | 8)
t = 1 in g liefert B (9,75 | 34,25 | 12,5)
s = 1 in h ergibt C (5 | 1 | 3)
Drei Punkte bestimmen die Ebene.
E: $\vec{x} = \overrightarrow{OA} + t\overrightarrow{AB} + s\overrightarrow{AC}$

$E: \vec{x} = \begin{pmatrix} 7,5 \\ 18,5 \\ 8 \end{pmatrix} + t \begin{pmatrix} 2,25 \\ 15,75 \\ 4,5 \end{pmatrix} + s \begin{pmatrix} -2,5 \\ -17,5 \\ -5 \end{pmatrix}$

$x_1 = 7,5 + 2,25t - 2,5s$ I
$x_2 = 18,5 + 15,75t - 17,5s$ II
$x_3 = 8 + 4,5t - 5s$ III
I · (–7) + II liefert:
$-7x_1 + x_2 = -34$
Damit ist E: $\mathbf{7x_1 - x_2 = 34}$

*Wie ist es nun?*

Name: Klasse: Datum:

# Quadrat im Raum

Gegeben sind A(0 | 0 | 0), B(2 | –1 | 2), C(1 | 1 | 0) und D(–1 | 2 | 2). Untersuche, ob A, B, C, D die Eckpunkte eines Quadrates sind.

**Kathis Lösung**

$\overline{AB} = \sqrt{(2-0)^2 + (-1-0)^2 + (2-0)^2} = 3$, $\overline{BC} = \sqrt{(1-2)^2 + (1-(-1))^2 + (0-2)^2} = 3$

$\overline{CD} = \sqrt{(-1-1)^2 + (2-1)^2 + (2-0)^2} = 3$, $\overline{DA} = \sqrt{(0-(-1))^2 + (0-2)^2 + (0-2)^2} = 3$

Die vier Strecken sind gleich lang. Damit ist ABCD ein Quadrat oder eine Raute.

Wenn die Diagonalen senkrecht zueinander sind, dann ist ABCD ein Quadrat.

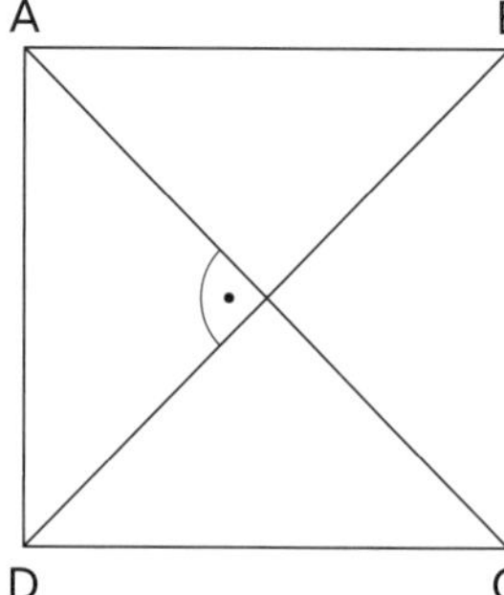


$$\overrightarrow{AC} \cdot \overrightarrow{BD} = \begin{pmatrix} 1 \\ 1 \\ 0 \end{pmatrix} \cdot \begin{pmatrix} -3 \\ 3 \\ 0 \end{pmatrix} = 1 \cdot (-3) + 1 \cdot 3 + 0 \cdot 0 = 0$$

Also AC ⊥ BD. Daraus folgt:

ABCD ist **ein Quadrat**.

**Pauls Lösung**

$\overline{AB} = \sqrt{(2-0)^2 + (-1-0)^2 + (2-0)^2} = 3$, $\overline{DC} = \sqrt{(1-(-1))^2 + (1-2)^2 + (0-2)^2} = 3$

Nun untersuche ich, ob AB und DC auch parallel sind.

$$\overrightarrow{AB} = \begin{pmatrix} 2 \\ -1 \\ 2 \end{pmatrix}, \overrightarrow{DC} = \begin{pmatrix} 2 \\ -1 \\ -2 \end{pmatrix}$$

Ich stelle fest:

$\overrightarrow{AB} \neq \overrightarrow{DC}$

Dies bedeutet, dass die Seiten AB und DC *nicht* parallel sind. Daher ist ABCD kein Parallelogramm. Da jedes Quadrat aber auch ein Parallelogramm ist, kann ABCD **kein Quadrat** sein.

**Gretas Lösung**

Wie Kathi zeige ich:

$\overline{AB} = \overline{BC} = \overline{CD} = \overline{DA} = 3$

Wenn ich noch zeigen könnte, dass ein Winkel 90° ist, dann wäre ABCD schon ein Quadrat.

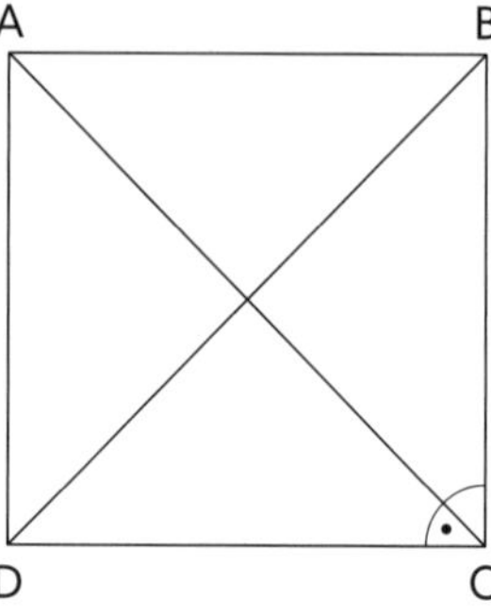


$$\overrightarrow{CB} \cdot \overrightarrow{CD} = \begin{pmatrix} 1 \\ -2 \\ 2 \end{pmatrix} \cdot \begin{pmatrix} -2 \\ 1 \\ 2 \end{pmatrix} = 1 \cdot (-2) + (-2) \cdot 1 + 2 \cdot 2 = 0$$

Dies bedeutet: ∢ BCD = 90°

ABCD ist also **ein Quadrat**.

*Wie ist es nun?*

Name: Klasse: Datum:

# Wie viele Dreiecke?

In einem Dreieck ist $\alpha = 40°$, $c = 4$ cm und $b = 4{,}8$ cm. Berechne die fehlenden Seiten und Winkel des Dreiecks. Runde auf eine Dezimale.

**Mias Lösung**

Zunächst wende ich den Kosinussatz an.

$a^2 = b^2 + c^2 - 2bc \cdot \cos(\alpha)$

$a^2 = 4{,}8^2 + 4^2 - 2 \cdot 4{,}8 \cdot 4 \cdot \cos(40°)$

Der Rechner liefert $a = 3{,}1$ cm.

Nun wende ich den Sinussatz an.

$\frac{a}{\sin(\alpha)} = \frac{b}{\sin(\beta)}$

Oder, umgestellt nach $\sin(\beta)$:

$\sin(\beta) = \frac{b \cdot \sin(\alpha)}{a}$

$\sin(\beta) = \frac{4{,}8 \cdot \sin(40°)}{3{,}1}$

Der Rechner liefert $\beta_1 = 84{,}4°$.

Damit ist $\beta_2 = 180° - \beta_1 = 95{,}6°$.

*1. Fall*: $\beta = 84{,}4°$. Es folgt $\gamma = 180° - (40° + 84{,}4°) = 55{,}6°$.

*2. Fall*: $\beta = 95{,}6°$. Es folgt $\gamma = 180° - (40° + 95{,}6°) = 44{,}4°$.

Es gibt zwei Dreiecke. Die fehlenden Seiten und Winkel lauten:

$a = 3{,}1$ cm, $\beta = 84{,}4°$, $\gamma = 55{,}6°$ bzw. $a = 3{,}1$ cm, $\beta = 95{,}6°$, $\gamma = 44{,}4°$.

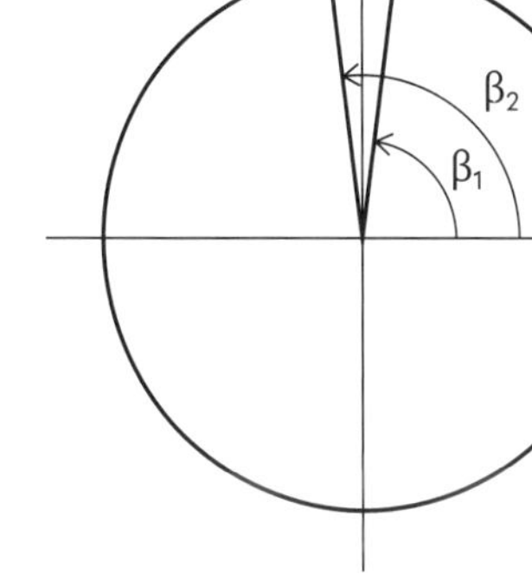


**Bens Lösung**

Mit dem Kosinussatz folgt:

$a^2 = b^2 + c^2 - 2bc \cdot \cos(\alpha)$

$a^2 = 4{,}8^2 + 4^2 - 2 \cdot 4{,}8 \cdot 4 \cdot \cos(40°)$

Der Rechner liefert $a = 3{,}1$ cm.

Nun wende ich erneut den Kosinussatz an.

$c^2 = a^2 + b^2 - 2ab \cdot \cos(\gamma)$

$4^2 = 3{,}1^2 + 4{,}8^2 - 2 \cdot 3{,}1 \cdot 4{,}8 \cdot \cos(\gamma)$

Oder, umgestellt nach $\cos(\gamma)$:

$\cos(\gamma) = \frac{3{,}1^2 + 4{,}8^2 - 4^2}{2 \cdot 3{,}1 \cdot 4{,}8}$

Mit dem Taschenrechner erhalte ich $\gamma = 56°$.

Aus der Winkelsumme folgt:

$\beta = 180° - (40° + 56°) = 84°$

Also $a = 3{,}1$ cm, $\beta = 84°$ und $\gamma = 56°$.

*Wie ist es nun?*

Name: Klasse: Datum:

# Ähnliche Dreiecke

In einem konvexen Viereck ABCD sei O der Diagonalenschnittpunkt. Untersuche, ob das Viereck ABCD so gewählt werden kann, dass von den Dreiecken Δ AOB, Δ BOC, Δ COD, Δ DOA genau drei zueinander ähnlich sind.

**Beas Lösung**

Angenommen, es sei Δ AOD ~ Δ BOC ~ Δ AOB.
Aus der Ähnlichkeit Δ AOD ~ Δ BOC folgt:
Die Seiten AO, BO, CO, DO sind paarweise proportional. (1)
Ferner gilt ∢ BOA = ∢ COD. (2)

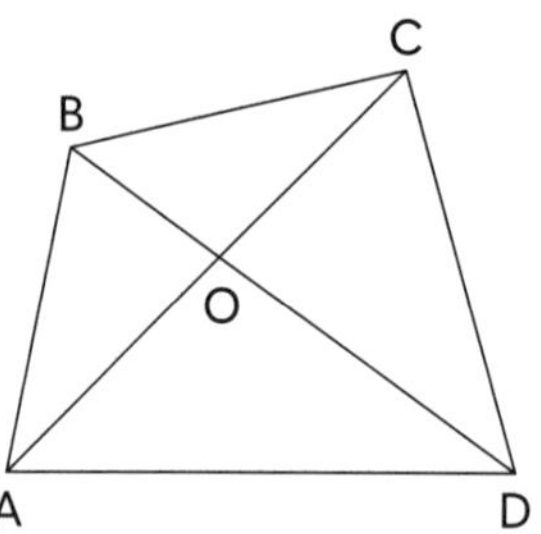


Da der Winkel eingeschlossen ist, folgt aus (1) und (2):
Δ AOB ~ Δ COD
Aus der Ähnlichkeit der drei Dreiecke folgt die Ähnlichkeit des vierten Dreiecks.
Es gibt daher kein Viereck mit der gesuchten Eigenschaft.

**Noels Lösung**

Die vier Winkel rund um den Punkt O sind paarweise gleich. Zwei sind spitze, die anderen zwei stumpfe Winkel. In der Abbildung sind die Winkel ∢ BOA und ∢ DOC spitze Winkel, ∢ COB und ∢ DOA stumpfe Winkel.

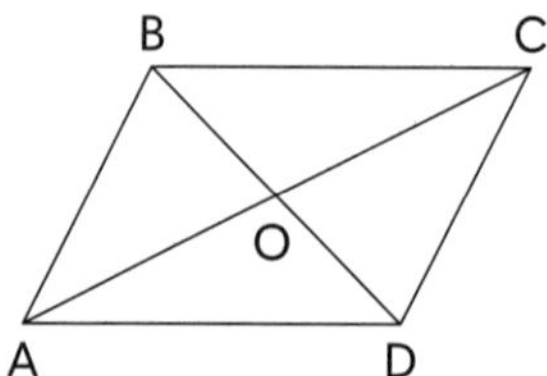


Aus den vier Dreiecken können somit unmöglich drei ähnlich sein, denn ein spitzwinkliges und ein stumpfwinkliges Dreieck sind nicht ähnlich.
*Ergänzung:* Die einzige Ausnahme ist, wenn alle vier Winkel rechte Winkel sind. Damit drei ähnliche Dreiecke vorhanden sind, muss ABCD ein Quadrat sein. In diesem Fall ist dann das vierte Dreieck aber auch ähnlich, denn die vier Dreiecke sind im Quadrat sogar kongruent.
Aus dem obigen Gedankengang folgt, dass aus allen Vierecken nur ein Quadrat in Frage käme. Das Quadrat erfüllt aber nicht die Bedingung der Aufgabe.
*Fazit:* Die Fragestellung ist teils irreführend, teils nichtssagend, denn vom Quadrat abgesehen gibt es keine Vierecke, bei denen mehr als zwei Dreiecke ähnlich wären. Es gibt daher praktisch nichts zu untersuchen.

*Wie ist es nun?*

Name: Klasse: Datum:

# Extrempunkte einer ganzrationalen Funktion

Untersuche $f(x) = 16x^5 - 20x^4$ auf Extrempunkte.

**Ninas Lösung**
Ansatz: $f'(x) = 0$ und $f''(x) \neq 0$
$f'(x) = 80x^4 - 80x^3$
$f''(x) = 320x^3 - 240x^2$
$f'(x) = 0$
$80x^4 - 80x^3 = 0$
$80x^3(x - 1) = 0$
Mit dem Satz vom Nullprodukt folgt
$x_1 = 0$ und $x_2 = 1$

*1. Fall*: $x = 0$
$f''(0) = 0$
Die zweite Bedingung $f''(0) \neq 0$ ist nicht erfüllt.

*2. Fall*: $x = 1$
$f''(1) > 0$
Dies bedeutet Tiefpunkt bei $x = 1$.
$T(1 \mid f(1)) = T(1 \mid -4)$
Antwort: Der einzige Extrempunkt ist $T(1 \mid -4)$.

**Oskars Lösung**
Ansatz: $f'(x) = 0$ und Vorzeichenwechsel von $f'(x)$
$f'(x) = 80x^4 - 80x^3$
$f'(x) = 0$
Wie Nina erhalte ich $x_1 = 0$ und $x_2 = 1$. Nun fertige ich eine Vorzeichentabelle an.
Mithilfe der Testwerte –1; 0,5 und 2 ermittle ich das Vorzeichen von $f'(x)$ in den einzelnen Intervallen.

| x | –1 | **0** | 0,5 | **1** | 2 |
|---|---|---|---|---|---|
| f'(x) | + | 0 | – | 0 | + |
| f(x) | ↗ | H | ↘ | T | ↗ |

$f'(x)$ hat bei $x = 0$ einen Vorzeichenwechsel von plus nach minus, bei $x = 1$ einen Vorzeichenwechsel von minus nach plus.
Antwort: $H(0 \mid 0)$ ist ein Hochpunkt, $T(1 \mid -4)$ ein Tiefpunkt.

*Wie ist es nun?*

Name: Klasse: Datum:

# Extrempunkte einer gebrochenrationalen Funktion

Untersuche die Funktion $f(x) = \frac{x^2 - 5}{2x - 6}$ auf Extrempunkte.

**Evas Lösung**

Ansatz: $f'(x) = 0$ und $f''(x) \neq 0$

$$f'(x) = \frac{(x^2 - 5)' \cdot (2x - 6) - (x^2 - 5) \cdot (2x - 6)'}{(2x - 6)^2} = \frac{2x \cdot (2x - 6) - (x^2 - 5) \cdot 2}{(2x - 6)^2}$$

$$f'(x) = \frac{2x^2 - 12x + 10}{(2x - 6)^2}$$

$$f''(x) = \frac{(2x^2 - 12x + 10)' \cdot (2x - 6)^2 - (2x^2 - 12x + 10) \cdot ((2x - 6)^2)'}{((2x - 6)^2)^2}$$

$$f''(x) = \frac{(4x - 12) \cdot (2x - 6)^2 - (2x^2 - 12x + 10) \cdot 2(2x - 6) \cdot 2}{(2x - 6)^4}$$

Oder, gekürzt mit $(2x - 6)$:

$$f''(x) = \frac{(4x - 12) \cdot (2x - 6) - (2x^2 - 12x + 10) \cdot 4}{(2x - 6)^3}$$

$$f''(x) = \frac{8x^2 - 48x + 72 - 8x^2 + 48x - 40}{(2x - 6)^3} = \frac{32}{(2x - 6)^3}$$

$$f''(x) = \frac{32}{(2x - 6)^3}$$

$f'(x) = 0$

$$\frac{2x^2 - 12x + 10}{(2x - 6)^2} = 0$$

$2x^2 - 12x + 10 = 0 \quad | : 2$

$x^2 - 6x + 5 = 0$

Diese quadratische Gleichung hat als Lösungen $x_1 = 1$ und $x_2 = 5$.

$f''(1) < 0 \Rightarrow H(1 \mid 1)$

$f''(5) > 0 \Rightarrow T(5 \mid 5)$

Antwort: Die Funktion hat als Extrempunkte $H(1 \mid 1)$ und $T(5 \mid 5)$.

**Manuels Bemerkung**

$H(1 \mid 1)$ bedeutet: Der größte Funktionswert ist 1.

$T(5 \mid 5)$ bedeutet: Der kleinste Funktionswert ist 5.

Der kleinste Funktionswert ist also größer als der größte Funktionswert.

Das darf doch nicht wahr sein!

*Wie ist es nun?*

Name: Klasse: Datum:

# Kleinster Funktionswert

Bestimme den kleinsten Funktionswert der Funktion f mit $f(x) = (x^2 - 2x - 1) \cdot (x^2 - 2x - 3)$.

**Bennets Lösung**

Mit $g(x) = x^2 - 2x - 1$ und $h(x) = x^2 - 2x - 3$ gilt:

$f(x) = g(x) \cdot h(x)$

$g'(x) = 2x - 2$

$g''(x) = 2$

$g'(x) = 0$

$2x - 2 = 0$

$x = 1$

$g''(1) = 2 > 0$

$g_{min} = g(1) = -2$

$h'(x) = 2x - 2$

$h''(x) = 2$

$h'(x) = 0$

$2x - 2 = 0$

$x = 1$

$h''(1) = 2 > 0$

$h_{min} = h(1) = -4$

$f_{min} = g_{min} \cdot h_{min} = (-2) \cdot (-4) = 8$

Der kleinste Funktionswert von f ist **8**.

**Celines Lösung**

Es sei $u = x^2 - 2x$. Damit gilt:

$f(u) = (u - 1) \cdot (u - 3)$

$f(u) = u^2 - 4u + 3$

$f'(u) = 2u - 4$

$f''(u) = 2$

$f'(u) = 0$

$2u - 4 = 0$

$2u = 4$

$u = 2$

$f''(2) = 2 > 0$

$f_{min} = f(2)$

$f(2) = 2^2 - 4 \cdot 2 + 3$

$f_{min} = -1$

Der kleinste Funktionswert von f ist **–1**.

*Wie ist es nun?*

Name: Klasse: Datum:

# Zylinder in Kugel

Einer Kugel mit dem Radius R = 10 cm soll ein Zylinder mit möglichst großem Volumen einbeschrieben werden.

**Michaels Lösung**
Ich betrachte einen Querschnitt, der durch den Mittelpunkt der Kugel verläuft. Der Radius des Zylinders sei r und die Höhe des Zylinders sei h. Mit diesen Bezeichnungen folgt:
$r = R - x = 10 - x$ und $h = 2R - 2x = 20 - 2x$.
Das Volumen ist damit $V = \pi \cdot r^2 \cdot h = \pi \cdot (10 - x)^2 \cdot (20 - 2x)$.
Oder, nach den üblichen Vereinfachungen:
$V(x) = -2\pi x^3 + 60\pi x^2 - 600\pi x + 2000\pi$
$V'(x) = -6\pi x^2 + 120\pi x - 600\pi$
Die erste Ableitung muss null sein.
$V'(x) = 0$
$-6\pi x^2 + 120\pi x - 600\pi = 0 \qquad | : (-6\pi)$
$x^2 - 20x + 100 = 0$
Diese quadratische Gleichung hat als einzige Lösung x = 10.
Das Volumen des Zylinders ist also für x = 10 maximal.

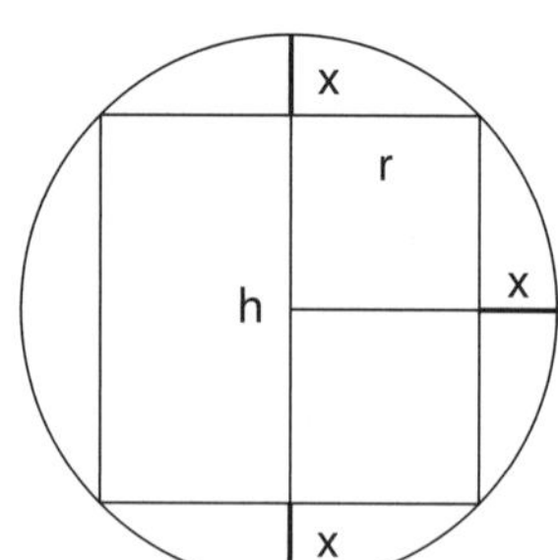


**Janines Bemerkung**
$V_{max} = V(10) = 0$
Ein Volumen kann aber doch unmöglich null sein!

*Wie ist es nun?*

# Doppelkegel

Die Hypotenuse eines rechtwinkligen Dreiecks beträgt 4 cm. Das Dreieck wird um die Hypotenuse gedreht. Ermittle das größtmögliche Volumen des entstandenen Drehkörpers.

**Leos Lösung**
Es entstehen zwei senkrechte Kreiskegel mit dem gemeinsamen Radius h und den Höhen x und y.
Damit ist das Gesamtvolumen $V = \frac{1}{3} \cdot \pi \cdot h^2 \cdot x + \frac{1}{3} \cdot \pi \cdot h^2 \cdot y$.
Anders geschrieben: $V = \frac{1}{3} \cdot \pi \cdot h^2 \cdot (x + y)$
Wegen x + y = 4 folgt $V(h) = \frac{4\pi}{3} h^2$.
Dieses Volumen soll maximal werden.
Die erste Ableitung $V'(h) = \frac{8\pi}{3} h$ muss null sein.
$\frac{8\pi}{3} h = 0$
$h = 0$
$V_{max} = V(0) = 0$

**Annikas Bemerkung**
Das maximale Volumen kann doch unmöglich null sein.

*Wie ist es nun?*

Name: Klasse: Datum:

# Abgebrochenes Eck

Bei einer rechteckigen Platte mit $\overline{AB} = 120$ cm, $\overline{BC} = 90$ cm ist eine Ecke abgebrochen, sodass gilt: $\overline{CD} = 90$ cm und $\overline{AG} = 45$ cm.
Bestimme denjenigen Punkt Q auf der Strecke GD, mit dem der Flächeninhalt des Rechtecks PBRQ maximal wird und berechne den maximalen Flächeninhalt.

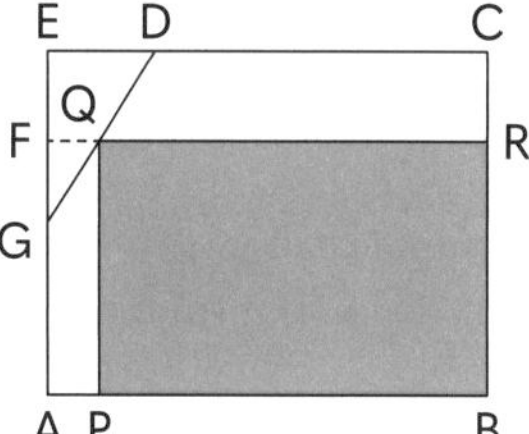


**Anjas Lösung**
Die Platte hat den Flächeninhalt 120 cm · 90 cm = 10 800 cm$^2$.
Ich führe eine Hilfsvariable ein.
$x = \overline{FQ} = \overline{AP}$
Nun berechne ich den Flächeninhalt des Rechtecks PBRQ.
$A = \overline{PB} \cdot \overline{PQ}$
$A = (\overline{AB} - \overline{AP}) \cdot (\overline{AG} + \overline{GF}) = (120 - x) \cdot (45 + \overline{GF})$
Um $\overline{GF}$ zu ermitteln, wende ich die Strahlensätze für die Dreiecke GFQ und GED an.
$\frac{\overline{GF}}{\overline{FQ}} = \frac{\overline{GE}}{\overline{ED}}$
Mit $\overline{GE} = \overline{AE} - \overline{AG} = 90 - 45 = 45$ und $\overline{ED} = \overline{EC} - \overline{DC} = 120 - 90 = 30$ folgt:
$\frac{\overline{GF}}{x} = \frac{45}{30}$
$30\overline{GF} = 45x$
$\overline{GF} = 1{,}5x$
Eingesetzt in die Formel für den Flächeninhalt erhalte ich $A = (120 - x)(45 + 1{,}5x)$.
$A(x) = -1{,}5x^2 + 135x + 5400$
Das Maximum bestimme ich mithilfe der Ableitungen.
$A'(x) = -3x + 135$ und $A''(x) = -3$
$A'(x) = 0$
$-3x + 135 = 0$
$x = 45$
$A''(45) = -3 < 0$
Die Funktion hat also einen Hochpunkt an der Stelle $x = 45$.
$A_{max} = A(45) = -1{,}5 \cdot 45^2 + 135 \cdot 45 + 5400 = 8437{,}5$
Die Lage des gesuchten Punktes Q ergibt sich aus $\overline{FQ} = 45$ cm. Der maximale Flächeninhalt ist 8437,5 cm$^2$.

**Hendriks Bemerkung**
Ich deute das Phänomen anschaulich. $\overline{FQ}$ wird dann am größten, wenn Q = D ist. In diesem Fall wäre
$\overline{FQ} = \overline{ED}$ (1)
$\overline{ED} = \overline{EC} - \overline{DC} = 120$ cm $- 90$ cm $= 30$ cm (2)
Aus (1) und (2) folgt $\overline{FQ} = 30$ cm.
Es ist $x = \overline{FQ}$.
Der größtmögliche Wert für x ist also 30 cm.
Daher kann Anjas Lösung mit x = 45 cm nicht stimmen.

*Wie ist es nun?*

Name: Klasse: Datum:

# Funktion mit zwei Parametern

Bestimme den kleinsten Funktionswert von

$f(a, b) = \frac{a^2}{b^2} + \frac{b^2}{a^2} + \frac{a}{b} + \frac{b}{a} - 1$ mit $a > 0$, $b > 0$

**Linus' Lösung**

Mit der Substitution $x = \frac{a}{b} + \frac{b}{a}$ gilt:

$\frac{a^2}{b^2} + \frac{b^2}{a^2} = \left(\frac{a}{b} + \frac{b}{a}\right)^2 - 2$, denn $\left(\frac{a}{b} + \frac{b}{a}\right)^2 - 2 = \frac{a^2}{b^2} + 2\frac{a}{b}\frac{b}{a} + \frac{b^2}{a^2} - 2 = \frac{a^2}{b^2} + \frac{b^2}{a^2}$

$\frac{a^2}{b^2} + \frac{b^2}{a^2} = x^2 - 2$ (1)

Aus (1) folgt:

$f(x) = x^2 - 2 + x - 1 = x^2 + x - 3$

Nun arbeite ich mit den Ableitungen.

$f'(x) = 2x + 1$ und $f''(x) = 2$

$f'(x) = 0$

$2x + 1 = 0$

$x = -0{,}5$

$f''(-0{,}5) = 2 > 0$

f hat damit einen Tiefpunkt.

$f_{min} = f(-0{,}5) = (-0{,}5)^2 - 0{,}5 - 3 = 0{,}25 - 3{,}5 = -3{,}25$

Der kleinste Funktionswert ist **–3,25**.

**Leonies Lösung**

Zunächst zeige ich, dass die beiden Ungleichungen $\frac{a^2}{b^2} + \frac{b^2}{a^2} \geq 2$ und $\frac{a}{b} + \frac{b}{a} \geq 2$ stimmen.

Tatsächlich, mit Berücksichtigung von $a > 0$, $b > 0$ gilt:

$\frac{a^2}{b^2} + \frac{b^2}{a^2} \geq 2 \mid \cdot a^2 b^2$

$a^4 + b^4 \geq 2a^2b^2 \Leftrightarrow a^4 - 2a^2b^2 + b^4 \geq 0 \Leftrightarrow (a^2 - b^2)^2 \geq 0$ Es stimmt, eine Quadratzahl ist nicht negativ.

Damit ist die erste Ungleichung bewiesen.

$\frac{a}{b} + \frac{b}{a} \geq 2 \mid \cdot ab$

$a^2 + b^2 \geq 2ab \Leftrightarrow a^2 - 2ab + b^2 \geq 0 \Leftrightarrow (a - b)^2 \geq 0$ Es stimmt, eine Quadratzahl ist nicht negativ.

Damit ist die zweite Ungleichung ebenfalls bewiesen.

Aus den zwei Ungleichungen folgt:

$f(a, b) = \frac{a^2}{b^2} + \frac{b^2}{a^2} + \frac{a}{b} + \frac{b}{a} - 1 \geq 2 + 2 - 1 = 3$

Also $f(a, b) \geq 3$

Der kleinste Funktionswert von f ist **3**.

*Wie ist es nun?*

Name: Klasse: Datum:

# Ungleichung

Beweise: $\frac{1}{2} \cdot \frac{3}{4} \cdot \ldots \cdot \frac{2n-1}{2n} \leq \frac{1}{\sqrt{3n}}$ für jedes $n \in \mathbb{N}^*$.

**Johannas Lösung**

Ich arbeite mit vollständiger Induktion.

Es sei $A(n)$: $\frac{1}{2} \cdot \frac{3}{4} \cdot \ldots \cdot \frac{2n-1}{2n} \leq \frac{1}{\sqrt{3n}}$

I. $n = 1$ $A(1)$: $\frac{1}{2} \leq \frac{1}{\sqrt{3}} \xrightarrow{\text{Quadrieren}} \frac{1}{4} \leq \frac{1}{3}$ und es stimmt.

II. $A(n) \Rightarrow A(n+1)$

$A(n+1): \frac{1}{2} \cdot \frac{3}{4} \cdot \ldots \cdot \frac{2n-1}{2n} \cdot \frac{2n+1}{2n+2} \leq \frac{1}{\sqrt{3n+3}}$

$A(n+1): \underbrace{\frac{1}{2} \cdot \frac{3}{4} \cdot \ldots \cdot \frac{2n-1}{2n}}_{x} \cdot \underbrace{\frac{2n+1}{2n+2}}_{y} \leq \underbrace{\frac{1}{\sqrt{3n}}}_{z} \cdot \underbrace{\frac{\sqrt{3n}}{\sqrt{3n+3}}}_{u}$

Laut $A(n)$ ist $x \leq z$. Es ist noch zu zeigen, dass $y \leq u$, also $\frac{2n+1}{2n+2} \leq \frac{\sqrt{3n}}{\sqrt{3n+3}}$.

$(2n+1)^2 \cdot (3n+3) \leq 3n(2n+2)^2$

$3(4n^2 + 4n + 1)(n+1) \leq 12n(n+1)^2 \quad | : 3(n+1)$

$4n^2 + 4n + 1 \leq 4n^2 + 4n$

$1 \leq 0$

Dies ist aber falsch.

Daraus folgt:

Die gestellte **Ungleichung ist falsch**.

**Peters Lösung**

Zunächst zeige ich mit vollständiger Induktion: $A(n)$: $\frac{1}{2} \cdot \frac{3}{4} \cdot \ldots \cdot \frac{2n-1}{2n} \leq \frac{1}{\sqrt{3n+1}}$ (1)

I. $n = 1$ $A(1)$: $\frac{1}{2} \leq \frac{1}{2}$ und es stimmt.

II. $A(n) \Rightarrow A(n+1)$

$A(n+1): \frac{1}{2} \cdot \frac{3}{4} \cdot \ldots \cdot \frac{2n-1}{2n} \cdot \frac{2n+1}{2n+2} \leq \frac{1}{\sqrt{3n+4}}$

$A(n+1): \underbrace{\frac{1}{2} \cdot \frac{3}{4} \cdot \ldots \cdot \frac{2n-1}{2n}}_{x} \cdot \underbrace{\frac{2n+1}{2n+2}}_{y} \leq \underbrace{\frac{1}{\sqrt{3n+1}}}_{z} \cdot \underbrace{\frac{\sqrt{3n+1}}{\sqrt{3n+4}}}_{u}$

Laut $A(n)$ ist $x \leq z$. Es ist noch zu zeigen, dass $y \leq u$, also $\frac{2n+1}{2n+2} \leq \frac{\sqrt{3n+1}}{\sqrt{3n+4}}$.

$(2n+1)^2 \cdot (3n+4) \leq (2n+2)^2 \cdot (3n+1)$

$(4n^2 + 4n + 1) \cdot (3n+4) \leq (4n^2 + 8n + 4) \cdot (3n+1)$

$12n^3 + 12n^2 + 3n + 16n^2 + 16n + 4 \leq 12n^3 + 24n^2 + 12n + 4n^4 + 8n + 4$

$28n^2 + 19n + 4 \leq 28n^2 + 20n + 4$ und dies stimmt. Damit ist (1) bewiesen.

Andererseits gilt $\frac{1}{\sqrt{3n+1}} < \frac{1}{\sqrt{3n}}$ für jedes $n \in \mathbb{N}^*$. (2)

Aus (1) und (2) folgt:

$\frac{1}{2} \cdot \frac{3}{4} \cdot \ldots \cdot \frac{2n-1}{2n} \leq \frac{1}{\sqrt{3n}}$ für jedes $n \in \mathbb{N}^*$, **was zu beweisen war.**

*Wie ist es nun?*

Name: Klasse: Datum:

# Produkt und Summe positiver Zahlen

Die positiven reellen Zahlen $x_1, x_2, ..., x_n$ erfüllen die Bedingung
$x_1 \cdot x_2 \cdot ... \cdot x_n = 1$ (1)
Beweise:
$x_1 + x_2 + ... + x_n \geq n$ (*)

**Marks Lösung**
Ich arbeite mit vollständiger Induktion.
I. Induktionsanfang:
$n = 1$
Dann ist $x_n = x_1$.
Aus (1) wird $x_1 = 1$.
Aus (*) wird damit $1 \geq 1$ und es stimmt.
II. Induktionsschritt:
Ich prüfe den Übergang von n nach n + 1.
*Voraussetzung*: $x_1 + x_2 + ... + x_n \geq n$ (2)
*Folgerung*: $x_1 + x_2 + ... + x_n + x_{n+1} \geq n + 1$ (3)
*Beweis*: Das Produkt aller Zahlen ist 1. Es gilt daher:
$x_1 \cdot x_2 \cdot ... \cdot x_n \cdot x_{n+1} = 1$ (4)
Mit (1) in (4) folgt: $1 \cdot x_{n+1} = 1$, also
$x_{n+1} = 1$ (5)
(5) in (3):
$x_1 + x_2 + ... + x_n + 1 \geq n + 1$
$x_1 + x_2 + ... + x_n \geq n$
Diese Ungleichung stimmt laut Voraussetzung.
Somit stimmt auch die Folgerung $x_1 + x_2 + ... + x_n + 1 \geq n + 1$.
Damit ist der Beweis zu Ende.

**Josephines Bemerkung**
Ich betrachte für n = 4 folgendes *Zahlenbeispiel*:

$x_1 = 8, \ x_2 = \frac{1}{2}, \ x_3 = 4, \ x_4 = \frac{1}{16}$

Die Bedingung $x_1 \cdot x_2 \cdot x_3 \cdot x_4 = 1$ ist erfüllt, denn $8 \cdot \frac{1}{2} \cdot 4 \cdot \frac{1}{16} = 1$.

$x_1 + x_2 + x_3 + x_4 \geq 4$ stimmt ebenfalls, denn $8 + \frac{1}{2} + 4 + \frac{1}{16} \geq 4$.

Im *allgemeinen Fall* war eine der Zahlen die 1, siehe (5).
In meinem *Beispiel* ist aber *keine* der Zahlen die 1.

*Wie ist es nun?*

Name: Klasse: Datum:

# Kreisscheibe

Auf einer Kreislinie liegen n verschiedene Punkte ($n \in \mathbb{N}$, $n > 1$). Alle Punkte werden paarweise miteinander verbunden.
In wie viele Flächen zerfällt dadurch die Kreisscheibe?

**Hennings Lösung**

Zunächst untersuche ich die Fälle $n = 2$, $n = 3$ und $n = 4$. Es gilt:
Für $n = 2$ gibt es zwei, für $n = 3$ vier und für $n = 4$ acht Flächen.
Ich stelle nun eine Vermutung auf:

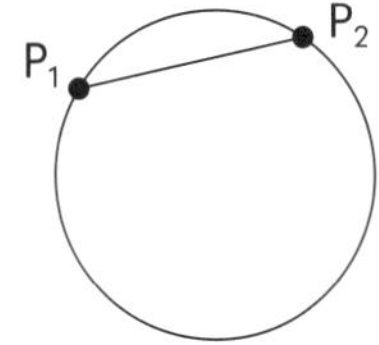


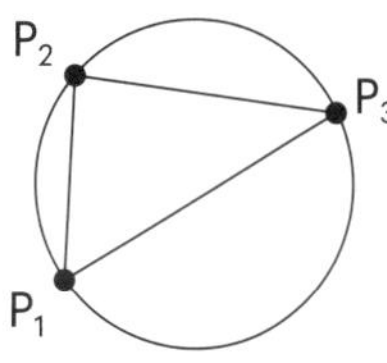


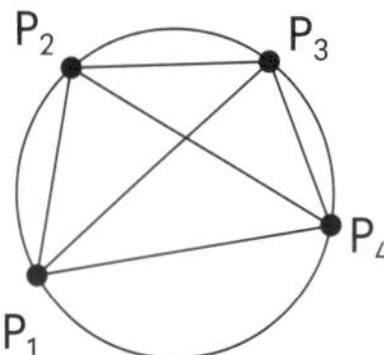


Für n Punkte gibt es $2^{n-1}$ Flächen.
Ich beweise diese Vermutung mit vollständiger Induktion.
*Induktionsanfang*: Für $n = 2$ ist $2^{2-1} = 2$ und dies stimmt (vorherige linke Abbildung).
*Induktionsschritt*: Ich nehmen an, dass es für n Punkte $2^{n-1}$ Flächen gibt und untersuche, was für $(n + 1)$ Punkte passiert. Dadurch, dass ein zusätzlicher Punkt mit den bisherigen Punkten verbunden wird, werden manche der bisherigen Flächen geteilt und somit wird deren Anzahl verdoppelt. In der (alten) Fläche, an deren Rand der neue Punkt (in der folgenden rechten Abbildung $P_4$) liegt, entstehen weitere neue Flächen.
Insgesamt verdoppelt sich die Anzahl der Flächen.
Die nebenstehenden Abbildungen zeigen den Übergang von $n = 3$ zu $n = 4$.
Eine Verdoppelung bedeutet $2 \cdot 2^{n-1} = 2^n$.
Wegen $2^n = 2^{(n+1)-1}$ ist der Beweis zu Ende.
Die Kreisscheibe zerfällt in $\mathbf{2^{n-1}}$ Flächen.

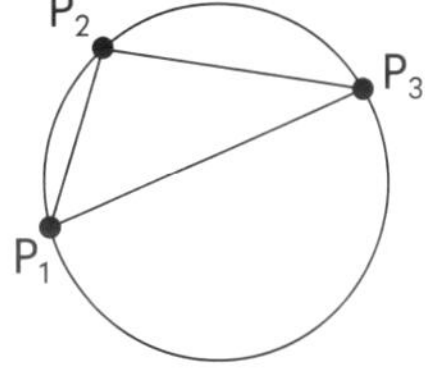


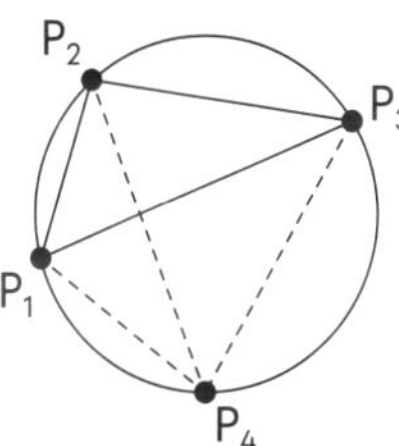


**Saschas Lösung**

Ursprünglich gibt es *eine* einzige Fläche: die Kreisscheibe selbst. Durch das Einzeichnen der einzelnen Verbindungsstrecken entstehen immer mehr Flächen.
Ich unterscheide zwei Fälle.
*1. Fall*: Die neue Verbindungsstrecke schneidet keine andere Sehne im Inneren des Kreises. In diesem Fall entsteht eine einzige neue Fläche (linke Abbildung).
n Punkte kann man paarweise auf $\binom{n}{2}$ Arten verbinden.

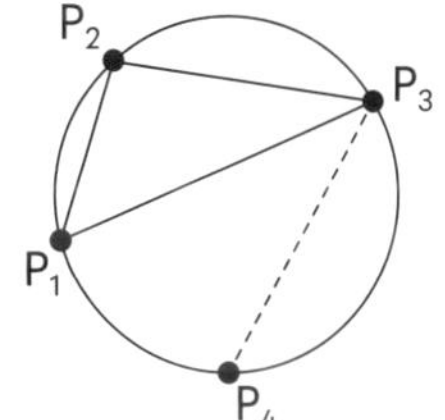


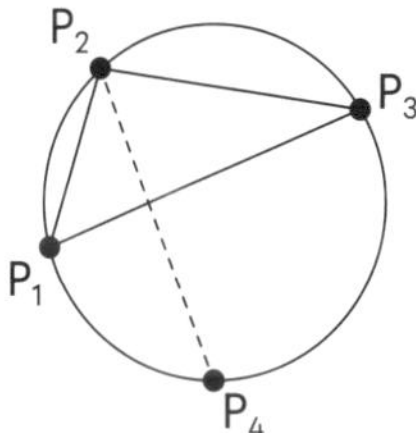


Dies bedeutet: Im *1. Fall* entstehen $\binom{n}{2}$ neue Flächen.
*2. Fall*: Die neue Verbindungsstrecke schneidet mindestens eine andere Sehne im Inneren des Kreises. Jeder Schnittpunkt bedeutet eine zusätzliche neue Fläche (vorherige rechte Abbildung). Ein Schnittpunkt ist durch die vier Endpunkte der zwei Sehnen eindeutig bestimmt. Daher gibt es insgesamt $\binom{n}{4}$ solche Schnittpunkte und somit $\binom{n}{4}$ neue Flächen.
Aus meinem Gedankengang folgt:
Die Kreisscheibe zerfällt in $\mathbf{1 + \binom{n}{2} + \binom{n}{4}}$ Flächen.

*Wie ist es nun?*

Name: Klasse: Datum:

# Berührung

Gegeben sind $f(x) = 0,5x^2 + x + t$ und $g(x) = tx + t$ wobei $t \in \mathbb{R}$, Parameter.
Ermittle f so, dass sich die Schaubilder von f und g berühren.

**Hugos Lösung**
Durch Gleichsetzen folgt:
$0,5x^2 + x + t = tx + t$
$0,5x^2 + x - tx = 0$
$x(0,5x + 1 - t) = 0$
Mit dem Satz vom Nullprodukt folgt:
$x = 0$ oder $0,5x + 1 - t = 0 \quad | + t - 1$
$x_1 = 0 \qquad 0,5x = t - 1 \quad | \cdot 2$
$x_2 = 2t - 2$
Bei Berührung gibt es genau einen gemeinsamen Punkt.
Dies ist dann der Fall, wenn die zwei Lösungen übereinstimmen.
$x_1 = x_2$
$0 = 2t - 2$
$2t = 2$
$t = 1$
Eingesetzt in den allgemeinen Term folgt:
$\mathbf{f(x) = 0,5x^2 + x + 1}$

**Mareikes Lösung**
Die Steigung der Funktion f ist
$f'(x) = x + 1$
Die Steigung der Geraden ist
$m = t$
Bei Berührung müssen die zwei Steigungen gleich sein:
$t = x + 1$
Eingesetzt in den allgemeinen Term bekommt man
$f(x) = 0,5x^2 + x + x + 1$
Also
$\mathbf{f(x) = 0,5x^2 + 2x + 1}$

*Wie ist es nun?*

Name: Klasse: Datum:

# Reise in der Zeit

Der Bestand eines Waldes, in dem zehn Jahre kein Holz geschlagen wurde, wird heute mit 100 000 Festmeter angegeben bei einer konstanten Zuwachsrate von jährlich 4 %.
Wie groß war der Waldbestand vor zehn Jahren?
Runde sinnvoll.

**Alis Lösung**

Der Waldbestand sei B(t). Wegen des festen Prozentsatzes gilt:

$$B(10) = B(0) \cdot \left(1 + \frac{4}{100}\right)^{10}$$

Mit B(10) = 100 000 folgt:

$$100\,000 = B(0) \cdot (1{,}04)^{10} \qquad | : (1{,}04)^{10}$$

$$B(0) = \frac{100\,000}{(1{,}04)^{10}} \approx 67\,556{,}42$$

Probe:

$$67\,556{,}42 \cdot \left(1 + \frac{4}{100}\right)^{10} \approx 100\,000$$

Antwort: Vor zehn Jahren betrug der Waldbestand etwa **67 556** Festmeter.

**Yvonnes Lösung**

Ich gehe vom heutigen Bestand aus und gehe in der Zeit zurück.
Dies bedeutet, dass der Wald zehn Jahre lang jährlich um 4 % schrumpft.
Es ist also negatives Wachstum. Für den Waldbestand B(t) gilt daher:

$$B(t) = 100\,000 \cdot \left(1 - \frac{4}{100}\right)^{t}$$

$$B(t) = 100\,000 \cdot (0{,}96)^{t}$$

$$B(10) = 100\,000 \cdot (0{,}96)^{10}$$

$$B(10) \approx 66\,483{,}26$$

Probe:

$$100\,000 \cdot \left(1 - \frac{4}{100}\right)^{10} \approx 66\,483$$

Vor zehn Jahren betrug der Waldbestand etwa **66 483** Festmeter.

*Wie ist es nun?*

Name: Klasse: Datum:

# Integralrechnung

Es sei $f(x) = \begin{cases} 4x^3 + 3x^2, & x \leq 0 \\ 3x^2 + 4x, & x > 0 \end{cases}$ und $g(x) = \begin{cases} 4x + 2, & x \leq 1 \\ 2x + 4, & x > 1 \end{cases}$.

Berechne die Integrale:

a) $\int_{-1}^{1} f(x)dx$ b) $\int_{0}^{2} g(x)dx$

**Felix' Lösung**

a) Eine Stammfunktion von f(x) ist

$$F(x) = \begin{cases} x^4 + x^3, & x \leq 0 \\ x^3 + 2x^2, & x > 0 \end{cases}$$

$$\int_{-1}^{1} f(x)dx = F(1) - F(-1) = 3 - 0 = \mathbf{3}$$

b) Eine Stammfunktion von g(x) ist

$$G(x) = \begin{cases} 2x^2 + 2x, & x \leq 1 \\ x^2 + 4x, & x > 1 \end{cases}$$

$$\int_{0}^{2} g(x)dx = G(2) - G(0) = 12 - 0 = \mathbf{12}$$

**Maries Lösung**

a) $\int_{-1}^{1} f(x)dx = \int_{-1}^{0} f(x)dx + \int_{0}^{1} f(x)dx$

$$\int_{-1}^{1} f(x)dx = [x^4 + x^3]_{-1}^{0} + [x^3 + 2x^2]_{0}^{1} = (0 - 0) + (3 - 0) = 3$$

$$\int_{-1}^{1} f(x)dx = \mathbf{3}$$

b) $\int_{0}^{2} g(x)dx = \int_{0}^{1} g(x)dx + \int_{1}^{2} g(x)dx$

$$\int_{0}^{2} g(x)dx = [2x^2 + 2x]_{0}^{1} + [x^2 + 4x]_{1}^{2} = (4 - 0) + (12 - 5) = 4 + 7 = 11$$

$$\int_{0}^{2} g(x)dx = \mathbf{11}$$

*Wie ist es nun?*

# Zwei Kubikwurzeln

Entscheide, ob die Gleichung $\sqrt[3]{2+\sqrt{5}} + \sqrt[3]{2-\sqrt{5}} = 1$ (1)
eine wahre oder eine falsche Aussage darstellt.

**Niklas' Lösung**
Zuerst zeige ich, dass $\sqrt[3]{2+\sqrt{5}}$ eine irrationale Zahl ist. Angenommen, $\sqrt[3]{2+\sqrt{5}}$ wäre rational. Dann gäbe es eine Zahl r aus $\mathbb{Q}$, sodass $\sqrt[3]{2+\sqrt{5}} = r$.

$\sqrt[3]{2+\sqrt{5}} = r \quad |^3$
$2+\sqrt{5} = r^3$
$\sqrt{5} = r^3 - 2$

Die linke Seite ist irrational (5 ist keine Quadratzahl), die rechte Seite ist rational. Dieser Widerspruch zeigt, dass die Annahme falsch ist. Somit ist $\sqrt[3]{2+\sqrt{5}}$ irrational.

Nun zeige ich, dass $\sqrt[3]{2-\sqrt{5}}$ ebenfalls irrational ist. Angenommen, $\sqrt[3]{2-\sqrt{5}}$ wäre rational. Dann gäbe es eine Zahl r aus $\mathbb{Q}$, sodass $\sqrt[3]{2-\sqrt{5}} = r$.
$\sqrt[3]{2-\sqrt{5}} = r \quad |^3$
$2-\sqrt{5} = r^3$
$\sqrt{5} = 2 - r^3$
Die linke Seite ist irrational (5 ist keine Quadratzahl), die rechte Seite ist rational. Dieser Widerspruch zeigt, dass die Annahme falsch ist. Damit ist $\sqrt[3]{2-\sqrt{5}}$ ebenfalls irrational.
Es folgt:
Der Term auf der linken Seite von (1) ist irrational.
Die rechte Seite von (1), die Zahl 1, ist aber rational.
Daher ist die Aussage **falsch**.

**Janas Lösung**
Ich potenziere beide Seiten von (1) mit 3 und arbeite mit der binomischen Formel:
$(a+b)^3 = a^3 + 3a^2b + 3ab^2 + b^3$
Oder, anders geschrieben:
$(a+b)^3 = a^3 + 3ab(a+b) + b^3$

Mit $a = \sqrt[3]{2+\sqrt{5}}$ und $b = \sqrt[3]{2-\sqrt{5}}$ folgt:
$$\left(\sqrt[3]{2+\sqrt{5}}\right)^3 + 3 \cdot \sqrt[3]{2+\sqrt{5}} \cdot \sqrt[3]{2-\sqrt{5}} \cdot \left(\sqrt[3]{2+\sqrt{5}} + \sqrt[3]{2-\sqrt{5}}\right) + \left(\sqrt[3]{2-\sqrt{5}}\right)^3 = 1^3$$

Nun vereinfache ich die linke Seite.

$2+\sqrt{5} + 3 \cdot \sqrt[3]{(2+\sqrt{5}) \cdot (2-\sqrt{5})} \cdot 1 + 2 - \sqrt{5} = 1$

$4 + 3 \cdot \sqrt[3]{2^2 - (\sqrt{5})^2} = 1$

$4 + 3 \cdot \sqrt[3]{-1} = 1$
$4 + 3 \cdot (-1) = 1$ und es stimmt.
Daher ist die Aussage **wahr**.

*Wie ist es nun?*

Name: Klasse: Datum:

# Irrationale Zahlen

Untersuche, ob $\sqrt{3} + \sqrt{12}$ eine rationale oder eine irrationale Zahl darstellt.

**Elkes Lösung**
Indirekter Beweis
Annahme: $\sqrt{3} + \sqrt{12}$ ist rational. Dann gibt es eine Zahl $r \in \mathbb{Q}$, sodass:
$\sqrt{3} + \sqrt{12} = r$
$\sqrt{12} = r - \sqrt{3}$
Beide Seiten werden quadriert.
$12 = r^2 - 2r\sqrt{3} + 3$
$9 = r^2 - 2r\sqrt{3}$
$9 - r^2 = -2r\sqrt{3}$
$\frac{r^2 - 9}{2r} = \sqrt{3}$
Die linke Seite ist rational wegen $r \in \mathbb{Q}$. Die rechte Seite ist irrational, da 3 keine Quadratzahl ist. Widerspruch! Dieser Widerspruch zeigt, dass die Annahme falsch sein muss.
Daher ist $\sqrt{3} + \sqrt{12}$ **irrational**.

**Achims Lösung**
Indirekter Beweis
Annahme: $\sqrt{3} + \sqrt{12}$ ist rational. Dann gibt es eine rationale Zahl r, sodass:
$\sqrt{3} + \sqrt{12} = r$
Durch Quadrieren beider Seiten folgt:
$3 + 2 \cdot \sqrt{3} \cdot \sqrt{12} + 12 = r^2$
$15 + 2 \cdot \sqrt{36} = r^2$
$\sqrt{36} = \frac{r^2 - 15}{2}$
Die rechte Seite ist rational, weil r rational ist. Die linke Seite ist ebenfalls rational, denn $\sqrt{36} = 6$.
Es ist also zu keinem Widerspruch gekommen. Dies bedeutet, dass die Annahme stimmt.
$\sqrt{3} + \sqrt{12}$ stellt eine **rationale Zahl** dar.

**Dianas Bemerkung**
Da weder 3 noch 12 Quadratzahlen sind, bekommt man zwei nichtabbrechende und nichtperiodische Dezimalzahlen: $\sqrt{3} = 1{,}732\,050\,8\ldots$ und $\sqrt{12} = 3{,}464\,101\ldots$
Man bildet nun die Summe:

$$\begin{array}{r} 1{,}732\,050\,8\ldots \\ +\ \underline{3{,}464\,101\,6\ldots} \\ 5{,}????????\ldots \end{array}$$

Diese Summe kann *nicht* genau berechnet werden. Denn: Man müsste rechts bei den letzten Dezimalen anfangen. Da es aber *keine* letzten Dezimalen gibt, kann man die Addition *nicht* durchführen.
**Man kann nicht wissen**, ob $\sqrt{3} + \sqrt{12}$ rational oder irrational ist.

*Wie ist es nun?*

Name: Klasse: Datum:

# Differenzierbarkeit und Stetigkeit

Untersuche die Funktion

$$f(x) = \begin{cases} 2x-3, & x \leq 1 \\ x^2, & x > 1 \end{cases}$$

auf Differenzierbarkeit und Stetigkeit an der Stelle x = 1.

**Nadines Lösung**

Ich arbeite mit der Definition der Ableitung.

$$\lim_{x \nearrow 1} \frac{f(x) - f(1)}{x - 1} = \lim_{x \nearrow 1} \frac{(2x - 3) - (2 \cdot 1 - 3)}{x - 1} = \lim_{x \nearrow 1} \frac{2x - 3 - 2 + 3}{x - 1} = \lim_{x \nearrow 1} \frac{2(x - 1)}{x - 1} = 2$$

$$\lim_{x \searrow 1} \frac{f(x) - f(1)}{x - 1} = \lim_{x \searrow 1} \frac{x^2 - 1^2}{x - 1} = \lim_{x \searrow 1} \frac{(x - 1)(x + 1)}{x - 1} = \lim_{x \searrow 1} (x + 1) = 2$$

Die zwei Grenzwerte sind gleich.
Dies bedeutet:
f ist an der Stelle x = 1 differenzierbar mit f′(1) = 2.
Laut Theorie ist eine differenzierbare Funktion stetig.
Antwort: f ist an der Stelle x = 1 **differenzierbar und stetig**.

**Moritz' Lösung**

Ich untersuche den Grenzwert der Funktion an der Stelle x = 1.
Dazu betrachte ich das Verhalten von f für x kleiner als 1 und für x größer als 1.

$$\lim_{x \nearrow 1} f(x) = \lim_{x \nearrow 1} (2x - 3) = 2 \cdot 1 - 3 = -1$$

$$\lim_{x \searrow 1} f(x) = \lim_{x \searrow 1} x^2 = 1^2 = 1$$

Die zwei Grenzwerte sind nicht gleich.
Daraus folgt:
f hat an der Stelle x = 1 keinen Grenzwert.
Dies bedeutet:
f ist an der Stelle x = 1 nicht stetig.
Eine nicht stetige Funktion ist nicht differenzierbar.
*Begründung*: Eine differenzierbare Funktion ist laut Theorie stetig. Wenn f an der Stelle x = 1 differenzierbar wäre, dann müsste die Funktion f stetig sein – ist sie aber nicht.
Antwort: f ist an der Stelle x = 1 **weder differenzierbar noch stetig**.

*Wie ist es nun?*

Name: Klasse: Datum:

# Eine riesige Zahl

Wie viele Stellen hat die Zahl $3^{1\,000\,000\,000}$?

**Thomas' Lösung**
Laut Rechner ist $3^{100}$ eine 48-stellige Zahl.
Andererseits gilt:
$3^{1\,000\,000\,000} = (3^{100})^{10\,000\,000}$
Daraus folgt:
Es gibt $48 \cdot 10\,000\,000 = 480\,000\,000$ Ziffern.
Antwort: Die Zahl ist **480 000 000**-stellig.

**Kims Lösung**
Es sei $x = 3^{1\,000\,000\,000}$.
Durch Logarithmieren erhält man
$\log(x) = \log(3^{1\,000\,000\,000})$
$\log(x) = 1\,000\,000\,000 \cdot \log(3)$
$\log(x) = 477\,121\,254{,}7\ldots$
Daraus folgt:
$x = 10^{477\,121\,254{,}7\ldots}$
Antwort: Die Zahl ist **477 121 255**-stellig.

**Ankes Lösung**
Zunächst fertige ich eine Tabelle an.

| n | $3^n$ | | n | $3^n$ | | n | $3^n$ |
|---|---|---|---|---|---|---|---|
| 1 | 3 | | 7 | 2187 | | 13 | 1 594 323 |
| 2 | 9 | | 8 | 6561 | | 14 | 4 782 969 |
| 3 | 27 | | 9 | 19 683 | | 15 | 14 348 907 |
| 4 | 81 | | 10 | 59 049 | | 16 | 43 046 721 |
| 5 | 243 | | 11 | 177 147 | | 17 | 129 140 163 |
| 6 | 729 | | 12 | 531 441 | | 18 | 387 420 489 |

Die Anzahl der Ziffern erhöht sich in Zweierschritten um je eins.
$1\,000\,000\,000 : 2 = 500\,000\,000$
Antwort: Die Zahl ist **500 000 000**-stellig.

*Wie ist es nun?*

Name: Klasse: Datum:

# Zwei Modellrechnungen

Fichten werden nicht größer als 50 m. Das Wachstum einer Fichte wird durch zwei verschiedene Modellrechnungen untersucht.

*Modellrechnung A*
$B(t + 1) = B(t) + 0,005 \cdot (S - B(t))$ [beschränktes Wachstum]

*Modellrechnung B*
$B(t + 1) = B(t) + 0,005 \cdot B(t) \cdot (S - B(t))$ [logistisches Wachstum]

Es wird eine 30 cm hohe Fichte gepflanzt.
Wie hoch wird sie nach den einzelnen Modellrechnungen in 3 Jahren?

**Jans Lösung**
Laut Angabe ist $B(0) = 0,3$ m und die Schranke ist $S = 50$ m.

*Modellrechnung A*
$B(1) = B(0) + 0,005 \cdot (50 - B(0)) \approx 0,55$ (m)
$B(2) = B(1) + 0,005 \cdot (50 - B(1)) \approx 0,80$ (m)
$B(3) = B(2) + 0,005 \cdot (50 - B(2)) \approx 1,04$ (m)
Nach Modellrechnung A wird die Fichte in 3 Jahren etwa **1,04 m** hoch.

*Modellrechnung B*
$B(1) = B(0) + 0,005 \cdot B(0) \cdot (50 - B(0)) \approx 0,37$ (m)
$B(2) = B(1) + 0,005 \cdot B(1) \cdot (50 - B(1)) \approx 0,47$ (m)
$B(3) = B(2) + 0,005 \cdot B(2) \cdot (50 - B(2)) \approx 0,58$ (m)
Nach Modellrechnung B wird die Fichte in 3 Jahren etwa **0,58 m** hoch.

**Marlenes Lösung**
Laut Angabe ist $B(0) = 0,3$ m und die Schranke ist $S = 50$ m.
Oder, umgeformt in dm: $B(0) = 3$ dm, und $S = 500$ dm.

*Modellrechnung A*
$B(1) = B(0) + 0,005 \cdot (500 - B(0))$
$B(1) = 3 + 0,005 \cdot (500 - 3) \approx 5,48$ (dm)
$B(2) = B(1) + 0,005 \cdot (500 - B(1))$
$B(2) \approx 5,48 + 0,005 \cdot (500 - 5,48) \approx 7,95$ (dm)
$B(3) = B(2) + 0,005 \cdot (500 - B(2))$
$B(3) \approx 7,95 + 0,005 \cdot (500 - 7,95) \approx 10,41$ (dm)
Nach Modellrechnung A wird die Fichte in 3 Jahren etwa **10,41 dm** hoch.

*Modellrechnung B*
$B(1) = B(0) + 0,005 \cdot B(0) \cdot (500 - B(0))$
$B(1) = 3 + 0,005 \cdot 3 \cdot (500 - 3) \approx 10,45$ (dm)
$B(2) = B(1) + 0,005 \cdot B(1) \cdot (500 - B(1))$
$B(2) \approx 10,45 + 0,005 \cdot 10,45 \cdot (500 - 10,45) \approx 36,05$ (dm)
$B(3) = B(2) + 0,005 \cdot B(2) \cdot (500 - B(2))$
$B(3) \approx 36,05 + 0,005 \cdot 36,05 \cdot (500 - 36,05) \approx 119,66$ (dm)
Nach Modellrechnung B wird die Fichte in 3 Jahren **119,66 dm** hoch.

*Wie ist es nun?*

Name: Klasse: Datum:

# Mehr Kranke als Einwohner?

In einer Ortschaft mit 5000 Einwohnern sind zwei Personen an Grippe erkrankt. Sie stecken weitere Personen an. Es wird angenommen, dass jede Woche von den möglichen Begegnungen zwischen Kranken und Gesunden 0,5 % stattfinden und dabei jede fünfte zu einer Ansteckung führt.
Etwa wie viele Einwohner haben sich nach fünf Wochen angesteckt?
*Hinweis*: Die Erkrankten sind mindestens fünf Wochen lang ansteckend.

**Lucies Lösung**

In der ersten Woche sind $2 \cdot (5000 - 2)$ Begegnungen zwischen Kranken und Gesunden möglich.
Jede fünfte aus 0,5 % bedeutet: $\frac{1}{5} \cdot \frac{0,5}{100} = 0,001$.
In der ersten Woche werden somit weitere $0,001 \cdot 2 \cdot (5000 - 2)$ Einwohner krank.
Nach einer Woche gibt es also $2 + 0,001 \cdot 2 \cdot (5000 - 2) \approx 12$ Kranke.
B(t) bezeichne nun die Anzahl der Personen, die sich nach t Wochen mit dieser Grippe angesteckt haben.
$2 + 0,001 \cdot 2 \cdot (5000 - 2) \approx 12$ kann man auch so schreiben:
$B(0) + 0,001 \cdot B(0) \cdot (5000 - B(0)) = B(1)$
Damit lautet die allgemeine Formel:
$B(t + 1) = B(t) + 0,001 \cdot B(t) \cdot (5000 - B(t))$ (1)
Die Verbreitung der Krankheit kann also mithilfe des logistischen Wachstums beschrieben werden.
$B(0) = 2$
Mithilfe von (1) kann man nun B(1), B(2), B(3), B(4) und B(5) nach und nach berechnen.
$B(1) = B(0) + 0,001 \cdot B(0) \cdot (5000 - B(0))$
$B(1) = 2 + 0,001 \cdot 2 \cdot (5000 - 2) \approx 12$
$B(2) = B(1) + 0,001 \cdot B(1) \cdot (5000 - B(1))$
$B(2) \approx 12 + 0,001 \cdot 12 \cdot (5000 - 12) \approx 72$
$B(3) = B(2) + 0,001 \cdot B(2) \cdot (5000 - B(2))$
$B(3) \approx 72 + 0,001 \cdot 72 \cdot (5000 - 72) \approx 426$
$B(4) = B(3) + 0,001 \cdot B(3) \cdot (5000 - B(3))$
$B(4) \approx 426 + 0,001 \cdot 426 \cdot (5000 - 426) \approx 2374$
$B(5) = B(4) + 0,001 \cdot B(4) \cdot (5000 - B(4))$
$B(5) \approx 2375 + 0,001 \cdot 2374 \cdot (5000 - 2374) \approx 8608$
Nach fünf Wochen haben sich etwa 8608 Einwohner angesteckt.

**Marcos Bemerkung**

Der Vergleich 8608 > 5000 bedeutet:
Nach fünf Wochen haben sich deutlich mehr Einwohner angesteckt, als es überhaupt gibt.
Das kann aber nicht sein!

*Wie ist es nun?*

Name: Klasse: Datum:

# Fibonacci-Folge

Die Folge $(a_n)$ wird so definiert: $a_1 = 1$, $a_2 = 1$ und $a_n = a_{n-1} + a_{n-2}$ für jedes $n > 2$.
Löse die Gleichung $a_n = n^2$.

**Kerstins Lösung**
Aus der Definition und aus der Bedingung folgt:
$n^2 = (n-1)^2 + (n-2)^2$
$n^2 = n^2 - 2n + 1 + n^2 - 4n + 4$
$n^2 = 2n^2 - 6n + 5$
$n^2 - 6n + 5 = 0$
Diese quadratische Gleichung hat die Lösungen $n = 1$ und $n = 5$.
Die Gleichung $a_n = n^2$ hat also die Lösungen $n = 1$ und $n = 5$.

**Tobias' Bemerkung**

Ich kann die Terme $a_3, a_4, a_5, a_6, \ldots$ nach und nach berechnen.
$a_3 = a_2 + a_1 = 1 + 1 = 2$, $a_4 = a_3 + a_2 = 2 + 1 = 3$, $a_5 = a_4 + a_3 = 3 + 2 = 5$
Nun mache ich die Probe in der Ausgangsgleichung.
$n = 1$: $a_1 = 1^2$
$1 = 1^2$ und es stimmt.
$n = 5$: $a_5 = 5^2$
$5 = 25$ stimmt aber nicht.

*Wie ist es nun?*

# Grenzwertberechnung

Berechne den Grenzwert $\lim\limits_{n\to\infty} \frac{1+2+3+\ldots+2n}{n^2}$.

**Maximes Lösung**

$$\lim_{n\to\infty} \frac{1+2+3+\ldots+2n}{n^2} = \lim_{n\to\infty}\left(\frac{1}{n^2} + \frac{2}{n^2} + \frac{3}{n^2} + \ldots + \frac{2n}{n^2}\right)$$

$$= \lim_{n\to\infty}\frac{1}{n^2} + \lim_{n\to\infty}\frac{2}{n^2} + \lim_{n\to\infty}\frac{3}{n^2} + \ldots + \lim_{n\to\infty}\frac{2}{n} = 0 + 0 + 0 + \ldots + 0 = 0$$

Der Grenzwert ist **0**.

**Nils' Lösung**

$$\frac{1+2+3+\ldots+2n}{n^2} = \frac{1+2+3+\ldots+2n-3+2n-2+2n-1+2n}{n^2}$$

$$= \frac{1}{n^2} + \frac{2}{n^2} + \frac{3}{n^2} + \ldots + \frac{2n-3}{n^2} + \frac{2n-2}{n^2} + \frac{2n-1}{n^2} + \frac{2n}{n^2}$$

Oder, nachdem ich Brüche als Differenz schreibe:

$$\frac{1}{n^2} + \frac{2}{n^2} + \frac{3}{n^2} + \ldots + \frac{2}{n} - \frac{3}{n^2} + \frac{2}{n} - \frac{2}{n^2} + \frac{2}{n} - \frac{1}{n^2} + \frac{2}{n}$$

$\frac{1}{n^2}, \frac{2}{n^2}, \frac{3}{n^2}, \ldots$ heben sich mit $-\frac{1}{n^2}, -\frac{2}{n^2}, -\frac{3}{n^2}, \ldots$ auf. Es bleibt n-mal der Term $\frac{2}{n}$ und $\lim\limits_{n\to\infty} n \cdot \frac{2}{n} = 2$.
Der Grenzwert ist **2**.

*Wie ist es nun?*

Name: Klasse: Datum:

# Am Meer

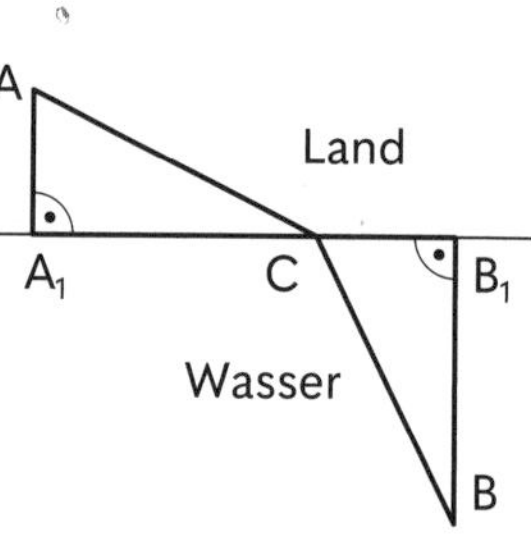


Zwei Freunde A und B sind am Meer. A liegt in der Sonne, B ist im Wasser.
A ist 6 m vom Ufer entfernt: $\overline{AA_1} = 6$ m.
B ist 12 m vom Ufer entfernt: $\overline{BB_1} = 12$ m.
Außerdem ist bekannt, dass $\overline{A_1B_1} = 18$ m.
Plötzlich schreit B nach Hilfe. A läuft sofort los. Er kann doppelt so schnell im Sand laufen als im Wasser schwimmen.
Bestimme den Punkt C so, dass A in kürzester Zeit bei B sein kann.

**Valerias Lösung**
Die Geschwindigkeiten sind uns nicht bekannt. Sie wären aber erforderlich, um die Zeit bestimmen zu können. Das Ergebnis ist nämlich von den Geschwindigkeiten abhängig.
Die Frage kann daher **nicht beantwortet** werden.

**Marcs Lösung**
Die Geschwindigkeit von A ist doppelt so groß auf dem Land als im Wasser. Das Verhältnis der zwei Geschwindigkeiten ist also 2 : 1. Dies bedeutet, dass der Punkt C die Strecke $A_1B_1$ im Verhältnis 2 : 1 teilt.
Wegen $\overline{A_1B_1} = 18$ m ist $\overline{A_1C} = 12$ m und $\overline{CB_1} = 6$ m, denn 12 : 6 = 2 : 1.
Also $\overline{A_1C} =$ **12** m.

**Uwes Lösung**
Ich halbiere den Abstand von A zum Ufer. Im Koordinatensystem ist A*(0 | 3).
Es ist nun, als ob *A* mit einer einheitlichen Geschwindigkeit von A* nach B laufen würde.
Die günstigste Möglichkeit ist die direkte Verbindungsstrecke.
Der gesuchte Punkt C ist der Schnittpunkt von A*B mit der x-Achse.

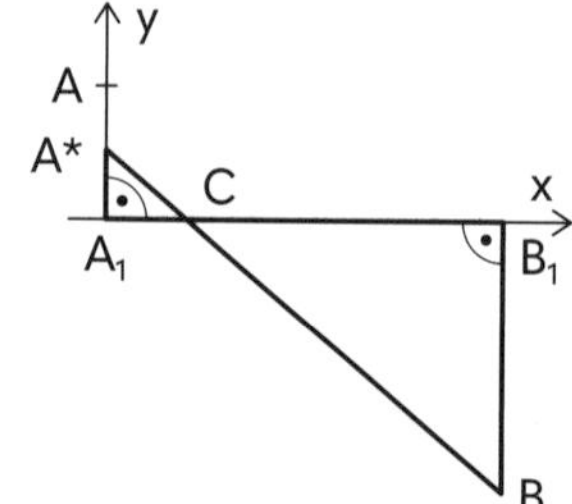


A*B: $y = mx + c$
$c = 3$ wegen A*(0 | 3).
A*B: $y = mx + 3$
Punktprobe mit B(18 | –12):
$-12 = 18m + 3$
$18m = -15$
$m = -\frac{15}{18} = -\frac{5}{6}$
A*B: $y = -\frac{5}{6}x + 3$

Schnittpunkt mit der x-Achse bedeutet $y = 0$.

$-\frac{5}{6}x + 3 = 0 \mid \cdot 6$

$-5x + 18 = 0$
$-5x = -18$
$x = 3{,}6$
Daher ist $\overline{A_1C} =$ **3,6** m.

*Auf der nächsten Seite geht es weiter.*

Name: Klasse: Datum:

**Camilles Lösung**

Es sei $\overline{A_1C} = x$, die zwei Geschwindigkeiten $v_1$ und $v_2$ mit $v_1 = 2v_2$.
Ich berechne nun die Zeit.

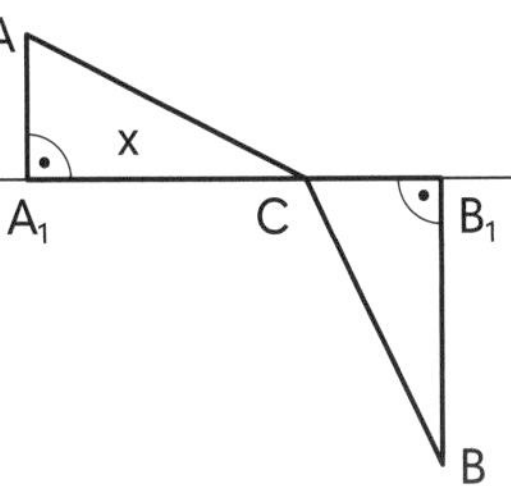


$$t = \frac{\overline{AC}}{v_1} + \frac{\overline{CB}}{v_2}$$

Mit $v_1 = 2v_2$ folgt:

$$t = \frac{\overline{AC}}{2v_2} + \frac{\overline{CB}}{v_2}$$

Mit dem Satz des Pythagoras folgt:

$$t = \frac{\sqrt{6^2 + x^2}}{2v_2} + \frac{\sqrt{12^2 + (18 - x)^2}}{v_2}$$

$f(x) = \frac{\sqrt{6^2 + x^2}}{2v_2} + \frac{\sqrt{12^2 + (18 - x)^2}}{v_2}$ soll also minimal werden.

$$f'(x) = \frac{1}{2\sqrt{6^2 + x^2} \cdot 2v_2} \cdot 2x + \frac{1}{2\sqrt{12^2 + (18 - x)^2} \cdot v_2} \cdot 2(18 - x) \cdot (-1)$$

$$f'(x) = \frac{x}{2v_2\sqrt{6^2 + x^2}} - \frac{18 - x}{v_2\sqrt{12^2 + (18 - x)^2}}$$

Die erste Ableitung muss null sein.

$f'(x) = 0$

$$\frac{x}{2v_2\sqrt{6^2 + x^2}} - \frac{18 - x}{v_2\sqrt{12^2 + (18 - x)^2}} = 0 \quad | \cdot 2v_2$$

$$\frac{x}{\sqrt{6^2 + x^2}} - \frac{2 \cdot (18 - x)}{\sqrt{12^2 + (18 - x)^2}} = 0$$

$$\frac{x}{\sqrt{6^2 + x^2}} = \frac{2 \cdot (18 - x)}{\sqrt{12^2 + (18 - x)^2}}$$

$x = 12$ ist eine Lösung der Gleichung, denn

$$\frac{12}{\sqrt{6^2 + 12^2}} = \frac{2 \cdot 6}{\sqrt{12^2 + 6^2}}$$

Damit ist $\overline{A_1C} = \mathbf{12\ m}$.

*Wie ist es nun?*

Name: Klasse: Datum:

# Wie viele Forellen?

In einem Fischteich gibt es 1800 Forellen. Ohne Abfischen würde sich die Anzahl der Forellen alle sechs Monate verdoppeln (exponentielles Wachstum).
Wie viele Fische können täglich abgefischt werden, damit der Bestand von 1800 Forellen erhalten bleibt? Runde sinnvoll.

**Wolframs Lösung**
Für den Fischbestand nach Ablauf von t Monaten gilt $B(t) = 1800a^t$.
$B(6) = 3600$
$1800a^6 = 3600 \quad | : 1800$

$a^6 = 2$

$a = \sqrt[6]{2}$

$B(t) = 1800 \cdot \left(\sqrt[6]{2}\right)^t$ ist das allgemeine Wachstumsgesetz.

$B(1) = 1800 \cdot \left(\sqrt[6]{2}\right)^1 \approx 2020$
In einem Monat beträgt das Wachstum ca. 220 (2020 – 1800) Forellen.
Dies bedeutet etwa 220 : 30,5 ≈ 7,2 Forellen am Tag.
Es können täglich **7** Forellen abgefischt werden.

**Franciscas Lösung**
Die Anzahl der Forellen würde sich ohne Abfischen in einem halben Jahr verdoppeln. Dies bedeutet ein Zuwachs von 1800 Fischen in 6 Monaten, also in etwa 6 · 30 = 180 Tagen.
Der Durchschnittswert beträgt 1800 : 180 = 10 Forellen am Tag.
Es können täglich **10** Forellen abgefischt werden.

**Christophs Lösung**
Für den Bestand nach t Monaten gilt: $B(t) = 1800\left(1 + \frac{p}{100}\right)^t$, wobei p ein fester Prozentsatz ist.

Doppelter Fischbestand nach 6 Monaten bedeutet $B(6) = 3600$.

$1800\left(1 + \frac{p}{100}\right)^6 = 3600 \quad |: 1800$

$\left(1 + \frac{p}{100}\right)^6 = 2 \quad | \sqrt[6]{\ }$

$1 + \frac{p}{100} = 1{,}122\,46...$

$\frac{p}{100} = 0{,}122\,46...$

$p = 12{,}246\ \%$

$B(t) = 1800 \cdot (1{,}12)^t$ ist das allgemeine Wachstumsgesetz.

Ein Tag entspricht etwa $\frac{1}{30}$ Monat. Der Bestand nach einem Tag ist $B\left(\frac{1}{30}\right) = 1800 \cdot (1{,}12)^{\frac{1}{30}} \approx 1806{,}8$.

Dies bedeutet einen Zuwachs von etwa 6,8 Forellen am Tag.

Es können täglich **7** Forellen abgefischt werden.

*Wie ist es nun?*

Name: Klasse: Datum:

# Ortslinie

$y = x^2$ ist der geometrische Ort der Extrema einer Funktionsschar dritten Grades.
Stelle einen Term für die Funktionsschar auf.

**Helenes Lösung**

Ich strebe den Extrempunkt $(t \mid t^2)$ an und konstruieren einen Term dazu.
Die Funktion $g(x) = (x - t)^2$ hat an der Stelle $x = t$ einen Extrempunkt.
Die Funktion $f(x) = x(x - t)^2 + t^2 = x^3 - 2tx^2 + t^2x + t^2$ ist dritten Grades und erfüllt die Bedingung $f(t) = t^2$.
Probe: $f'(x) = 3x^2 - 4tx + t^2$. Die Bedingung $f'(t) = 0$ ist erfüllt. Mit $x = t$ und $y = t^2$ folgt $y = x^2$, und es stimmt.
Antwort: Ein möglicher Funktionsterm der Schar ist $f_t(x) = x(x - t)^2 + t^2$.

**Olivers Lösung**

Es sei $f(x) = ax^3 + bx^2 + cx + d$. Dann ist $f'(x) = 3ax^2 + 2bx + c$.
Die Punkte $B(1 \mid 1)$, $C(-1 \mid 1)$ liegen auf dem geometrischen Ort und sind damit Extrempunkte von f.
$f'(1) = 0$
$3a + 2b + c = 0$ (1)
$f'(-1) = 0$
$3a - 2b + c = 0$ (2)
Aus (1) – (2) folgt $b = 0$ und somit $f(x) = ax^3 + cx + d$.
Aus (1) folgt $c = -3a$. (3)
$f(1) = 1$, also $a + c + d = 1$ (4)
$f(-1) = 1$, also $-a - c + d = 1$ (5)
Durch (4) + (5) folgt $d = 1$.
Aus (5) erhält man $c = -a$. (6)
Aus (3) und (6) folgt $-3a = -a$, also $a = 0$. Damit ist aber f nicht mehr dritten Grades.
Die Aufgabe ist daher **nicht lösbar**.

**Luisas Lösung**

Es sei $f(x) = ax^3 + bx^2 + cx + d$. Dann ist $f'(x) = 3ax^2 + 2bx + c$.
Der Ursprung liegt auf dem geometrischen Ort. Aus $f(0) = 0$ folgt $d = 0$.
Aus $f'(0) = 0$ folgt $c = 0$. Damit ist $f(x) = ax^3 + bx^2$.
Der Punkt $(u \mid u^2)$ liegt auf dem geometrischen Ort.
$f(u) = u^2$
$au^3 + bu^2 = u^2$
$au + b = 1$
$b = 1 - au$ (7)
$f'(u) = 0$
$3au^2 + 2bu = 0$
$3au + 2b = 0$ (8)
Mit (7) in (8) ergibt sich:
$3au + 2(1 - au) = 0 \Leftrightarrow 3au + 2 - 2au = 0 \Leftrightarrow au = -2 \Leftrightarrow a = -\frac{2}{u}$ (9)
Mit (9) in (7) folgt

$b = 1 - \left(-\frac{2}{u}\right)u = 1 + 2 = 3$, also $b = 3$ (10)

(9) und (10) bedeutet:
Ein möglicher Funktionsterm der Schar ist $\mathbf{f_u(x) = -\frac{2}{u}x^3 + 3x^2}$.

*Wie ist es nun?*

Name: Klasse: Datum:

# Ins Unendliche reichende Flächen

Das Schaubild der Funktion f, die Gerade x = a und die x-Achse schließen für $x \geq a$ eine ins Unendliche reichende Fläche ein.
Untersuche den Flächeninhalt dieser Fläche für a) $f(x) = \frac{1}{x^2}$ und a = 1 und b) $f(x) = \frac{1}{x}$ und $a = \frac{1}{e}$.

**Hans' Lösung**
Es sei b > a. Erst berechne ich $A(b) = \int_a^b f(x)dx$, danach untersuche ich das Verhalten von A(b), wenn b Richtung unendlich läuft.

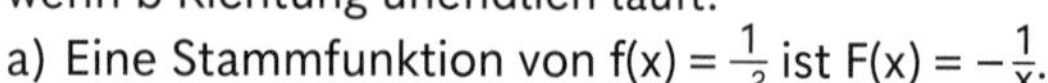

a) Eine Stammfunktion von $f(x) = \frac{1}{x^2}$ ist $F(x) = -\frac{1}{x}$.

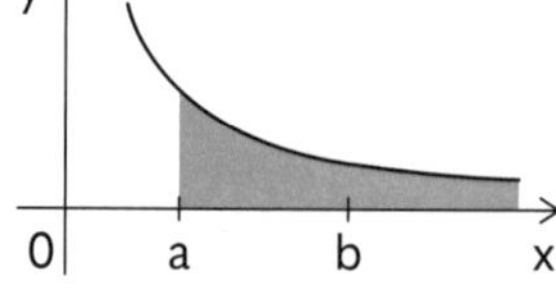


$A(b) = \int_1^b \frac{1}{x^2}\,dx = \left[-\frac{1}{x}\right]_1^b = -\frac{1}{b} + 1$

$\lim_{b\to\infty} A(b) = \lim_{b\to\infty}\left(-\frac{1}{b} + 1\right) = 0 + 1 = 1$

Die Fläche hat den Flächeninhalt A = **1** (FE)

b) $A(b) = \int_{\frac{1}{e}}^b \frac{1}{x}\,dx = [\ln(x)]_{\frac{1}{e}}^b = \ln(b) - \ln\left(\frac{1}{e}\right)$

$A(b) = \ln(b) - \ln\left(\frac{1}{e}\right) \xrightarrow{b\to\infty} \infty - (-1) = \infty$

Diese Fläche hat **keinen endlichen Inhalt.**

**Majas Lösung**
Die Flächen zerlege ich jeweils in Einserschritten. Allgemein gilt:
$A = A_1 + A_2 + A_3 + A_4 + \ldots$

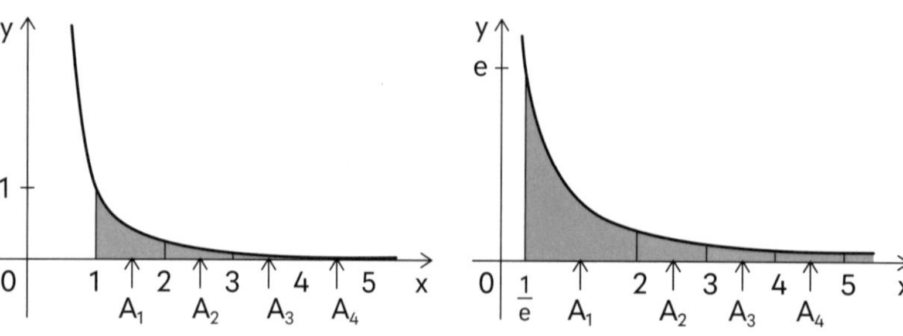


a) $A = A_1 + A_2 + A_3 + A_4 + \ldots$ (linke Abbildung)

$A = \left[-\frac{1}{x}\right]_1^2 + \left[-\frac{1}{x}\right]_2^3 + \left[-\frac{1}{x}\right]_3^4 + \left[-\frac{1}{x}\right]_4^5 + \ldots$

$A = -\frac{1}{2} + 1 - \frac{1}{3} + \frac{1}{2} - \frac{1}{4} + \frac{1}{3} - \frac{1}{5} + \frac{1}{4} - \ldots$

Außer 1 heben sich alle Terme paarweise auf.
Der Flächeninhalt ist A = **1** (FE)

b) $A = A_1 + A_2 + A_3 + A_4 + \ldots$ (rechte Abbildung)

$A = [\ln(x)]_{\frac{1}{e}}^2 + [\ln(x)]_2^3 + [\ln(x)]_3^4 + [\ln(x)]_4^5 + \ldots =$

$A = \ln(2) - \ln\left(\frac{1}{e}\right) + \ln(3) - \ln(2) + \ln(4) - \ln(3) + \ln(5) - \ln(4) + \ldots$

Außer $-\ln\left(\frac{1}{e}\right)$ heben sich alle Terme auf. Es ist $-\ln\left(\frac{1}{e}\right) = -(\ln(1) - \ln(e)) = -(0 - 1) = 1$.

Der Flächeninhalt ist ebenfalls A = **1**.

*Wie ist es nun?*

Name: Klasse: Datum:

# Rekursive Folge

Es sei $x_1 = 6$ und $x_{n+1} = \sqrt{9{,}99\,x_n - 24{,}95}$.
Untersuche die Folge auf Monotonie und Beschränktheit und ermittle gegebenenfalls den Grenzwert.

**Svenjas Lösung**

*Monotonie*
$x_2 = \sqrt{9{,}99x_1 - 24{,}95} = \sqrt{9{,}99 \cdot 6 - 24{,}95} \approx 5{,}915$
$x_3 = \sqrt{9{,}99x_2 - 24{,}95} \approx \sqrt{9{,}99 \cdot 5{,}915 - 24{,}95} \approx 5{,}843$
Man stellt fest: $x_3 < x_2 < x_1$.
Vermutung: Die Folge ist monoton fallend.
Beweis der Vermutung durch vollständige Induktion.
A(n): $x_{n+1} < x_n$
I. Induktionsanfang n = 1, also A(1): $x_2 < x_1$ stimmt, siehe oben.
II. Induktionsschritt A(n) ⇒ A(n + 1)
A(n + 1): $x_{n+2} < x_{n+1}$

Mit $x_{n+2} = \sqrt{9{,}99x_{n+1} - 24{,}95}$ und $x_{n+1} = \sqrt{9{,}99x_n - 24{,}95}$ folgt:

$\sqrt{9{,}99x_{n+1} - 24{,}95} < \sqrt{9{,}99x_n - 24{,}95} \quad |^2$

$9{,}99x_{n+1} - 24{,}95 < 9{,}99x_n - 24{,}95 \quad | + 24{,}95$

$9{,}99x_{n+1} < 9{,}99x_n \quad | : 9{,}99$

$x_{n+1} < x_n$ und dies stimmt laut A(n). Daraus folgt:
Die Folge ist monoton fallend. (1)

*Beschränktheit*
Es ist $S = x_1 = 6$ wegen der Monotonie. Andererseits ist zum Beispiel s = 0, denn das Ergebnis der Quadratwurzel $\sqrt{9{,}99x_n - 24{,}95}$ ist stets eine positive Zahl. Also $0 \leq x_n \leq 6$ für jedes n.
Dies bedeutet:
Die Folge ist beschränkt. (2)
Aus (1) und (2) folgt, dass die Folge konvergent ist.

*Grenzwertberechnung*
Es sei $\lim\limits_{n\to\infty} x_n = g$.
$x_{n+1} = \sqrt{9{,}99x_n - 24{,}95}$
Der Grenzwertübergang $n \to \infty$ ergibt
$g = \sqrt{9{,}99g - 24{,}95}$ (3)
Durch Quadrieren erhält man
$g^2 = 9{,}99g - 24{,}95$
$g^2 - 9{,}99g + 24{,}95 = 0$
Diese quadratische Gleichung hat als Lösungen $g_1 = 4{,}99$ und $g_2 = 5$.
Eine direkte Probe zeigt, dass beide Zahlen die Wurzelgleichung (3) erfüllen. Damit gilt:
$\lim\limits_{n\to\infty} x_n = 4{,}99$ und $\lim\limits_{n\to\infty} x_n = 5$.

**Darius' Einwand**
Eine konvergente Folge hat aber genau einen Grenzwert.

*Wie ist es nun?*

Name: Klasse: Datum:

# Fläche ohne Flächeninhalt?

Untersuche, ob es eine ins Unendlich reichende, nach rechts offene Fläche gibt, die keinen Flächeninhalt besitzt.

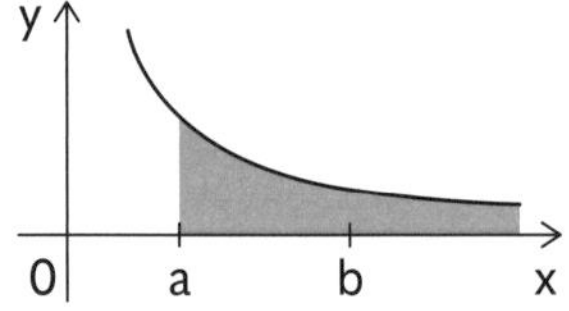


**Alexanders Lösung**

Ich greife auf die Definition zurück.

$A = \lim_{b \to \infty} A(b)$

Je größer b, desto größer ist die Fläche A(b).

Die Funktion A(b) ist daher monoton steigend.

Jede monotone Funktion besitzt einen Grenzwert. Damit ist die Existenz von $\lim_{b \to \infty} A(b)$ garantiert.

Nein, es gibt **keine Fläche** ohne Flächeninhalt.

**Noemis Lösung**

Der Graph der Funktion $f(x) = \sin(x)$ schließt mit der x-Achse für $x \geq 0$ eine ins Unendlich reichende, nach rechts offene Fläche ein.

Ich werde zeigen:

$A(b) = \int_0^b \sin(x)dx$ hat keinen Grenzwert für $b \to \infty$.

Tatsächlich:

$A(\pi) = \int_0^{\pi} \sin(x)dx$

$A(\pi) = [-\cos(x)]_0^{\pi} = -\cos(\pi) - (-\cos(0)) = -(-1) - (-1) = 1 + 1 = 2$

$A(2\pi) = \int_0^{2\pi} \sin(x)dx$

$A(2\pi) = [-\cos(x)]_0^{2\pi} = -\cos(2\pi) - (-\cos(0)) = -1 - (-1) = -1 + 1 = 0$

$A(3\pi) = \int_0^{3\pi} \sin(x)dx$

$A(3\pi) = [-\cos(x)]_0^{3\pi} = -\cos(3\pi) - (-\cos(0)) = -(-1) - (-1) = 1 + 1 = 2$

$A(4\pi) = \int_0^{4\pi} \sin(x)dx$

$A(4\pi) = [-\cos(x)]_0^{4\pi} = -\cos(4\pi) - (-\cos(0)) = -1 - (-1) = -1 + 1 = 0$

Rechnet man A(b) für $\pi$, $2\pi$, $3\pi$, $4\pi$, $5\pi$, $6\pi$, ... , $k\pi$, ... , dann erhält man:

2 ; 0 ; 2 ; 0 , 2 ; 0 , 2 , 0, ...

Diese Folge hat zwei Häufungspunkte: 2 und 0.

Dies bedeutet: A(b) hat keinen Grenzwert für $b \to \infty$.

**Es gibt** also eine ins Unendlich reichende, nach rechts offene **Fläche**, die **keinen Flächeninhalt** besitzt.

*Wie ist es nun?*

Name: Klasse: Datum:

# Krumme Sachen bei einer schiefen Asymptote

Ermittle die Gleichung der schiefen Asymptote für $x \to \infty$.

a) $f(x) = \frac{3x^3 - 2x^2 + x + 1}{x^2 - 1}$ b) $f(x) = \frac{3x^2 - 2x + 1}{x - 1}$

**Theos Lösung**
Ich arbeite mit der Polynomdivision.

a) $(3x^3 - 2x^2 + x + 1) : (x^2 - 1) = 3x - 2$

$$\begin{array}{l} \underline{-(3x^3 - 3x)} \\ \quad -2x^2 + 4x + 1 \\ \quad \underline{-(-2x^2 + 2)} \\ \qquad 4x - 1 \end{array}$$

Damit gilt:

$$f(x) = \frac{(3x-2)\cdot(x^2-1) + 4x - 1}{x^2 - 1} = 3x - 2 + \frac{4x-1}{x^2-1} \text{ und } \frac{4x-1}{x^2-1} \xrightarrow{x \to \infty} 0$$

$\mathbf{y = 3x - 2}$ ist die Gleichung der schiefen Asymptote.

b) $(3x^2 - 2x + 1) : (x - 1) = 3x + 1$

$$\begin{array}{l} \underline{-(3x^2 - 3x)} \\ \qquad x + 1 \\ \quad \underline{-(x - 1)} \\ \qquad\quad 2 \end{array}$$

Damit gilt:

$$f(x) = \frac{(x-1)\cdot(3x+1) + 2}{x - 1} = 3x + 1 + \frac{2}{x-1} \text{ und } \frac{2}{x-1} \xrightarrow{x \to \infty} 0$$

$\mathbf{y = 3x + 1}$ ist die Gleichung der schiefen Asymptote.

**Jules Lösung**
Ich arbeite mit Ausklammern.

a) $$f(x) = \frac{3x^3 - 2x^2 + x + 1}{x^2 - 1} = \frac{x^2\left(3x - 2 + \frac{1}{x} + \frac{1}{x^2}\right)}{x^2\left(1 - \frac{1}{x^2}\right)} = \frac{3x - 2 + \frac{1}{x} + \frac{1}{x^2}}{1 - \frac{1}{x^2}}$$

Für $x \to \infty$ gilt $\frac{1}{x} \to 0$, $\frac{1}{x^2} \to 0$.

Die gesuchte Gleichung ist $\mathbf{y = 3x - 2}$.

b) $$f(x) = \frac{3x^2 - 2x + 1}{x - 1} = \frac{x\left(3x - 2 + \frac{1}{x}\right)}{x\left(1 - \frac{1}{x}\right)} = \frac{3x - 2 + \frac{1}{x}}{1 - \frac{1}{x}}$$

Für $x \to \infty$ gilt $\frac{1}{x} \to 0$.

Die gesuchte Gleichung ist $\mathbf{y = 3x - 2}$.

*Wie ist es nun?*

Name: Klasse: Datum:

# Exponentielles Wachstum

Ein Baum ist 10 m hoch. Die Wachstumsrate beträgt 8 % pro Jahr.
Wie hoch ist der Baum in 20 Jahren?

**Marcels Lösung**
Mit B(t) bezeichne ich die Höhe des Baumes in t Jahren.
Wegen des festen Prozentsatzes gilt:

$$B(t) = B(0)\left(1 + \frac{p}{100}\right)^t$$

$$B(t) = 10\left(1 + \frac{8}{100}\right)^t$$

Nun setzte ich statt t den Wert 20 ein.

$$B(20) = 10\left(1 + \frac{8}{100}\right)^{20}$$

Der Rechner liefert:
$B(20) \approx 46{,}6$
Antwort: In 20 Jahren ist der Baum etwa **46,6** m groß.

**Ronjas Lösung**
Es sei f(t) die Höhe des Baumes nach Ablauf von t Jahren. Die Wachstumsrate ist die erste Ableitung.
Damit folgt:
$f'(t) = 0{,}08 \cdot f(t)$
Diese Differenzialgleichung hat als Lösung
$f(t) = 10e^{0{,}08t}$
Probe in $f'(t) = 0{,}08 \cdot f(t)$:
$(10 \cdot e^{0{,}08t})' = 0{,}08 \cdot 10e^{0{,}08t}$
$10 \cdot 0{,}08e^{0{,}08t} = 0{,}08 \cdot 10e^{0{,}08t}$ und es stimmt.
Somit ist
$f(20) = 10e^{0{,}08 \cdot 20}$
Der Rechner liefert:
$f(20) \approx 49{,}3$
Antwort: In 20 Jahren ist der Baum etwa **49,3** m groß.

*Wie ist es nun?*

Name: Klasse: Datum:

# Hochzahlen, die in den Himmel wachsen

Löse die Gleichungen:

a) $x^{x^{x^{\cdot^{\cdot^{\cdot}}}}} = 2$ b) $x^{x^{x^{\cdot^{\cdot^{\cdot}}}}} = 4$, wobei $x > 0$.

**Anmerkungen:**

1. $x^{x^x} = x^{(x^x)}$, $x^{x^{x^x}} = x^{(x^{(x^x)})}$, $x^{x^{x^{x^x}}} = x^{(x^{(x^{(x^x)})})}$ usw.

2. $x^{x^{x^{\cdot^{\cdot^{\cdot}}}}}$ enthält unendlich viele x und wird so definiert: $x^{x^{\cdot^{\cdot^{\cdot}}}} = \lim_{n\to\infty} \underbrace{x^{x^{\cdot^{\cdot^{\cdot^{x}}}}}}_{n \text{ mal } x}$

**Marens Lösung**

a) Aus $a = b$ folgt allgemein $x^a = x^b$.
Ich potenziere nun x mit beiden Seiten der Ausgangsgleichung.

$x^{x^{x^{x^{\cdot^{\cdot^{\cdot}}}}}} = x^2$

Laut Bedingung ist die linke Seite 2.

$2 = x^2$

Wegen $x > 0$ ist die einzige Lösung $x = \sqrt{2}$.

Also ist die Lösung der Gleichung $x = \sqrt{2}$.

b) Wie bei a) potenziere ich x mit beiden Seiten der Ausgangsgleichung.

$x^{x^{x^{x^{\cdot^{\cdot^{\cdot}}}}}} = x^4$

Laut Bedingung ist die linke Seite 4.

$4 = x^4$

$x = \sqrt[4]{4}$

Nebenrechnung: $\sqrt[4]{4} = \sqrt[4]{2^2} = \sqrt{2}$

Also $x = \sqrt{2}$.

Die Lösung der Gleichung ist $x = \sqrt{2}$.

**Marvins Bemerkung**

Aus

$x^{x^{x^{\cdot^{\cdot^{\cdot}}}}} = 2$ und $x^{x^{x^{\cdot^{\cdot^{\cdot}}}}} = 4$

folgt

$2 = 4$

*Wie ist es nun?*

Name: Klasse: Datum:

# Eine merkwürdige Dreiecksberechnung

Berechne die fehlende Seite und die fehlenden Winkel im Dreieck ABC mit a = 3 cm, c = 5 cm und $\beta = 54°$.
Runde auf eine Dezimale.

**Selinas Lösung**
Zunächst ermittle ich b mit dem Kosinussatz.
$b^2 = a^2 + c^2 - 2ac \cdot \cos(\beta)$
$b^2 = 3^2 + 5^2 - 2 \cdot 3 \cdot 5 \cdot \cos(54°)$
Der Rechner liefert b ≈ 4,0 cm.
Nun arbeite ich mit dem Sinussatz.

$\frac{a}{\sin(\alpha)} = \frac{b}{\sin(\beta)}$

Oder, umgestellt nach $\sin(\alpha)$:

$\sin(\alpha) = \frac{a \sin(\beta)}{b}$

$\sin(\alpha) = \frac{3 \cdot \sin(54°)}{4}$

Der Rechner liefert $\alpha \approx 37{,}4°$.
Aus der Winkelsumme folgt
$\gamma = 180° - (\alpha + \beta) = 180° - (37{,}4° + 54°) \approx 88{,}6°$
Antwort: b ≈ 4,0 cm, $\alpha \approx 37{,}4°$, $\gamma \approx 88{,}6°$.

**Patricks Lösung**
Ich arbeite mit dem Kosinussatz.
$b^2 = a^2 + c^2 - 2ac \cdot \cos(\beta)$
$b^2 = 3^2 + 5^2 - 2 \cdot 3 \cdot 5 \cdot \cos(54°)$
Der Rechner liefert b ≈ 4,0 cm.
Nun wende ich den Sinussatz an.

$\frac{c}{\sin(\gamma)} = \frac{b}{\sin(\beta)}$

Oder, umgestellt nach $\sin(\gamma)$:

$\sin(\gamma) = \frac{c \sin(\beta)}{b}$

$\sin(\gamma) = \frac{5 \cdot \sin(54°)}{4}$

Als ich $\gamma$ mit dem Rechner berechnen wollte, bekam ich aber eine Fehlermeldung und keinen Winkel.
Der Rechner irrt sich nicht.
Dies bedeutet: Es gibt kein Dreieck mit diesen Angaben.

*Wie ist es nun?*

# Integrierbarkeit

Es sei $f: [0, 1] \to \mathbb{R}$, $f(x) = \begin{cases} x^2, \text{ für } x \notin \left\{\frac{1}{2}, \frac{1}{3}, \frac{1}{4}, \dots \frac{1}{n}, \dots\right\} \\ n, \text{ für } x = \frac{1}{n} \text{ mit } n \in \mathbb{N}, n \geq 2 \end{cases}$

Untersuche, ob die Funktion f integrierbar ist und berechne gegebenenfalls das Integral $\int_0^1 f(x)dx$.

**Milenas Lösung**

Die Funktion f entstand, indem man die Parabel von $g(x) = x^2$ an den Stellen $\frac{1}{2}, \frac{1}{3}, \frac{1}{4}, \dots$ geändert hat.

*Beispiel*: $f\left(\frac{1}{2}\right) = 2$ und nicht $\left(\frac{1}{2}\right)^2 = \frac{1}{4}$.

*1. Schritt:* Es sei $0 < \varepsilon < 1$. Ich berechne $\int_\varepsilon^1 f(x)dx$.

Die Funktion f hat im Intervall $[\varepsilon, 1]$ *endlich* viele Abweichungen von $g(x) = x^2$.

*Beispiel*: für $\varepsilon = 0{,}08$ gilt $\frac{1}{n} < \varepsilon$ wenn $n > \frac{1}{\varepsilon} = \frac{1}{0{,}08} = 12{,}5$. f hat damit genau an 13 Stellen des Intervalls $[0{,}08\,,\, 1]$ Unterbrechungen, ist also an diesen Stellen nicht stetig.

Es gilt:

$$\int_\varepsilon^1 f(x)dx = \int_\varepsilon^1 g(x)dx$$

Begründung: Der Graph von f weicht an endlich vielen Stellen vom Graphen von g ab.

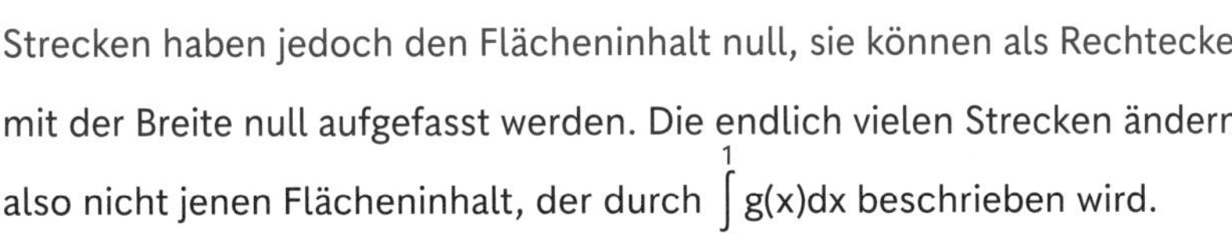

*Beispiel*: Bei $x = \frac{1}{2}$ ragt aus dem Graphen von g eine Strecke der Länge $\frac{7}{4}$ $\left(2 - \frac{1}{4}\right)$ heraus.

Strecken haben jedoch den Flächeninhalt null, sie können als Rechtecke mit der Breite null aufgefasst werden. Die endlich vielen Strecken ändern also nicht jenen Flächeninhalt, der durch $\int_\varepsilon^1 g(x)dx$ beschrieben wird.

$$\int_\varepsilon^1 g(x)dx = \int_\varepsilon^1 x^2dx = \left[\frac{x^3}{3}\right]_\varepsilon^1 = \frac{1}{3} - \frac{\varepsilon^3}{3}$$

Wegen $\int_\varepsilon^1 f(x)dx = \int_\varepsilon^1 g(x)dx$ gilt $\int_\varepsilon^1 f(x)dx = \frac{1}{3} - \frac{\varepsilon^3}{3}$.

*2. Schritt:* $\int_0^1 f(x)dx = \lim\limits_{\varepsilon \to 0} \int_\varepsilon^1 f(x)dx$

Ich untersuche den Grenzwert:

$$\lim_{\varepsilon \to 0} \int_\varepsilon^1 f(x)dx = \lim_{\varepsilon \to 0}\left(\frac{1}{3} - \frac{\varepsilon^3}{3}\right) = \frac{1}{3} - 0 = \frac{1}{3}$$

Daraus folgt:

Antwort: f ist **integrierbar** und $\int_0^1 f(x)dx = \frac{1}{3}$.

*Auf der nächsten Seite geht es weiter.*

Name: Klasse: Datum:

**Pascals Lösung**

Zunächst berechne ich das Integral näherungsweise mit Rechtecken. Dazu betrachte ich diese x-Werte:

$0, \frac{1}{n}, \frac{2}{n}, \dots, \frac{n-1}{n}, 1$

Damit habe ich das Intervall [0, 1] in n kleinere Intervalle mit jeweils der Länge $\frac{1}{n}$ zerlegt.
Nun definiere ich für die Höhen der Rechtecke:

$h_1 = f\left(\frac{1}{n^2}\right) = n^2$

und ansonsten

$h_2 = f\left(\frac{2}{n}\right) = \frac{2^2}{n^2}, h_3 = f\left(\frac{3}{n}\right) = \frac{3^2}{n^2}, \dots, h_n = f\left(\frac{n}{n}\right) = \frac{n^2}{n^2}$

So erhalte ich diese Summe von n Rechtecksflächen:
$S_n = A_{\text{Rechteck 1}} + A_{\text{Rechteck 2}} + A_{\text{Rechteck 3}} + \dots + A_{\text{Rechteck n}}$

Mit dem Ansatz Länge mal Breite folgt:

$S_n = n^2 \cdot \frac{1}{n} + \frac{2^2}{n^2} \cdot \frac{1}{n} + \frac{3^2}{n^2} \cdot \frac{1}{n} + \dots + \frac{n^2}{n^2} \cdot \frac{1}{n}$

$S_n = n + \frac{4}{n^3} + \frac{9}{n^3} + \dots + \frac{n^2}{n^3}$

Je größer n wird, umso besser wird der Näherungswert $S_n$ für das Integral.

Alle Rechtecke haben die Breite $\frac{1}{n}$ und $\frac{1}{n} \xrightarrow{n \to \infty} 0$.
Daraus folgt:
Der Grenzwert von $S_n$ ergibt das Integral. (1)

Da alle Summanden $\frac{4}{n^3}, \frac{9}{n^3}, \dots, \frac{n^2}{n^3}$ positiv sind, gilt:

$S_n = n + \frac{4}{n^3} + \frac{9}{n^3} + \dots + \frac{n^2}{n^3} > n$

Daraus ergibt sich:

$S_n > n \xrightarrow{n \to \infty} \infty$

Es folgt:
$\lim\limits_{n \to \infty} S_n = \infty$ (2)

Der Wert eines Integrals ist aber eine *endliche* Zahl. (3)
Aus (1), (2) und (3) folgt:
Antwort: Die Funktion f ist **nicht integrierbar**.

*Wie ist es nun?*

Name: Klasse: Datum:

## Rechtsstreit in der Antike

Der griechische Philosoph Protagoras bildete einen gewissen Euathlus in Rhetorik aus, da dieser Rechtsanwalt werden wollte. Sie vereinbarten:
Euathlus zahlt das Honorar erst dann, wenn er seinen ersten Prozess gewonnen hat.
Euathlus wählte jedoch nach seiner Ausbildung einen anderen Beruf und weigerte sich, an Protagoras das Honorar zu zahlen.
Protagoras überlegte sich, Euathlus wegen des Honorars zu verklagen.

*Protagoras argumentiert*:
Wenn ich den Prozess gewinne, muss Euathlus wegen des Gerichtsurteils zahlen.
Wenn ich aber den Prozess verliere, hat Euathlus einen Prozess gewonnen und muss daher wegen unserer Vereinbarung zahlen.
Er muss also so oder so **zahlen**.

*Euathlus argumentiert*:
Wenn ich den Prozess gewinne, muss ich wegen des Gerichtsurteils nichts zahlen.
Wenn ich aber den Prozess verliere, habe noch keinen Prozess gewonnen und muss daher wegen unserer Vereinbarung nichts zahlen.
Ich muss also so oder so **nichts zahlen**.

*Wie ist es nun?*



## Das Huhn und das Ei

Was war zuerst da, das Huhn oder das Ei?
Das Huhn kann es nicht gewesen sein, denn es hätte aus einem Ei schlüpfen müssen.
Das Ei kann es ebenfalls nicht gewesen sein, denn ein Huhn hätte es legen müssen.

*Wie ist es nun?*

## Wer lügt?

Epimenides, der Kreter aus der Antike sagt:
*Alle Kreter sind Lügner.*
Wie jeder Kreter, ist Epimenides damit selbst ein Lügner.
Seine Aussage „Alle Kreter sind Lügner." stimmt also nicht.
Dies bedeutet: *Alle Kreter sagen die Wahrheit.*

*Wie ist es nun?*

## Allmächtige Wesen

Ein allmächtiges Wesen kann alles, ohne Einschränkungen. Also auch Folgendes:
*Es kann eine Frage stellen, die es nicht beantworten kann.*
Dann ist es aber nicht allmächtig, weil es die Frage nicht beantworten kann.
Andererseits, wenn das allmächtige Wesen keinen solche Frage stellen kann, dann ist es ebenfalls nicht allmächtig.
So oder so, ein **allmächtiges** Wesen ist damit doch **nicht allmächtig**.

*Wie ist es nun?*

Furdek/Benkeser/Dragmann 2024 (9783589169542)

Name: Klasse: Datum:

## Achilles, die Schildkröte und eine Überraschung

Der schnelle Achilles tritt in einem Wettrennen gegen eine Schildkröte an. Er gibt der Schildkröte einen Vorsprung, bevor sie losrennen.
In einem *1. Schritt* muss Achilles diesen Vorsprung aufholen. In dieser Zeit gewinnt die Schildkröte einen neuen, wenn auch kleineren Vorsprung.
In einem *2. Schritt* muss Achilles den neuen Vorsprung aufholen. In dieser Zeit gewinnt die Schildkröte wiederum einen neuen Vorsprung.
In einem *3. Schritt* muss Achilles diesen Vorsprung aufholen. In dieser Zeit gewinnt aber die Schildkröte erneut einen neuen Vorsprung.
Dieser Gedankengang lässt sich beliebig fortsetzen.
Da die Schildkröte am Ende jedes Schrittes einen Vorsprung hat, kann Achilles sie nie einholen.
*Der geneigte Leser möge das Phänomen in den folgenden zwei Fällen zunächst allein untersuchen.*

a) Für den 1. Schritt braucht Achilles $\frac{1}{2}$ Minute, für den 2. Schritt $\frac{1}{4}$ Minute, für den 3. Schritt $\frac{1}{8}$ Minute, für den 4. Schritt $\frac{1}{16}$ Minute usw.

b) Für den 1. Schritt braucht Achilles $\frac{1}{8}$ Minute, für den 2. Schritt $\frac{1}{16}$ Minute, für den 3. Schritt $\frac{1}{24}$ Minute, für den 4. Schritt $\frac{1}{32}$ Minute usw.



## Prioritäten innerhalb einer Gruppe

Anna, Bea und Carla sind gute Freundinnen und verbringen viel Zeit miteinander. Kino, Theater und Wanderung sind für alle drei wichtig, haben jedoch einen anderen individuellen Stellenwert:

| Anna | Bea | Carla |
|---|---|---|
| 1. Kino<br>2. Theater<br>3. Wanderung | 1. Theater<br>2. Wanderung<br>3. Kino | 1. Wanderung<br>2. Kino<br>3. Theater |

Kino ist bei zwei von ihnen (Anna und Carla) wichtiger als Theater.
Theater ist bei zwei von ihnen (Anna und Bea) wichtiger als Wanderung.
In der Gruppe gibt es also jeweils eine Mehrheit dafür, dass Kino wichtiger ist als Theater *und* Theater wichtiger ist als Wanderung.
Daraus folgt: Innerhalb der Gruppe ist **Kino wichtiger als Wanderung**.
Der Tabelle kann man aber entnehmen, dass es gerade umgekehrt ist.
Tatsächlich, bei Bea und bei Carla ist **Wanderung wichtiger als Kino**.

*Wie ist es nun?*

## In der Todeszelle

Zwei von den drei Gefangenen *A*, *B* und *C* werden hingerichtet und einer kommt frei. Dies ist auch den Gefangenen bekannt, jedoch wissen sie nicht, wer von ihnen freikommen wird.
Gefangener *A* überlegt sich:
„Meine Chance freizukommen ist auf den ersten Blick $\frac{1}{3}$. Aber mal nachdenken. Wenn ich den Wärter darum bitte, mir den Namen eines zum Tode Verurteilten zu nennen (aber nicht meinen eigenen Namen!), dann bleiben nur noch zwei übrig, die in Frage kommen.
Meine Chance freizukommen, ist damit $\frac{1}{2}$."

*Wie ist es nun?*

Furdek/Benkeser/Dragmann 2024 (9783589169542)

Name: Klasse: Datum:

# Eine besondere Glühbirne

Man stelle sich folgende besondere Glühbirne vor:

Man schaltet die Glühbirne ein, die $\frac{1}{2}$ Minute lang brennt. Danach schaltet sich die Birne für $\frac{1}{4}$ Minute aus. Anschließend brennt die Birne $\frac{1}{8}$ Minuten lang und schaltet sich danach für $\frac{1}{16}$ Minuten aus.

Es geht nach dieser Regel weiter.
Das Phänomen dauert insgesamt genau eine Minute, denn

$\frac{1}{2} + \frac{1}{4} + \frac{1}{8} + \ldots = 1$

Wie ist es nach Ablauf der Minute:
Brennt die Birne oder nicht?

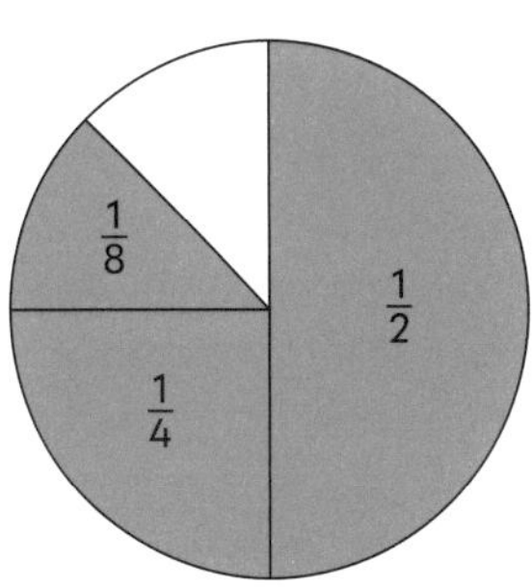


*Wir regen an, dass der Leser diese Frage zunächst allein beantwortet.*

# In der ewigen Spielbank

Ein Spiel besteht darin, so lange eine Münze zu werfen, bis Kopf fällt.
Wenn beim ersten Wurf Kopf fällt, erhält der Spieler 2 € ausbezahlt.
Wenn beim zweiten Wurf Kopf fällt, erhält der Spieler 4 € ausbezahlt.
Wenn beim dritten Wurf Kopf fällt, erhält der Spieler 8 € ausbezahlt.
Allgemein gilt:
Wenn beim n-ten Wurf Kopf fällt, erhält der Spieler $2^n$ € ausbezahlt.

$P(K) = \frac{1}{2}$

$P(ZK) = \frac{1}{2} \cdot \frac{1}{2} = \frac{1}{4}$

$P(ZZK) = \frac{1}{2} \cdot \frac{1}{2} \cdot \frac{1}{2} = \frac{1}{8}$

Allgemein gilt:

$P(\underbrace{ZZ \ldots Z}_{n-1 \text{ mal}} K) = \underbrace{\frac{1}{2} \cdot \frac{1}{2} \cdot \ldots \cdot \frac{1}{2}}_{n-1 \text{ mal}} \cdot \frac{1}{2} = \frac{1}{2^n}$

Man kann den Erwartungswert des Gewinns eines Spielers berechnen.

$E = \frac{1}{2} \cdot 2 + \frac{1}{4} \cdot 4 + \frac{1}{8} \cdot 8 + \ldots + \frac{1}{2^n} \cdot 2^n + \ldots = 1 + 1 + 1 + \ldots + 1 + \ldots$

Der Erwartungswert ist Unendlich.

*Deutung:* Damit das Spiel fair wird, bräuchte ein Spieler als Einsatz unendlich viel Geld.

*Wie ist es nun?*

Name: Klasse: Datum:

# Auf die Stirn geschrieben

Zwei Spielern *A* und *B* wird je eine natürliche Zahl auf die Stirn geschrieben. Es handelt sich dabei um zwei aufeinanderfolgende Zahlen.
Jeder Spieler sieht die Zahl auf der Stirn des anderen Spielers, die eigene Zahl ist ihnen aber nicht bekannt.
Jener Spieler, der die kleinere Zahl auf der Stirn hat, verliert und zahlt dem anderen Spieler so viele Euro, wie die Zahl auf seiner eigenen Stirn.
Beide Spieler besitzen ein Vetorecht. Wenn einem Spieler die Zahl auf der Stirn des anderen verdächtig erscheint, kann er sein Veto einlegen. Dann wird das Spiel wiederholt.

Spieler *A* überlegt sich:
Auf der Stirn des anderen Spielers sehe ich die Zahl k. Auf meiner Stirn muss daher k + 1 oder k – 1 stehen. Wenn ich gewinne, bekomme ich k Euro. Wenn ich verliere, muss ich nur k – 1 Euro zahlen. Der mögliche Gewinn ist größer als der mögliche Verlust. Daher lohnt es sich für mich nicht, ein Veto einzulegen.

Spieler *B* überlegt sich:
Auf der Stirn des anderen Spielers steht die Zahl n. Auf meiner Stirn muss daher n – 1 oder n + 1 stehen. Wenn ich verliere, muss ich n – 1 Euro zahlen. Wenn ich aber gewinne, erhalte ich n Euro. Da der mögliche Verlust kleiner ist als der mögliche Gewinn, lohnt es sich für mich nicht, ein Veto einzulegen.

*A* setzt kein Veto ein und gewinnt mehr von *B* als er *B* zahlen muss.
*B* setzt kein Veto ein und gewinnt mehr von *A* als er *A* zahlen muss.

*Wie ist es nun?*

# Zahlen mit Worten

Natürliche Zahlen kann man auch in Worten ausdrücken, ohne Ziffern zu verwenden.
Text 1: „zweitausendzweiundzwanzig“ beschreibt die Zahl 2022.
Text 2: „tausend hoch zwei plus dreizehn“ beschreibt die Zahl 1 000 013.
Text 3: „einstellige Primzahlen“ beschreibt die Zahlen 2, 3, 5 und 7.
Text 4: „durch zwei teilbare Zahlen“ beschreibt die geraden Zahlen.
Wir betrachten nun jene Texte, die weniger als 100 Buchstaben enthalten *und* die genau je eine natürliche Zahl ausdrücken.
Text 1 und Text 2 gehören zum Beispiel dazu, Text 3 und Text 4 nicht.
Es sei M die Menge aller natürlichen Zahlen, die auf diese Art definiert werden.
Da die Anzahl aller Texte mit weniger als 100 Buchstaben endlich ist, ist die Menge M ebenfalls endlich.
Welche ist die kleinste natürliche Zahl, die nicht in M liegt?
Auf Anhieb ist es schwer zu sagen. Fest steht aber:
*Die kleinste natürliche Zahl, die man durch einen Text mit weniger als hundert Buchstaben nicht beschreiben kann.*
Lesen wir noch einmal aufmerksam den obigen Satz durch! Er beschreibt eindeutig die gesuchte natürliche Zahl.
Der Satz besteht außerdem aus weniger als 100 Buchstaben.
Daraus folgt:
Die kleinste natürliche Zahl, die man mit weniger als 100 Buchstaben **nicht** beschreiben kann, **kann** man mit weniger als 100 Buchstaben beschreiben.

*Wie ist es nun?*

Name: Klasse: Datum:

## Tanz auf der Rasierklinge

In einem Dorf rasiert der Barbier genau jene Männer, die sich nicht selbst rasieren.
*Rasiert sich der Barbier selbst oder nicht?*
„In diesem Dorf rasiert der Barbier genau jene Männer, die sich nicht selbst rasieren." lässt sich auch so ausdrücken:
„In diesem Dorf rasiert der Barbier genau jene Männer nicht, die sich selbst rasieren."
Und nun zurück zur Frage, ob sich der Barbier selbst rasiert oder nicht.
Wenn die Antwort **„ja"** lautet, dann tut der Barbier ausgerechnet das, was er laut der zweiten Formulierung nicht tun dürfte.
Wenn die Antwort **„nein"** lautet, dann tut der Barbier ausgerechnet das nicht, was er laut der ersten Formulierung tun sollte.

*Wie ist es nun?*

## Alte Kamele

Ein Beduine hatte drei Söhne. Am Sterbebett trug er ihnen auf, seine 17 Kamele wie folgt unter ihnen aufzuteilen: Der älteste Sohn sollte die Hälfte, der zweite ein Drittel und der jüngste ein Neuntel der Kamele erhalten. Nach dem Tod des Vaters gelang es den Söhnen nicht, die Kamele nach dem Willen des Vaters aufzuteilen. Eines Tages kam ein weiser Derwisch auf einem Kamel geritten, hörte sich das Anliegen an und löste folgendermaßen das Problem:

„Zusammen mit meinem Kamel sind es 18 Kamele. Die Hälfte davon sind 9, ein Drittel davon sind 6 und ein Neuntel davon sind 2 Kamele. Somit wurden eure 17 Kamele gerecht verteilt, denn $9 + 6 + 2 = 17$ und ich kann euch mit meinem Kamel wieder verlassen."

Soweit die bekannte Geschichte.

Weniger bekannt ist folgendes Nachspiel: Ein Nachbar, der die ganzen Ereignisse aufmerksam verfolgt hatte, machte sich aber weiterhin Gedanken. Eines Tages rechnete er sogar wie folgt nach: „Die Hälfte von 17 ist $\frac{17}{2} = 8{,}5$. Natürlich weiß ich, dass es kein halbes Kamel gibt, aber streng genommen hätte der älteste Sohn so viel bekommen müssen. Stattdessen hat er 9 Kamele erhalten und 9 ist mehr als 8,5. Ein Drittel von 17 ist $\frac{17}{3} = 5{,}\overline{6}$. Streng genommen hätte der mittlere Sohn so viel bekommen müssen. Stattdessen hat er 6 Kamele erhalten und 6 ist mehr als $5{,}\overline{6}$. Ein Neuntel von 17 ist $\frac{17}{9} = 1{,}\overline{8}$. Streng genommen hätte der jüngste Sohn so viel bekommen müssen. Stattdessen hat er 2 Kamele erhalten und 2 ist mehr als $1{,}\overline{8}$.
Aber hallo! Dies bedeutet, dass jeder der Söhne mehr erhalten hat, als ihm zustand. Dies kann aber nicht sein! Und übrigens: Kamele kann man zwar nicht halbieren, man kann sie aber durchaus verkaufen und das Geld halbieren. Jetzt werde ich zu den Söhnen gehen, ihnen meine Rechnung zeigen und ein Kamel oder zumindest den Wert eines Kamels in Form von Geld verlangen.

*Wie ist es nun?*

Name: Klasse: Datum:

# Gerechtes Verteilen

**a) Einführung**
Zwei Brüder erhalten von ihrer Oma ein großes Paket zu Weihnachten. Auf einer Karte schrieb die Oma dazu: Verteilt die Geschenke gerecht untereinander!
Wie könnten sie dies tun?
*Hinweis*: Eine Verteilung ist gerecht, wenn alle Beteiligten das Gefühl der Gerechtigkeit haben.

*Lösung*: Die zwei Brüder seien *A* und *B*.
In einem *1. Schritt* bildet *A* aus allen Geschenken zwei Teile, ganz wie er will.
In einem *2. Schritt* sucht sich *B* einen dieser Teile aus, ganz wie er will.
Der übriggebliebene Teil gehört dann *A*.
*A* darf sich nicht beschweren, weil er die Geschenke so verteilte, wie er dies für richtig hielt. *B* darf sich ebenfalls nicht beschweren, da er als Erster seinen Teil auswählen konnte.
Daher ist diese Verteilung gerecht.

**b) Die eigentliche Fragestellung**
Drei Räuber *A*, *B*, und *C* verteilen untereinander eine große Beute. Wie könnten sie dies gerecht gestalten?
*Hinweis*: Eine Verteilung ist gerecht, wenn alle Beteiligten das Gefühl der Gerechtigkeit haben.

*1. Lösungsansatz*
In einem *1. Schritt* bildet *A* aus der Beute drei Teile, ganz wie er will.
In einem *2. Schritt* sucht sich *B* einen dieser Teile aus, ganz wie er will.
In einem *3. Schritt* sucht sich *C* einen der restlichen zwei Teile aus, ganz wie er will.
Der übriggebliebene Teil gehört dann *A*.
*Analyse des Verfahrens*
Es könnte zu einer gerechten Verteilung führen (s. in folgender Abb. links). Es könnte aber auch sein, dass sie ungerecht wird. In der folgenden rechten Abbildung bildet *A* einen sehr großen Teil und zwei winzig kleine Teile. *B* sucht sich den großen Teil aus, *C* und *A* erhalten je einen winzigen Teil. Danach folgt noch ein Nachspiel, und zwar *A* und *B* verteilen untereinander den großen Teil. *C* geht dadurch praktisch leer aus. Eine Absprache zwischen *A* und *B* würde so zu einer ungerechten Verteilung führen. Bei einer korrekten Verteilung darf so etwas nicht passieren. Absprachen sollen zwar weiterhin möglich sein, aber sie dürfen nicht zur Folge haben, dass jemand zwangsläufig benachteiligt wird.

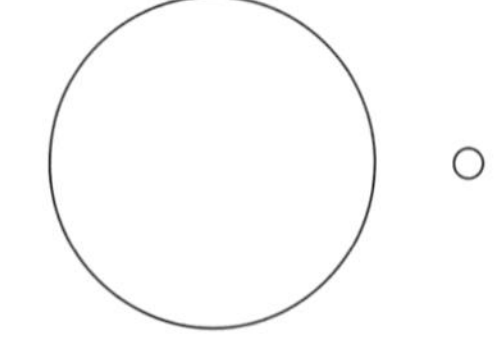

Der 1. Lösungsansatz wird nun verbessert.

*2. Lösungsansatz*
In einem *1. Schritt* bildet *A* aus der Beute drei Teile, ganz wie er will.
In einem *2. Schritt* sucht sich *B* einen dieser Teile aus, ganz wie er will.
In einem *3. Schritt* sucht sich *C* einen der restlichen zwei Teile aus, ganz wie er will.
Jetzt (dies ist **neu**) wird *C* gefragt, ob er zufrieden ist oder nicht.
Wenn *C* **zufrieden** ist: Der übriggebliebene Teil gehört *A*. Damit ist die Verteilung zu Ende.
Wenn *C* **unzufrieden** ist: *B* und *C* legen ihre zwei Teile zusammen und verteilen sie untereinander nach dem Schema mit den zwei Brüdern: Zunächst bildet *B* zwei Teile und danach sucht sich *C* einen davon aus (siehe Einführung).
*Anmerkung*: Die zur vorherigen rechten Abbildung gehörende Absprache würde jetzt dazu führen, dass *B* und *C* den großen Teil untereinander verteilen und damit *A* praktisch leer ausgeht.
**Frage an den Leser:** Ist der 2. Lösungsansatz korrekt, führt er also stets zu einer gerechten Verteilung?

Name: Klasse: Datum:

## Winkelsumme im Dreieck

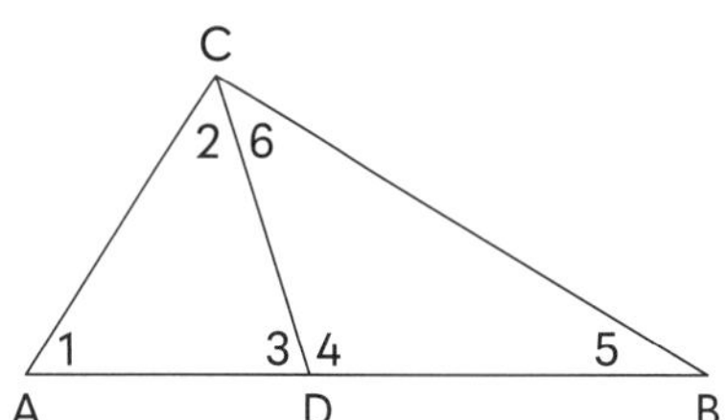


Die Winkelsumme in einem Dreieck sei x.
Man betrachtet ein beliebiges Dreieck ABC und irgendeinen Punkt D auf der Seite AB.
Im Dreieck ACD gilt:
$\sphericalangle 1 + \sphericalangle 2 + \sphericalangle 3 = x$ I.
Im Dreieck DBC gilt:
$\sphericalangle 4 + \sphericalangle 5 + \sphericalangle 6 = x$ II.
Aus I. + II. folgt:
$\sphericalangle 1 + \sphericalangle 2 + \sphericalangle 3 + \sphericalangle 4 + \sphericalangle 5 + \sphericalangle 6 = 2x$ III.
Außerdem gilt auch:
$\sphericalangle 3 + \sphericalangle 4 = 180°$ IV.
IV. eingesetzt in III. bekommt man:
$\sphericalangle 1 + \sphericalangle 2 + 180° + \sphericalangle 5 + \sphericalangle 6 = 2x$
Oder, in anderer Reihenfolge geschrieben:
$\sphericalangle 1 + \sphericalangle 2 + \sphericalangle 6 + \sphericalangle 5 + 180° = 2x$ V.
Im Dreieck ABC gilt:
$\sphericalangle 1 + \sphericalangle 2 + \sphericalangle 6 + \sphericalangle 5 = x$ VI.
VI. in V. ergibt:
$x + 180° = 2x \quad | - x$
$180° = x$
Damit wurde bewiesen:
Die Winkelsumme in einem Dreieck beträgt 180°.

*Wie ist es nun?*

## Der Satz des Pythagoras

Wir beweisen den Satz des Pythagoras.

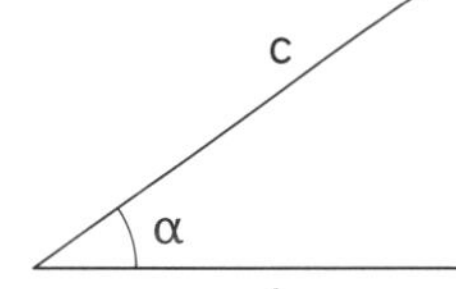


$\sin(\alpha) = \frac{a}{c} \quad | \cdot c$

$a = c \cdot \sin(\alpha)$ (1)

$\cos(\alpha) = \frac{b}{c} \quad | \cdot c$

$b = c \cdot \cos(\alpha)$ (2)

Wir berechnen nun $a^2 + b^2$ mithilfe von (1) und (2).

$a^2 + b^2 = (c \cdot \sin(\alpha))^2 + (c \cdot \cos(\alpha))^2 = c^2 \cdot \sin^2(\alpha) + c^2 \cdot \cos^2(\alpha)$

$a^2 + b^2 = c^2 \cdot (\sin^2(\alpha) + \cos^2(\alpha)) = c^2 \cdot 1 = c^2$

Also $a^2 + b^2 = c^2$ und damit ist der Beweis zu Ende.

*Wie ist es nun?*

Name: Klasse: Datum:

# Das Bertrand-Paradoxon

Einem Kreis ist ein gleichseitiges Dreieck einbeschrieben. Man wählt zufällig eine Kreissehne aus. Wie groß ist die Wahrscheinlichkeit, dass diese Sehne länger ist als die Dreiecksseite?

**Erster Ansatz**: Wir wählen zufällig einen Punkt im Inneren des Kreises aus. Dieser Punkt bestimmt eindeutig eine Sehne, deren Mittelpunkt er ist (linke Abbildung). Die Sehne wird genau dann länger als die Dreiecksseite, wenn der Punkt im Inneren des Inkreises des Dreiecks liegt. Der Radius des Inkreises ist die Hälfte des Radius des Umkreises. Daher ist der Flächeninhalt des Inkreises ein Viertel des Flächeninhalts des Umkreises.

Die Wahrscheinlichkeit beträgt $\frac{1}{4}$.

**Zweiter Ansatz**: Der eine Endpunkt der Sehne sei ein Eckpunkt des Dreiecks, den anderen Endpunkt wählen wir zufällig (mittlere Abbildung). Die Sehne wird genau dann länger als die Dreiecksseite, wenn der andere Endpunkt sich auf dem unteren Kreisbogen befindet. Die drei Kreisbögen sind gleich lang. Die Wahrscheinlichkeit ist $\frac{1}{3}$.

**Dritter Ansatz**: Wir wählen zufällig einen Punkt auf einem Radius aus und betrachten jene Sehne, die in diesem Punkt senkrecht zum Radius steht (rechte Abbildung). Die Sehne wird genau dann länger als die Dreiecksseite, wenn der ausgewählte Punkt näher am Mittelpunkt des Kreises als an der Kreislinie liegt. Eine Dreiecksseite halbiert den Radius.
Die Wahrscheinlichkeit beträgt $\frac{1}{2}$.

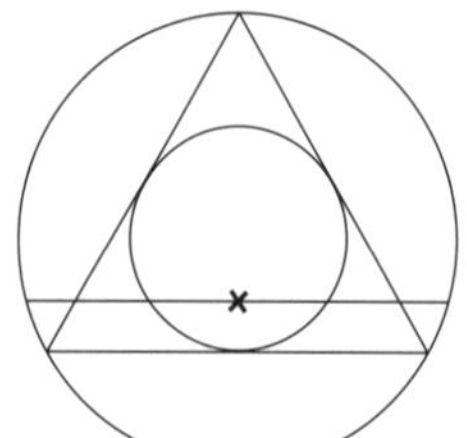
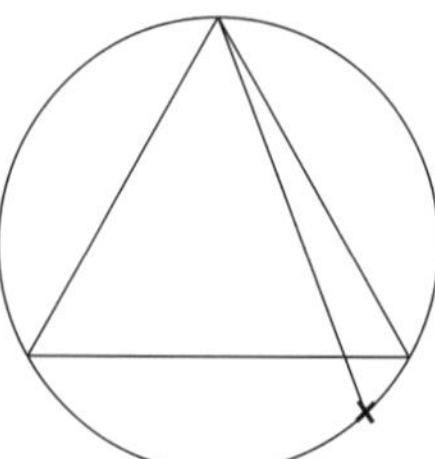
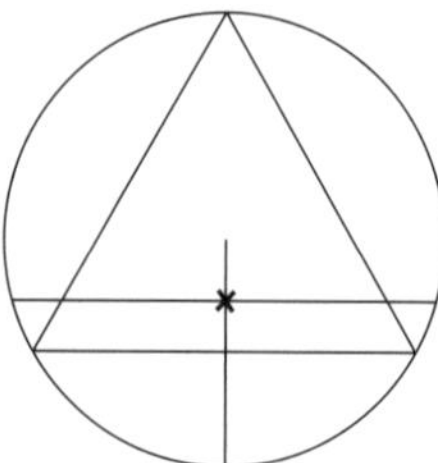

*Wie ist es nun?*

# Mit schlechten Karten immer mehr gewinnen

Zwei Spieler *A* und *B* spielen ein Spiel, das stets aus einer geraden Anzahl von Spielrunden besteht. Um das Spiel zu gewinnen muss ein Spieler mehr als die Hälfte der Spielrunden gewinnen.
Spieler *A* gewinnt eine Runde mit der Wahrscheinlichkeit von 0,48 und Spieler *B* gewinnt eine Runde mit der Wahrscheinlichkeit 0,52.
Spieler *A* darf vorher entscheiden, wie viele Spielrunden gespielt werden.
*Die Frage*: Für wie viele Spielrunden sollte sich Spieler *A* entscheiden?
Die *Antwort* ist naheliegend: Spieler A sollte sich für so wenige Spielrunden entscheiden wie möglich, denn seine Chancen sind schlechter als die Chancen seines Gegners.
Wir untersuchen nun mehrere Fälle.

- Wenn sie *zwei* Runden spielen: *A* gewinnt mit der Wahrscheinlichkeit $0{,}48 \cdot 0{,}48 \approx \mathbf{0{,}23}$.
- Wenn sie *vier* Runden spielen: Die Gewinnpfade für *A* sind GGGG, GGGV, GGVG, GVGG, VGGG (G = Gewinn, V = Verlust). Damit gilt: $P(A \text{ gewinnt}) = 0{,}48^4 + 4 \cdot 0{,}48^3 \cdot 0{,}52 \approx \mathbf{0{,}28}$
- Wenn sie *sechs* Runden spielen: Es liegt eine Binomialverteilung mit n = 6 und p = 0,48 vor.
  X: Die Anzahl der von *A* gewonnenen Spiele.
  $P(A \text{ gewinnt}) = P(X \geq 4) = 1 - P(X \leq 3) \approx 1 - 0{,}69 \approx \mathbf{0{,}31}$

Wir stellen fest: Obwohl *A* die schlechteren Karten hat, werden seine Gewinnchancen umso höher, je länger er spielt.

*Wie ist es nun?*

Name: Klasse: Datum:

# $\sqrt{2}$ ist rational!

*Beweis 1*:

$\sqrt{2} = \frac{\sqrt{2}}{1}$ und damit ist $\sqrt{2}$ rational, denn $\sqrt{2}$ lässt sich als Bruch schreiben.
Genauso wie durch $5 = \frac{5}{1}$ die ganze Zahl 5 auch eine rationale Zahl ist.

*Beweis 2:*

$$
\begin{aligned}
\sqrt{2} &= 1{,}4142\ldots \\
&= 1 \\
&+ 0{,}4 \\
&+ 0{,}01 \\
&+ 0{,}004 \\
&+ 0{,}0002
\end{aligned}
$$

---

$1 = \frac{1}{1}$, $0{,}4 = \frac{4}{10}$, $0{,}01 = \frac{1}{100}$, $0{,}004 = \frac{4}{1000}$, $0{,}0002 = \frac{2}{10\,000}$, ... sind allesamt rationale Zahlen.

$\sqrt{2}$ ist somit eine Summe von rationalen Zahlen und die Summe von rationalen Zahlen ist rational.

*Wie ist es nun?*

# $\sqrt{4}$ ist irrational!

Nehmen wir an, dass $\sqrt{4}$ eine rationale Zahl sei. Dann gäbe es zwei natürliche Zahlen p und q sodass:

$\sqrt{4} = \frac{p}{q}$ $\quad | \cdot q$

$q\sqrt{4} = p$ $\quad |\ ^2$

$4q^2 = p^2$ (1)

Die linke Seite $4q^2$ ist ein Vielfaches von 4. Daraus folgt, dass die rechte Seite $p^2$ auch ein Vielfaches von 4 ist. Daher ist p ebenfalls ein Vielfaches von 4:

$p = 4p_1$ mit $p_1 \in \mathbb{N}$ (2)

Mit (2) in (1) folgt:

$4q^2 = 16{p_1}^2$ $\quad | : 4$

$q^2 = 4{p_1}^2$ (3)

Die rechte Seite $4{p_1}^2$ ist ein Vielfaches von 4. Daraus folgt, dass die linke Seite $q^2$ auch ein Vielfaches von 4 ist. Daher ist q ebenfalls ein Vielfaches von 4:

$q = 4q_1$ mit $q_1 \in \mathbb{N}$ (4)

Mit (4) in (3) folgt:

$16{q_1}^2 = 4{p_1}^2$ $\quad | : 4$

$4{q_1}^2 = {p_1}^2$ (5)

Wie oben folgt: $p_1 = 4p_2$ mit $p_2 \in \mathbb{N}$ (6)

Diesen Gedankengang kann man beliebig oft, bis ins Unendliche fortsetzen. Daraus folgt:

$p = 4p_1 = 4 \cdot 4p_2 = 4 \cdot 4 \cdot 4p_3 = 4 \cdot 4 \cdot 4 \cdot 4p_4 = \ldots$ (7)

Laut (7) wäre die natürliche Zahl p *beliebig oft* durch 4 teilbar, Widerspruch.
Es folgt, dass die ursprüngliche Annahme, wonach $\sqrt{4}$ rational sei, nicht stimmt.
Damit ist bewiesen, dass $\sqrt{4}$ irrational sein muss.

*Wie ist es nun?*

Name: Klasse: Datum:

# Alle Politiker

Man kann mit Induktion beweisen, dass alle Politiker derselben Partei angehören.
Dazu betrachten wir folgende Aussage:
A(n): „n beliebige Politiker gehören derselben Partei an."
Induktionsanfang: n = 1
A(1): „Ein Politiker gehört derselben Partei an."
Diese Aussage ist offensichtlich wahr.
Induktionsschritt: $A(n) \Rightarrow A(n + 1)$
A(n + 1): „(n + 1) beliebige Politiker gehören derselben Partei an."
Wir betrachten (n + 1) beliebige Politiker: $P_1, P_2, ..., P_n, P_{n+1}$.
Es gibt mehrere Möglichkeiten, aus diesen (n + 1) Politikern genau n auszuwählen.

*Eine Möglichkeit*
Die n Politiker $P_1, P_2, ..., P_n$ gehören laut A(n) derselben Partei an.
Unklar ist noch lediglich die Parteizugehörigkeit des Politikers $P_{n+1}$.

( $P_1$ $P_2$ ... $P_n$ ) $P_{n+1}$

*Eine andere Möglichkeit*
Die n Politiker $P_2, ..., P_n, P_{n+1}$ gehören laut A(n) ebenfalls derselben Partei an. Damit hat sich die Parteizugehörigkeit des Politikers $P_{n+1}$ geklärt, denn er muss derselben Partei angehören, wie die anderen Politiker $P_2, ..., P_n$.

$P_1$ ( $P_2$ ... $P_n$ $P_{n+1}$ )

Damit ist der Beweis zu Ende.
Man hat also mithilfe der vollständigen Induktion folgende Aussage bewiesen:
A(n): „n beliebige Politiker gehören derselben Partei an".
Setzt man nun statt n die Anzahl der zurzeit lebenden Politiker ein, so erhält man:
Alle Politiker gehören derselben Partei an.

*Wie ist es nun?*

# $3^{n-1} = 1$

Wir beweisen, dass $3^{n-1} = 1$ für jede natürliche Zahl n ist.
Es sei A(n): $3^{n-1} = 1$
Induktionsanfang
A(1): $3^{1-1} = 1$ also $3^0 = 1$ und es stimmt.
Induktionsschritt
Wir arbeiten mit dieser Variante des Induktionsschrittes: Aus A(n – 1) und A(n) folgt A(n + 1).
A(n – 1): $3^{(n-1)-1} = 1$
A(n): $3^{n-1} = 1$
A(n + 1): $3^{(n+1)-1} = 1$
Beweis von A(n + 1) mithilfe von A(n – 1) und A(n)

$$3^{(n+1)-1} = \frac{3^{n-1} \cdot 3^{n-1}}{3^{(n-1)-1}} = \frac{1 \cdot 1}{1} = 1$$

Damit ist bewiesen: $3^{n-1} = 1$ für jedes n.

*Wie ist es nun?*

Name: Klasse: Datum:

# Ins Unendliche reichender Graph

Es sei $f(x) = \frac{1}{x}$ mit $x \geq 1$.

**Ins Unendliche reichende Fläche**

Es sei $u > 1$.

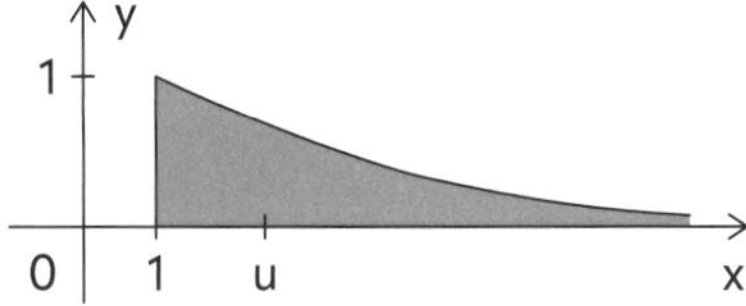


$A(u) = \int_1^u \frac{1}{x}\,dx = [\ln(x)]_1^u$

$A(u) = \ln(u) - \ln(1) = \ln(u)$

$A(u) = \ln(u) \xrightarrow{u \to \infty} \infty$

Die Fläche hat keinen endlichen Inhalt.

**Ins Unendliche reichender Drehkörper**

Es sei $u > 1$.

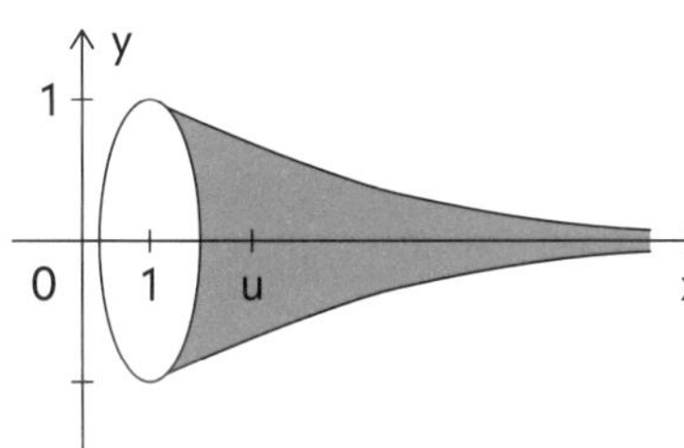


$V(u) = \pi \cdot \int_1^u [f(x)]^2\,dx = \pi \cdot \int_1^u \frac{1}{x^2}dx$

$V(u) = \pi \cdot \left[-\frac{1}{x}\right]_1^u = \pi \cdot \left[1 - \frac{1}{u}\right]$

$V(u) = \pi \cdot \left[1 - \frac{1}{u}\right] \xrightarrow{u \to \infty} \pi \cdot (1 - 0) = \pi$

Der zugehörige Drehkörper hat einen endlichen Rauminhalt.

Zusammengefasst:

**Derselbe Graph** *führt zu einem* **unendlich** großen **Flächeninhalt** und zu einem **endlichen Rauminhalt**.

*Wie ist es nun?*

# Komplexe Zahlen

Im Folgenden bezeichnet i die imaginäre Einheit.

$i = \sqrt{-1}$

und

$i^2 = -1$

Es gilt:

$1 = \sqrt{1} = \sqrt{(-1) \cdot (-1)} = \sqrt{-1} \cdot \sqrt{-1} = i \cdot i = i^2 = -1$

Also $1 = -1$.

*Wie ist es nun?*

Name: Klasse: Datum:

## Harmlose Wörter und gefährliche Wörter

Ein Wort heißt *harmlos*, wenn es selbst nicht das Merkmal besitzt, das es bezeichnet.
*Beispiele*: „ungarisch" ist harmlos, weil es kein ungarisches Wort ist. „lang" ist ebenfalls harmlos, weil es kein langes Wort ist.
Ein Wort heißt *gefährlich*, wenn es selbst das Merkmal besitzt, das es bezeichnet.
*Beispiele*: „deutsch" ist gefährlich, weil es ein deutsches Wort ist. „kurz" ist ebenfalls gefährlich, weil es ein kurzes Wort ist.
Wie ist nun das Wort „harmlos": harmlos oder gefährlich?
Wenn es *harmlos* wäre, dann dürfte es nicht das Merkmal besitzen, das es bezeichnet. Dies tut es aber.
Widerspruch.
Wenn es *gefährlich* wäre, dann müsste es das Merkmal besitzen, das es bezeichnet. Dies tut es aber nicht.
Widerspruch.

*Wie ist es nun?*

## Kommentarlos in den Raum gestellt

Alle, die in eine Stadt hineinwollen, werden zunächst nach den Gründen ihrer Reise gefragt.
Jene, die die Wahrheit sagen, dürfen passieren. Diejenigen, die lügen, werden gehängt.
Was soll mit dem Reisenden geschehen, der nach seinen Gründen gefragt erwidert:
„Ich bin gekommen, um gehängt zu werden."?

Auf eine Säule wurde geklebt: Bitte nicht bekleben!

Für jede Regel gibt es eine Ausnahme.
Dieser Spruch stellt selbst eine Regel dar.
Es muss also auch für diese Regel eine Ausnahme geben.
Es gibt damit eine Regel, für die es keine Ausnahme gibt.

Sei spontan!

Jeder Mensch hat zwei Eltern, vier Großeltern.
Vor einer Generation lebten zweimal so viele Menschen wie heute.
Vor zwei Generationen lebten viermal so viele Menschen wie heute.

Der Arzt sagt zu einem Patienten: „Sie haben eine sehr schwere Krankheit. Von zehn Erkrankten sterben neun daran. Sie haben aber großes Glück. Denn bis jetzt hatte ich neun Patienten mit dieser Diagnose und alle neun sind daran gestorben."

„Wie klug muss man sein, um dumm zu sein?
Die anderen sagten ihr, sie sei dumm. Also machte sie
sich selbst dumm, um nicht sehen zu müssen, wie dumm
die anderen waren zu glauben, sie sei dumm,
weil es schlecht wäre zu glauben, die anderen seien dumm.
Sie zog es vor dumm und gut
anstatt schlecht und klug zu sein."
(Ronald. D. Laing)

Dieser Satz ist nicht der letzte Satz dieses Kapitels.

# 3

# Erläuterungen zu Kapitel 2

Was erwartet Sie in diesem Kapitel?

In Kapitel 3 werden die Widersprüche aus Kapitel 2 erklärt und die Denkfehler aufgelöst. Die Autoren legen Wert darauf, dies nicht kurz und knapp, sondern ausführlich zu tun. Sie beschränken sich nicht nur darauf, den Denkfehler zu benennen. Die Leserinnen und Leser erfahren auch, wie man allein Einiges hätte entdecken können. Oft werden zudem Lehren gezogen, die über die gestellte Aufgabe hinausweisen. Ferner werden den Leserinnen und Lesern an einigen Stellen weitere, neue Lösungswege angeboten.
Diese Erläuterungen dienen auch als Vorlage für Lehrerinnen und Lehrer, die einen Widerspruch mit der Klasse besprechen möchten. Sie sind aber auch dazu geeignet, an interessierte Schülerinnen und Schüler ausgeteilt zu werden.
Bei den Paradoxien handelt es sich um nicht auflösbare Widersprüche. Obwohl man diese „klassisch" nicht erklären kann, führen die Erläuterungen trotzdem zum besseren Verständnis und ermöglichen einen Blick über den Tellerrand hinaus.

## 3.1 Anteil, Prozentrechnung

**Wertverlust eines Autos**
Die Anteile $\frac{1}{4}$, $\frac{1}{6}$ und $\frac{1}{8}$ beziehen sich auf den Neupreis des Autos.
In **Dirks Lösung** beziehen sich die Anteile aber nicht auf den Neupreis, sondern auf den jeweiligen Wert des Autos nach einer gewissen Zeit. Man kann daher nicht „rückwärts rechnen". Dies ist Dirks Denkfehler.
*Anmerkung:* Wenn sich die Anteile $\frac{1}{4}$, $\frac{1}{6}$, $\frac{1}{8}$ nicht auf den Neupreis, sondern auf den jeweiligen Wert des Autos beziehen würden, dann wäre Dirks Gedankengang richtig.

**Anettes Lösung** ist korrekt.
*Anmerkung:* Man kann Anettes Ergebnis durch eine direkte Probe prüfen. $\frac{1}{4}$ von 33.600 ist 8.400, $\frac{1}{6}$ von 33.600 ist 5.600, $\frac{1}{8}$ von 33.600 ist 4.200 und 33.600 – (8.400 + 5.600 + 4.200) = 15.400.

*Beachte:* Wenn man die Angaben einer Aufgabe falsch deutet, löst man eine andere Aufgabe. Eine Probe ist auch dann sinnvoll, wenn sie nicht verlangt wird.

**Klassensprecherwahl**
In **Brunos Lösung** hat man die absoluten Größen 13 und 16 verglichen. Da aber die zwei Klassenstärken unterschiedlich sind (20 bzw. 25), ist Brunos Folgerung ein Trugschluss.
*Anmerkung:* Bei gleichen Klassenstärken wäre der Vergleich korrekt gewesen.

**Alinas Lösung** ist richtig, hat aber den Schönheitsfehler, dass das Ergebnis 16,25 keine ganze Zahl ist. Streng genommen müsste die Anzahl der Stimmen eine ganze Zahl sein.
Wir zeigen noch einen **3. Lösungsweg:**
Wer einen größeren Anteil der Stimmen erhielt, schnitt besser ab.
Annas Stimmenanteil ist $\frac{13}{20} = \frac{13 \cdot 5}{20 \cdot 5} = \frac{65}{100} = 65\,\%$
Der Stimmenanteil von Marius ist $\frac{16}{25} = \frac{16 \cdot 4}{25 \cdot 4} = \frac{64}{100} = 64\,\%$
Ein Vergleich zeigt: 65 % > 64 %.
Anna hat also etwas besser abgeschnitten.
*Ein nichtmathematisches Beispiel:* Fünf Flaschen sind überall fünf Flaschen. Nur: Fünf Flaschen im Keller sind wenig. Fünf Flaschen in der Regierung sind aber viel.

**Mädchen und Jungen**
Betrachten wir eine Klasse mit der Klassenstärke 30. Es gilt: 60 % von 30 ist 18.
Die Klasse besteht also aus 18 Mädchen und 12 Jungen. Da 50 % der Mädchen auswärts wohnen, wohnen 9 Mädchen auswärts und 9 am Schulort. 40 % von 30 ist 12, also wohnen 12 Kinder am Schulort. Genauer: 9 Mädchen und 3 Jungen. Von den insgesamt 12 Jungen wohnen also 3 am Schulort und 9 auswärts. Wir berechnen den Anteil der Jungen, die auswärts wohnen:
$\frac{9}{12} = \frac{3}{4} = \frac{75}{100} = 75\,\%$ ist richtig.

**Lolas Lösung:** Die 9 Mädchen, die am Schulort wohnen, stellen 30 % von 30 dar. 40 % von 30 ist 12, so viele Kinder wohnen am Schulort. Davon sind 3 Jungs. 3 ist 10 % von 30. Trotzdem ist die Folgerung „40 % – 30 % = 10 % der Jungen wohnen am Schulort" falsch. Denn 3 ist 25 % von 12. Das „Ganze" ist hier 12 und *nicht* 30.

**Emils Lösung:** 9 ist 30 % von 30, so viele Mädchen wohnen auswärts. Insgesamt wohnen 60 % aller Kinder, 18 Kinder auswärts: 9 Mädchen und 9 Jungen. Trotzdem ist die Folgerung „60 % – 30 % = 30 % der Jungen wohnen auswärts" falsch. Denn 9 ist 75 % von 12. Das „Ganze" ist hier 12 und *nicht* 30.

*Anmerkungen:*
Die Aufgabe kann auch ohne Zahlenbeispiel gelöst werden. 40 % der Kinder wohnen am Schulort. 40 % - 30 % = 10 % der Kinder sind Jungen, die am Schulort wohnen. Da 40 % der Kinder Jungen sind, wohnen

$\frac{10\ \%}{40\ \%} = \frac{1}{4} = \frac{25}{100} = 25\ \%$

der Jungen am Schulort. Somit wohnen 100 % - 25 % = 75 % der Jungen auswärts.
Bei der Fragestellung „Wie viel Prozent machen die auswärts wohnenden Jungen in der Klasse aus?“ wäre 30 % richtig gewesen.

*Beachte:* Ein passendes Zahlenbeispiel schafft häufig Klarheit.
Prozentsätze kann man nur bei gleichem Grundwert vergleichen.

**Fahrkarten**
**Claires Lösung** ist korrekt.
**Lasse** ermittelte korrekt, dass 10 Einzelkarten um 25 % teurer sind als die Zehnerkarte. Seine Folgerung „Die Zehnerkarte ist um 25 % billiger als 10 Einzelkarten.“ ist aber ein Trugschluss. Denn „Um wie viel Prozent ist die Zehnerkarte billiger als 10 Einzelkarten?“ ist *nicht* dasselbe wie „Um wie viel Prozent sind 10 Einzelkarten teurer als die Zehnerkarte?“
Genauer: „8 ist um 2 kleiner als 10“ ist dasselbe wie „10 ist um 2 größer als 8“.
Man darf dies aber nicht auf die Prozentsätze übertragen. Denn
„2 aus 10“ bedeutet $\frac{2}{10} = \frac{1}{5} = 20\ \%$ aber „2 aus 8“ bedeutet $\frac{2}{8} = \frac{1}{4} = 25\ \%$

Zusammengefasst:

$8\ € \underset{20\ \%\ \text{weniger}}{\overset{25\ \%\ \text{mehr}}{\rightleftarrows}} 10\ €$

*Beachte:* Bei Größe *A* $\underset{q\ \%\ \text{weniger}}{\overset{p\ \%\ \text{mehr}}{\rightleftarrows}}$ Größe *B* sind die zwei Prozentsätze p und q ungleich.

**Trauben und Rosinen**
Wir veranschaulichen das Phänomen. Die hell schraffierten Bereiche stellen Wasser, die dunkel schraffierten Bereiche Trockenmasse dar. Die weißen Bereiche stehen für das verdunstete Wasser. Die linke Abbildung zeigt die Trauben mit 90 % Wassergehalt, die rechte Abbildung mit 50 % Wassergehalt.
In beiden Abbildungen entspricht ein Kästchen einem kg.

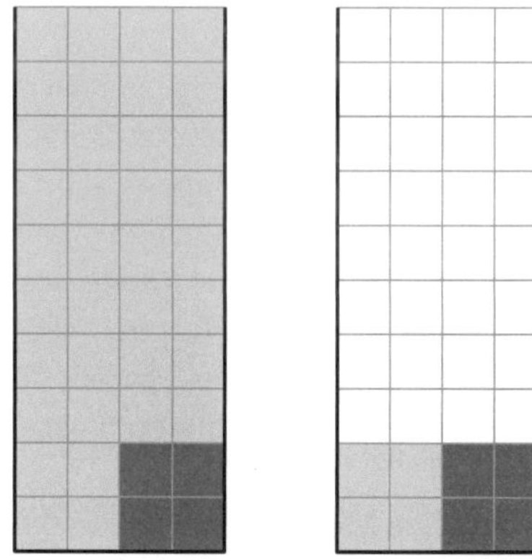

**Pablos Lösung** ist *falsch*. 90 % beziehen sich auf 40 kg – siehe die hell schraffierten Bereiche aus der linken Abbildung. Die 50 % beziehen sich aber nur auf die gefärbten Bereiche der rechten Abbildung – die weißen Bereiche zählen nicht dazu!
Da bei 90 % und 50 % die zwei Grundwerte unterschiedlich sind, darf man die Differenz 90 % – 50 % nicht bilden. Dies war Pablos Denkfehler.

**Isabels Lösung** ist richtig. Am Anfang waren es 90 % Wasser und 10 % Trockenmasse. 10 % von 40 kg sind 4 kg – die 4 dunklen Kästchen in der linken Abbildung. Die 36 hellen Kästchen veranschaulichen den Wassergehalt von 90 %. Später waren es nur 50 %. Dies bedeutet die Hälfte – also 4 helle Kästchen in der rechten Abbildung. Man kann nachzählen:
40 – (4 + 4) = 32 kg Wasser ist verdunstet. So viele weiße Kästchen gibt es in der rechten Abbildung.

*Beachte:* Bei unterschiedlichen Grundwerten darf man Prozentsätze nicht vergleichen.

**Wie viele Autos kommen auf 1000 Einwohner?**
**Bernds Lösung** hat folgenden Denkfehler: Die Anzahl der Autos ist nicht zur Jahreszahl proportional, sondern zur Anzahl der vergangenen Jahre in dem jeweiligen Zeitraum.

*Anmerkung:* Man hätte sofort merken können, dass 36 falsch sein muss. Es kann doch nicht sein, dass in 56 Jahren (2016 – 1960) der Anteil des Autos von 35 lediglich um ein einziges Auto auf 36 gestiegen ist.

**Paulines Lösung** ist nur leicht fehlerhaft. Die 35 Autos hat Pauline nicht berücksichtigt. Durch 35 + 112 = 147 kann man daher ihre Lösung vervollständigen. Damit wird auch Robins Ergebnis bestätigt.

In **Robins Lösung** rechnet man zwar teils anders, aber Gedankengang und Ergebnis sind korrekt.

**Geschirr geht zu Bruch**
Um Klarheit zu schaffen, greifen wir auf den Aufgabentext zurück. Die 1000 intakten Teller müssen am Ende der Produktion vorhanden sein, nicht vorher. Die 20 % Verlust erfolgen während der Produktion, nicht nachher. Wir können nun beide Ergebnisse anders prüfen.

1200 Stück $\xrightarrow{20\,\%\text{ weniger}}$ 960 Stück ist *falsch*, weil nicht 1000.

Nebenrechnungen:
10 % von 1200 sind 120
20 % von 1200 sind 240
1200 Stück – 240 Stück = 960 Stück

1250 Stück $\xrightarrow{20\,\%\text{ weniger}}$ 1000 Stück und es stimmt.
Nebenrechnungen:
10 % von 1250 sind 125
20 % von 1250 sind 250
1250 Stück – 250 Stück = 1000 Stück

**Lucas' Lösung** ist fehlerhaft. Lucas berechnet, dass bei einer Produktion von 1200 Stück am Ende nur 960 übrigbleiben. Bei der Probe wiederholt er seinen Denkfehler, indem er 1000 Stück als 100 % betrachtet.

**Laras Lösung** ist korrekt.

*Beachte:* Es ist sinnvoll, wenn man die Probe macht. Eine Probe bietet jedoch keine absolute Sicherheit. Der Schuss kann auch nach hinten losgehen, wenn man einen Denkfehler in der Probe wiederholt.
Es ist ebenfalls sinnvoll, die wichtigsten Angaben und Ergebnisse zu veranschaulichen (siehe die Pfeile). Dies bietet einen besseren Überblick.

**Taschengeld**
In **Finjas Lösung** zeigen die zwei Pfeile in unterschiedliche Richtungen. Daher war die Bildung der Summe 50 % + 50 % ein Denkfehler.

In **Fabios Lösung** wurde Folgendes korrekt ermittelt: Wenn Daniels Taschengeld 100 % entspricht, dann entspricht Tims Taschengeld 300 %.
Um zu erfahren, um viel Prozent Tims Taschengeld *höher* als Daniels Taschengeld ist, hätte Fabio noch diese Differenz bilden müssen: 300 % – 100 % = 200 %.

In **Angelas Lösung** bezieht sich die 100 % auf die 15 €, die 50 % aber auf die 30 €. Die Bildung der Summe 100 % + 50 % war somit ein Denkfehler, weil die Grundwerte unterschiedlich sind.

**Philipps Lösung** ist fehlerfrei.

*Anmerkungen:* Alle drei Denkfehler haben Folgendes gemeinsam:
Aus richtigen Teilergebnissen wurden falsche Schlussfolgerungen gezogen.

**Der Geschäftsmann**
**Tils Lösung** ist fehlerhaft. Til hat den Durchschnittswert von 5 % richtig ermittelt, ihn aber nachher nicht für *einen* Artikel, sondern für *alle drei* angewandt. Dies war sein Denkfehler. Wie es korrekt weitergegangen wäre, zeigt Daniels Lösung.

**Viviens Lösung** ist ebenfalls fehlerhaft. Die 15 % beziehen sich *nicht* auf einen Artikel, sondern auf alle drei Artikel. Wenn einem Artikel 100 % entsprechen, so hätte man für die drei Artikel 300 % gehabt. Wie es mit diesem Ansatz korrekt gewesen wäre, zeigt Julias Lösung.

**Daniels Lösung** ist korrekt.
**Julias Lösung** ist ebenfalls korrekt.

*Beachte:* Eine falsche Deutung der Angaben führt in der Regel zu einem fehlerhaften Lösungsansatz. Selbst wenn zwei unterschiedliche Lösungswege dasselbe Ergebnis liefern, kann dies trotzdem falsch sein.

## 3.2 Logik, Knobelaufgaben

**Zauberkästchen**

Der Flächeninhalt des rechtwinkligen Dreiecks aus der linken Abbildung ist $A = \frac{5 \cdot 13}{2} = 32{,}5$.

Andererseits aber ist die Summe der Flächen von I, II, III und IV $5 + 7 + 8 + 12 = 32$ und $32{,}5 \neq 32$. Komisch...

Nebenrechnungen: $A(\text{I}) = \frac{2 \cdot 5}{2} = 5$, $A(\text{IV}) = \frac{3 \cdot 8}{2} = 12$

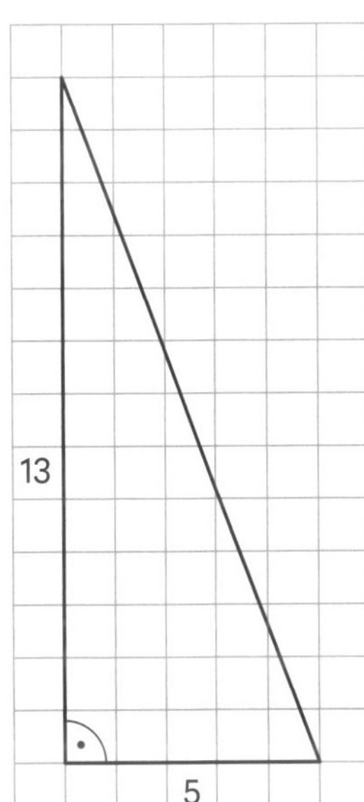


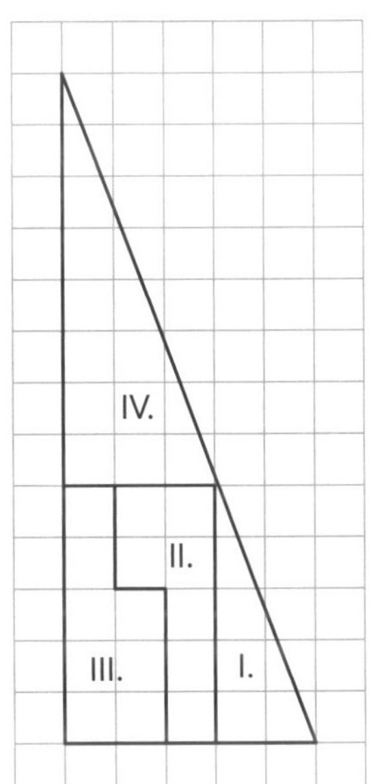


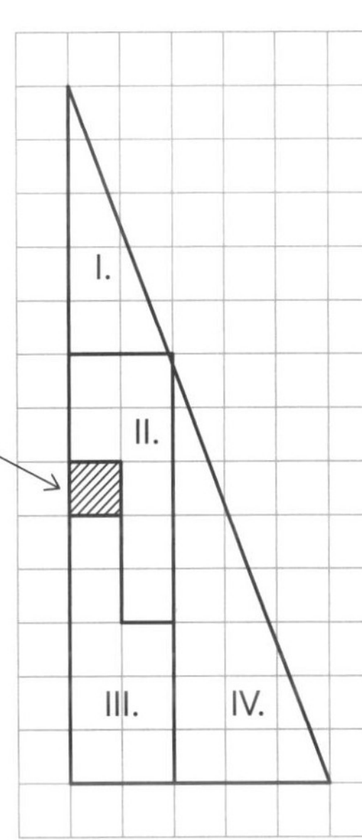


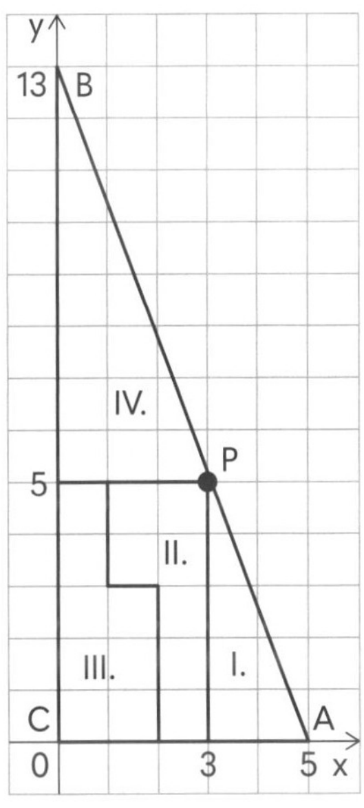


Um den Fehler an der Wurzel zu packen, legen wir bei der rechten Abbildung ein Koordinatensystem an. Damit ist A(5 | 0) und B(0 | 13). Die Gerade AB ist der Graph einer linearen Funktion $y = mx + c$.
Es ist $c = 13$, $y = mx + 13$. Die Punktprobe mit A(5 | 0) ergibt
$0 = 5m + 13 \Rightarrow 5m = -13 \Rightarrow m = -2{,}6$
$y = -2{,}6x + 13$
Wir prüfen nun rechnerisch, ob P(3 | 5) auf dieser Geraden liegt. Punktprobe: $5 = -2{,}6 \cdot 3 + 13$ oder $5 = 5{,}2$ und es stimmt nicht.
*Deutung:* Der Punkt P liegt *nicht* auf der Strecke AB.

**Julians Lösung** (zweite Abbildung von links und rechte Abbildung) stellt *kein Dreieck*, sondern ein *Viereck* dar. Der Winkel BPA ist in Wirklichkeit *kein* gestreckter Winkel. Der Unterschied ist jedoch so klein, dass man ihn mit bloßem Auge kaum wahrnehmen kann.

**Vanessas Lösung** ist ebenfalls *kein* Dreieck. In der zweiten Abbildung von rechts liegt der Punkt (2 | 8) *nicht* auf AB, wobei A(5 | 0) und B(0 | 13). Tatsächlich, Punktprobe in $y = -2{,}6x + 13$ mit (2 | 8):
$8 = -2{,}6 \cdot 2 + 13 \Leftrightarrow 8 = 7{,}8$ stimmt nicht.

*Fazit*: Aus den Teilen I, II, III, IV kann kein Dreieck entstehen.
*Beachte:* Eine noch so gute Figur kann uns auch irreführen. Deswegen dürfen wir uns allein auf eine Figur nicht verlassen.

**Kann man es entscheiden?**
**Petras Lösung** ist falsch, **Davids Lösung** ist richtig. Petra untersuchte ihre zwei Fragen schon richtig. Sie übersah aber, dass diese Folgerungen nur für jene Fragen gelten, für die es ein *eindeutiges* „ja" oder „nein" als korrekte Antwort gibt.
Die schlaue Frage aus Davids Lösung „Sind Sie ein Bodenständiger?" ist aber *keine* solche Frage! Sie hat nämlich *zwei* unterschiedliche Bedeutungen, abhängig davon, an wen die Frage gerichtet ist.
Fragt man einen Bodenständigen, so heißt das genauer:
*„Ist ein Bodenständiger ein* Bodenständiger?"
Die korrekte Antwort auf diese Frage lautet *„ja"*.
Richtet sich die Frage hingegen an einen Doppelzüngler, so heißt das genauer:
*„Ist ein Doppelzüngler ein Bodenständiger?"*
Die korrekte Antwort auf diese Frage lautet *„nein"*.

*Anmerkungen:* Auf die erste (umgeformte) Frage *„Ist ein Bodenständiger ein Bodenständiger?"* würde sowohl ein Bodenständiger als auch ein Doppelzüngler mit *„ja"* antworten.
Auf die zweite (umgeformte) Frage *„Ist ein Doppelzüngler ein Bodenständiger?"* würde sowohl ein Bodenständiger als auch ein Doppelzüngler mit *„nein"* antworten.
Das harmlos erscheinende Wort „Sie" in Davids Frage sorgt für zwei unterschiedliche Deutungen.

*Beachte:* Es reicht nicht, Vermutungen an Beispielen zu untersuchen. Sie müssen anschließend allgemein bewiesen oder widerlegt werden.

**Mannschaftsspiel**
Erst veranschaulichen wir alle denkbaren Fälle. Es gibt insgesamt acht, die von **1** bis **8** durchnummeriert werden.

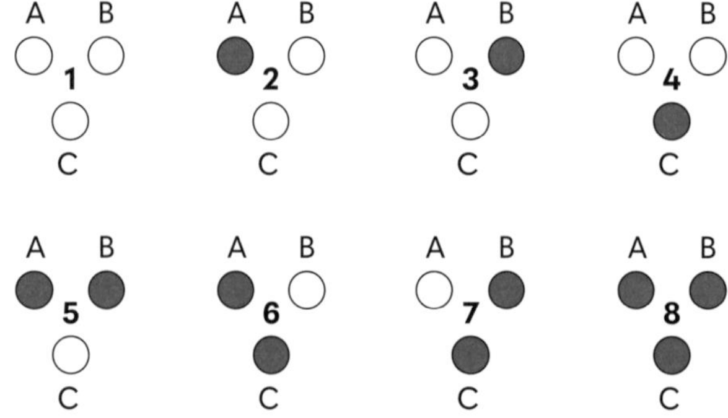


Jetzt können wir die drei Strategien genauer unter die Lupe nehmen.

**Neles Lösung**
Nehmen wir an, die Spieler *A* und *B* hätten auf weiß, *C* hätte auf grau getippt. Die Mannschaft hätte nur im Fall **4** gewonnen, ansonsten verloren. Die Wahrscheinlichkeit, dass die Mannschaft gewinnt, ist daher bei dieser Strategie $\frac{1}{8} = 12{,}5\ \%$.
*Anmerkung:* Diese Wahrscheinlichkeit ist davon unabhängig, wie die einzelnen Spieler tippen.

**Jakobs Lösung**
Nehmen wir an, der Spieler *B* hätte auf grau getippt, *A* und *C* hätten gepasst. Die Mannschaft hätte in den Fällen **3**, **5**, **7** und **8** gewonnen, ansonsten verloren. Die Wahrscheinlichkeit, dass die Mannschaft gewinnt, ist bei dieser Strategie $\frac{4}{8} = 50\ \%$.
*Anmerkung:* Diese Wahrscheinlichkeit ist ebenfalls davon unabhängig, welcher Spieler worauf tippt.

**Melinas Lösung**
Nehmen wir an, der Spieler *B* hätte auf weiß, der Spieler *C* auf grau getippt und *A* hätte gepasst. Die Mannschaft hätte in den Fällen **4** und **6** gewonnen, ansonsten verloren. Die Wahrscheinlichkeit, dass die Mannschaft gewinnt, ist bei dieser Strategie $\frac{2}{8}$ = 25 %.
*Anmerkung:* Diese Wahrscheinlichkeit ist wiederum davon unabhängig, welche Spieler worauf tippen.

*Generelle Anmerkungen:* Jakobs Lösung bietet bisher die größte Gewinnchance. Es wäre aber ein voreiliger Schluss zu behaupten, dass Jakobs Strategie von *allen denkbaren* die Beste ist. Sie kann nämlich noch übertroffen werden! Dazu betrachten wir folgende **4. Strategie:**
Wenn ein Spieler zwei gleichfarbige Hüte sieht, tippt er auf die andere Farbe. Ansonsten passt er. So würde die Mannschaft in den Fällen **2**, **3**, **4**, **5**, **6** und **7** gewinnen, also die Gewinnwahrscheinlichkeit beträgt $\frac{6}{8}$ = 75 %.
Es stellt sich die Frage, ob man die Gewinnwahrscheinlichkeit weiter erhöhen kann. Es kommt darauf an. Dazu betrachten wir folgende **5. Strategie:**
Wenn ein Spieler unterschiedliche Farben sieht, passt er nach fünf Sekunden. Weitere fünf Sekunden später kann immer mindestens ein Spieler einen richtigen Tipp abgeben.
*Beispiel 1:* In Fall **2** passen *B* und *C* nach fünf Sekunden. Damit weiß *A*, dass er eine andere Hutfarbe als *B* und *C* hat. Daher tippt er fünf Sekunden später auf grau.
*Beispiel 2:* In Fall **1** passt keiner der Spieler nach fünf Sekunden. Damit wissen alle, dass ihre Hüte dieselbe Farbe haben. Jeder tippt fünf Sekunden später auf weiß.

*Beachte:* Wenn diese Art von Absprache nicht ausdrücklich verboten ist, hat die Mannschaft damit eine Gewinnchance von 100 %!

**Milch und Kaffee**

**Nathalies Lösung** ist fehlerhaft. Ihr Denkfehler: Sie hat nicht berücksichtigt, dass die Milch aus der Mischung, die in die linke Tasse kommt, in der rechten Tasse nicht mehr vorhanden ist. In die rechte Tasse wurde zwar mehr Milch gegossen als Kaffee in die linke Tasse, aber ein Teil davon wurde in die linke Tasse wieder zurückgegossen.

**Dominiks Lösung** ist richtig.

Wir zeigen noch eine **3. Lösung:**
Ursprünglich waren in der linken Tasse 60 ml Milch und in der rechten Tasse 60 ml Kaffee.
Nach dem ersten Schritt enthält die linke Tasse 40 ml Milch und die rechte Tasse 60 ml Kaffee und 20 ml Milch, also 80 ml Mischung. 20 ml dieser Mischung kommen in die linke Tasse zurück. 20 ist ein Viertel von 80.
Ein Viertel von 60 ml Kaffee ist 15 ml Kaffee.
Ein Viertel von 20 ml Milch ist 5 ml Milch.
Nach dem zweiten Schritt enthält die linke Tasse 45 ml Milch (40 + 5) und 15 ml Kaffee. In der rechten Tasse sind 45 ml Kaffee (60 – 15) und 15 ml Milch (20 – 5).
Aus dem Gedankengang und aus dem Rechenweg folgt:
In der Milch ist 15 ml Kaffee und in dem Kaffee ist 15 ml Milch, also ist von Beiden gleich viel in der anderen Tasse.

**Dreistellige Zahl**
Um das Übel an der Wurzel zu packen, wiederholen wir **Sandras Beweis** Schritt für Schritt für **Mattheos Beispiel** aus der Bemerkung.
Für $\overline{x9y}$ erhalten wir $\overline{099}$, denn x = a – c – 1 = 6 – 5 – 1 = 0.
$\overline{099}$ ist aber *keine dreistellige Zahl*, sondern die zweistellige Zahl 99. Hier liegt der Hund begraben. Korrekt wäre daher als nächste Zahl 99 und *nicht* 990.
Sandra übersah außerdem folgenden Aspekt:
Wenn die Ausgangszahl auf null endet, ist bereits die zweite Zahl nur zweistellig. In diesem Fall kann das Ergebnis 1089 sein, muss aber nicht.

Tatsächlich:
*Beispiel 4:* 820 → 820 - 28 = 792 → 297 + 792 = 1089
*Beispiel 5:* 170 → 170 - 71 = 99 → 99 + 99 = 198
Zusammengefasst: Sandras Vermutung ist nicht allgemein gültig. Ihr Beweis gilt nur für bestimmte dreistellige Zahlen.

*Anmerkung:* Es lässt sich zeigen: Wenn die Hunderterziffer und die Einerziffer aufeinanderfolgende Zahlen sind, dann ist das Ergebnis stets 198.

*Beachte:* Die Achillesferse eines Gedankenganges wird häufig erst durch die Untersuchung mehrerer Beispiele und Sonderfälle sichtbar.

**Wähle eine Klassenarbeit!**

**Raphaels Lösung** ist falsch.
*Begründung:* Er betrachtet nicht alle Zusammenhänge, sondern beschränkt sich auf einen einzigen Aspekt, als ob es den ganzen Ablauf nicht gegeben hätte. Die zwei Umschläge mit den zwei Möglichkeiten sind daher nicht nur „einfach zwei Umschläge", sondern zwei Umschläge, die in einem mehrstufigen Prozess übriggeblieben sind. Die ganze „Vorgeschichte" gehört aber genauso zur Aufgabe.

**Antonias Lösung** ist richtig.

*Anmerkungen:* Hätte man von Anfang an zwei Umschläge mit den zwei Arbeiten gehabt, so wären die Chancen tatsächlich gleich gewesen.
Diese Fragestellung ist (anders formuliert) als das **Ziegenproblem** weltbekannt und stark umstritten.
Das Brisante dabei: Die falsche Lösung wurde sogar von ganz berühmten Mathematikern für richtig gehalten.
Über 90 % der mit dieser Fragestellung Konfrontierten argumentieren falsch, in etwa wie Raphael. Sie kennen aber nur die Aufgabe selbst. Bietet man jedoch einen anschaulichen Hintergrund als Hilfestellung zumindest ansatzweise an, so entscheidet sich eine große Mehrheit für die richtige Lösung.
Für diese ungewöhnlichen Diskrepanzen haben wir zurzeit keine befriedigende Erklärung.

**Der Große Zauberer**
Wir veranschaulichen das Phänomen mit Dezimalzahlen.
Die erste Stelle nach dem Komma bezieht sich auf die 1. Münze.
Die zweite Stelle nach dem Komma bezieht sich auf die 2. Münze.
Die n-te Stelle nach dem Komma bezieht sich auf die n-te Münze.
Eine 0 bedeutet, dass die zugehörige Münze nicht in der Zauberbox ist.
Eine 1 bedeutet, dass die zugehörige Münze noch in der Zauberbox ist.
Somit entstehen nach und nach diese Dezimalzahlen:
$20^{00}$ Uhr: 0,1
$22^{00}$ Uhr: 0,0111
$23^{00}$ Uhr: 0,001 111 1
$23^{30}$ Uhr: 0,000 111 111 1
-----------------------------------
Nach dem 1. Schritt hat man eine Null, nach dem 2. Schritt zwei Nullen, nach dem 50. Schritt 50 Nullen nach dem Komma:
0,000 000 000 000 000 000 000 000 000 000 000 000 000 000 000 000 001 11...
Nach dem n-ten Schritt hat man n Nullen nach dem Komma. Je größer n wird, desto mehr Nullen entstehen nach dem Komma. Und jede Null, die einmal erschienen ist, bleibt. Aus ihr wird nie wieder eine 1.
Um $24^{00}$ Uhr sieht die Dezimalzahl so aus:
0,000 000 000 000 000 000 000 000 000 0...000 000 000 000 000 000 000 00...
Unendlich viele Nullen und keine einzige 1. Nach jeder Null folgt eine weitere Null. Es bleibt damit kein Platz für Einser.

**Ulrikes Lösung** ist falsch, **Jeremias Lösung** ist richtig.

*Anmerkungen:* Alle Schritte aus Ulrikes Lösung bewegen sich in der Menge der natürlichen Zahlen. Um Punkt $24^{00}$ Uhr hat man diese aber verlassen.
Gedanken wie „Es fehlt doch etwas“, „Es überzeugt mich nicht ganz“ drängen sich vielleicht auf. Man kann sich schlecht vorstellen, dass ein Verfahren, bei dem es keinen letzten Schritt gibt, einmal doch zu Ende geht.
Mit Bertold Brechts Worten: „Unser Gehirn fasst die Unendlichkeit nicht und begnügt sich nicht mit der Endlichkeit.“

**Marienkäfer im Wunderland**
Nur **Antonios Lösung** ist korrekt. Wir veranschaulichen das Phänomen.

0 1 2     0 2 3 4
P 1 m A Q     P A 1 m B Q

Nach einer Minute befindet sich der Marienkäfer an der Stelle **A** (vorherige linke Abbildung). Mit der ersten Verdoppelung wird auch die Strecke PA verdoppelt. **Vincents Lösung** berücksichtigt diesen Aspekt nicht, dies ist der Kern seines Fehlers. Der Marienkäfer befindet sich nach zwei Minuten an der Stelle **B** und hat 3 m (und *nicht* 2 m) aus 4 m hinter sich (vorherige rechte Abbildung).

0 4 6 7 8
P A B 1 m C Q

Mit der zweiten Verdoppelung werden auch die Strecken PA und AB verdoppelt. Der Marienkäfer befindet sich nach drei Minuten an der Stelle **C** und hat 7 m aus 8 m hinter sich (vorherige Abbildung). Wir bemerken: Die zurückgelegte Strecke ist die *Summe* von Teilstrecken: $\overline{PA} + \overline{AB} + \overline{BC}$.
**Emmas Lösung** erkennt zwar, dass 1 m einen immer kleiner werdenden Anteil der Gesamtstrecke darstellt, übersieht aber, dass man die Teilstrecken addieren muss.

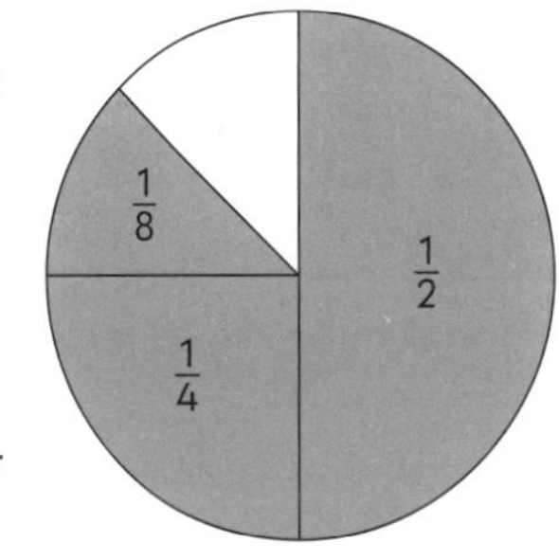


*Anmerkungen:* Wenn man die Anzahl der Schritte weiter erhöht, so kommt der Marienkäfer noch näher an 100 %, denn die Summen der Form $\frac{1}{2} + \frac{1}{4} + \frac{1}{8} + \frac{1}{16}$ nähern sich 1, wenn die Anzahl der Summanden groß genug ist. In der Kreisfigur steht der Kreis für „das Ganze“, für 1, also für 100 %. Der Marienkäfer wird das rechte Ende des Gummibandes nie erreichen. Wie die Abbildungen zeigen, beträgt der Abstand zum rechten Ende nach jeder Minute genau 1 m. Diesen „letzten Meter“ kann der Marienkäfer aber nie überwinden. Selbst nach unendlich vielen Schritten nicht.

**Farbenspiele in einem Kreis**
**Charlottes Lösung** ist falsch. Die Folgerung des Ansatzes „Zunächst färbe ich alle Bereiche, die nur einen gemeinsamen Punkt haben, mit derselben Farbe. *Dadurch wird die Anzahl der benötigten Farben geringer, als wenn ich zwei solche Bereiche mit zwei unterschiedlichen Farben färben würde.*“ scheint zwar logisch zu sein, erweist sich aber doch als Trugschluss.
Dies wird durch die folgende Abbildung belegt.

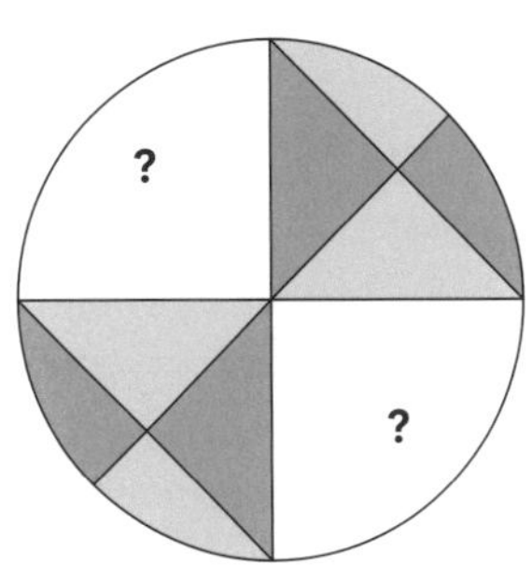


**Gabriels Lösung** ist richtig, aber etwas unvollständig. Es wäre nämlich nötig zu begründen, dass das Verfahren nicht nur an seinen Beispielen, sondern auch im allgemeinen Fall greift.

*Anmerkung:* Auch das Beispiel aus dieser Abbildung kann nur mit zwei Farben gefärbt werden. Dies kann man durch die Anwendung des Gedankenganges aus Gabriels Lösung erreichen.
*Beachte:* Vermutungen sind wichtige Meilensteine eines Lösungsweges. Sie müssen aber bewiesen oder widerlegt werden. Ansonsten bleibt die Lösung unvollständig und ist eventuell sogar falsch.

**Die reine Wahrheit**
Wir verraten es gleich: Diesmal können wir keinen Fehler finden. Beide Lösungswege sind in sich schlüssig. Dies bedeutet aber:
$p_3(2)$ ist eine Aussage, die *richtig* ***und*** *falsch* sein kann. (1)
$p_3(3)$ ist eine Aussage, die ***weder*** *richtig* ***noch*** *falsch* sein kann. (2)
Es gibt keinen erkennbaren Denkfehler, den man gemacht hätte. Die Feststellungen (1) und (2) sind vielleicht ungewöhnlich und verblüffend, aber zutreffend.
Sätze wie $p_3(2)$ und $p_3(3)$ können mithilfe der (binären) Logik nicht untersucht werden. In der (binären) Logik ist nämlich jede Aussage entweder richtig oder falsch. Deswegen findet man in den (meisten) Schulbüchern keine solchen Aussagen. Jeder Lehrsatz, jede Formel ist letztendlich eine wahre Aussage.
Die Frage ist berechtigt: Wie könnte die Mathematik mit Aussagen wie (1) und (2) funktionieren? Eigentlich gar nicht.
Kurt Gödel hat bewiesen, dass es in jedem mathematischen System, das Anspruch auf Widerspruchsfreiheit erhebt, stets Aussagen geben muss, die (innerhalb des Systems) *unentscheidbar* sind. Einige Beispiele:
*Beispiel 1:* p: „Jetzt lüge ich."
Wenn p *richtig* wäre, dann würde ich lügen, also die Unwahrheit sagen. p wäre somit *falsch*. Widerspruch.
Wenn p *falsch* wäre, dann würde ich nicht lügen, also die Wahrheit sagen. p wäre somit *richtig*. Ebenfalls Widerspruch.
*Beispiel 2:* Das fünfte Axiom von Euklid. Bei einer Geraden g und einem Punkt P außerhalb der Geraden kann (mithilfe der ersten vier Axiome) nicht entschieden werden, ob es durch P genaue eine Parallele zu g gibt oder mehrere. Letztere Möglichkeit ist auch denkbar und führt zur Riemannschen Geometrie, die wiederum in der Relativitätstheorie Anwendungen hat. Geht man von genau einer Parallelen aus, so erhält man die Euklidische Geometrie (diese wird in der Schule unterrichtet).

## 3.3 Gleichungen und Gleichungssysteme

**Eine einfache Gleichung**
**Jonahs Lösung** ist fehlerhaft. Bei der Umformung
$x^2 = 4 \quad |\sqrt{\ }$
$x = \sqrt{4}$
wäre
$x_{1,2} = \pm\sqrt{4}$, also $x_{1,2} = \pm 2$
korrekt gewesen.
Anschaulich:
Die Parabel $y = x^2$ und die Gerade $y = 4$ schneiden sich bei $x = 2$ und $x = -2$.

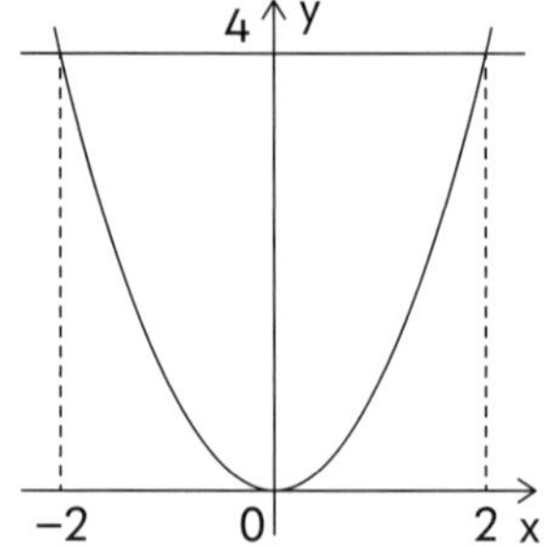


**Lillys Lösung** ist korrekt. Sie zeigt außerdem auf einer anderen Art und Weise, warum auch $x = -2$ eine Lösung ist.

*Beachte:* $\sqrt{4} = 2$ und *nicht* $\sqrt{4} = \pm 2$.
$x^2 = 4$ hat als Lösung $x_{1,2} = \pm\sqrt{4} = \pm 2$ und *nicht* nur $x = 2$.

**Noch eine einfache Gleichung**
In **Fannys Lösung** ist der Denkfehler an dieser Stelle:
$x^2 = 2x \quad |: x$
$x = 2$
Durch die Umformung „geteilt durch x" ging die Lösung $x = 0$ verloren.
Begründung: Durch 0 darf man nicht teilen.

So wäre es korrekt gewesen:
$x^2 = 2x \quad | : x$ wenn $x \neq 0$
$x = 2$
Für $x = 0$ macht man die Probe: $0^2 = 2 \cdot 0$ und es stimmt.
$x = 0$ ist also auch eine Lösung.

**Aarons Lösung** ist korrekt.

*Anmerkung:* In den Schulbüchern wird zwar das Verbotsschild „man darf nicht durch Null teilen“ aufgestellt, jedoch nicht begründet.
Eine mögliche Begründung hierfür:
$10 : 5 = 2$, weil $10 = 2 \cdot 5$
Bei der Division $10 : 0 = q$ müsste daher gelten: $10 = q \cdot 0$.
Aber $q \cdot 0 = 0$ für jedes q. Die Gleichung $10 = q \cdot 0$ hat also keine Lösung. Dieses Beispiel zeigt, warum die Division durch Null nicht definiert werden kann.

*Beachte:* Statt eine Gleichung durch eine Variable zu teilen ist es besser, diese auszuklammern. Teilt man eine Gleichung durch einen Term, so muss man die Bedingung stellen, dass der Term ungleich Null ist und eine Fallunterscheidung durchführen.

**Wurzelgleichung**
**Kilians Lösung** ist korrekt.

In **Danielas Lösung** betrachten wir diesen Schritt:
$2x - 1 = \sqrt{(x-2)^2}$
$2x - 1 = x - 2$
und untersuchen ihn für $x = 1$ sowie für $x = -1$.
Für $x = 1$ ergibt sich:
$2 \cdot 1 - 1 = \sqrt{(1-2)^2} \Leftrightarrow 1 = \sqrt{1}$ stimmt.
$2 \cdot 1 - 1 = 1 - 2 \quad \Leftrightarrow 1 = -1$ stimmt nicht mehr.
Für $x = -1$ ergibt sich:
$2 \cdot (-1) - 1 = \sqrt{(-1-2)^2} \quad \Leftrightarrow -3 = \sqrt{(-3)^2}$ stimmt nicht, da $\sqrt{(-3)^2} = \sqrt{9} = 3$.
$2 \cdot (-1) - 1 = -1 - 2 \quad \Leftrightarrow -3 = -3$ stimmt aber trotzdem.

*Zusammengefasst:* Bei dem Übergang $2x - 1 = \sqrt{(x-2)^2}$
$2x - 1 = x - 2$
ging $x = 1$ verloren und man bekam die falsche Lösung $x = -1$.
Der Grund: $\sqrt{a^2} = a$ gilt nur für $a \geq 0$. Für $a < 0$ ist $\sqrt{a^2} = -a$.

*Anmerkung:* Mit der Fallunterscheidung $\sqrt{(x-2)^2} = x - 2$ für $x \geq 2$ und $\sqrt{(x-2)^2} = -(x-2)$ für $x < 2$ könnte man Danielas Lösung korrigieren.

*Beachte:* „Wurzel und hoch zwei heben sich auf“ ist folgendermaßen zu verstehen:
$(\sqrt{a})^2 = a$ für jedes $a \geq 0$
Ebenso ist $\sqrt{a^2} = a$ für jedes $a \geq 0$.
Aber hier ist zudem noch $\sqrt{a^2} = -a$ für $a < 0$.

**Vier Gleichungen, drei Unbekannte**
Wir prüfen beide Lösungen in allen vier Gleichungen des Systems. **Amelies** Lösung erfüllt bereits (1) nicht. Bei **Leons** Lösung stimmt zwar die erste Gleichung noch, die zweite aber schon nicht mehr. Daraus folgt, dass *beide Lösungsmengen falsch* sein müssen. Andererseits gibt es keine Rechenfehler. Außerdem hat man nur bekannte Rechentechniken verwendet und alle Gleichungen mindestens einmal berücksichtigt.

Wieso bekommt man trotzdem falsche Ergebnisse?
Beide Lösungswege haben denselben Grundsatzfehler. Aus den Gedankengängen folgt lediglich: *Wenn* (x | y | z) eine Lösung *wäre*, dann *wäre* (x | y | z) = {(–4 | –1 | 0)} bzw. (x | y | z) = {(4 | 1 | 0)}. Weder Amelie noch Leon hat jedoch geprüft, ob die erhaltenen Werte tatsächlich Lösungen sind. Dies war ihr Denkfehler.

*Anmerkungen:* Aus den Gedankengängen und aus der Probe folgt, dass es keine Lösung gibt. Die Lösungsmenge ist die leere Menge.
Das Gleichungssystem bestehend aus den Gleichungen (1), (2) und (4) hat als Lösung x = 0, y = –1, z = 0. Diese Werte erfüllen aber (3) nicht.
Ein einziger Widerspruch reicht um viele andere zu erzeugen.
*Beispiele:*
In Amelies Lösung folgt mit (5) und (6) in (4) x = 0, Widerspruch zu (7).
Oder:
In Leons Lösung folgt mit (8) in (5) x = 2, Widerspruch zu (10).
Oder:
Aus (1) + (3) folgt z = –2, Widerspruch zu z = 0.

*Beachte:* Wendet man bei einem linearen Gleichungssystem bekannte Rechentechniken vom Additionsverfahren bzw. vom Einsetzungsverfahren an, so kann man trotzdem ein falsches Ergebnis erhalten – selbst dann, wenn während des Lösungsweges alle Gleichungen berücksichtigt worden sind.
Daher ist eine Probe in *allen* Ausgangsgleichungen zu empfehlen.

**Gauß-Verfahren**
**Ritas Lösung** ist falsch – obwohl es keine Rechenfehler gibt und die Deutung der letzten Zeile in sich korrekt ist. Den Kern des Fehlers bilden diese Umformungen: III.b = III.a + II.b · (–3) und IV.b = IV.a + II.b · (8).
Das Gemeinsame daran: Die „a-Gleichungen" werden mit den „b-Gleichungen" gemischt. Dies ist aber grundsätzlich falsch. Wir schildern nun das Phänomen an einem *einfacheren, ähnlichen* Beispiel. Das Gleichungssystem
$x_1 + x_2 = 3$
$3x_1 + x_2 = 7$
hat als einzige Lösung $x_1 = 2$ und $x_2 = 1$.
Andererseits könnte man so rechnen:

| $x_1$ | $x_2$ | | |
|---|---|---|---|
| 1 | 1 | 3 | I. |
| 3 | 1 | 7 | II. |
| 1 | 1 | 3 | I.a = I. |
| 0 | –2 | –2 | II.a = I. · (–3) + II. |
| 0 | 0 | 0 | I.b = I. · (–1) + I.a |
| 0 | 1 | 1 | II.b = II.a : (–2) |

Der wunde Punkt ist hier die Umformung I.b = I. · (–1) + I.a. Dadurch wird klar, dass durch eine (un)passende „Mischung" auch bei einem Gleichungssystem mit nur einer Lösung eine Nullzeile entstehen kann – was aber nicht sein dürfte.
Genauer: I.b = I. · (–1) + I.a = I. · (–1) + I. = 0 · I.
Das heißt, Gleichung I.b wird zu einer Nullzeile, und zwar unabhängig von Gleichung I. – was natürlich absurd ist.

**Benjamins Lösung** ist richtig. Die Lösungsmenge ist L = {(2 | 1 | 1 | 2)}.

*Beachte:* Das Gauß-Verfahren ist ein schrittweises Vorgehen. Die Gleichungen des nächsten Schrittes entstehen aus den Gleichungen des vorigen Schrittes – und nur aus diesen! Ein Zurückgreifen auf Gleichungen aus früheren Schritten oder ein Selbstbezug ist dabei nicht erlaubt.

**Nicht lineares Gleichungssystem**
**Elisas Bemerkung** ist korrekt.
**Henriks Lösung** ist fehlerhaft. Die Addition der vier Gleichungen ist *keine gleichwertige Umformung*. Genauer: Aus dem Gleichungssystem folgt zwar die entstandene Gleichung, aber umgekehrt nicht.
Anschaulich:

$$x^2 - 2y = 2$$
$$y^2 + 8z = -31$$
$$z^2 - 6u = -3$$
$$u^2 + 4x = 2$$
$$\Downarrow \; \not\Uparrow$$
$$(x + 2)^2 + (y - 1)^2 + (z + 4)^2 + (u - 3)^2 = 0$$

Aus dem Gedankengang und aus dem Rechenweg folgt lediglich:
*Wenn* das Gleichungssystem Lösungen *hätte*, dann *wäre* L = {(–2 | 1 | –4 | 3)}.
Die Probe ist daher in allen Gleichungen zwingend nötig. Die dritte und vierte Gleichung sind aber nicht erfüllt. Dies bedeutet:
Das Gleichungssystem hat keine Lösung, die Lösungsmenge ist die leere Menge.

*Beachte:* Das Addieren von Gleichungen ist keine gleichwertige Umformung.

## 3.4 Textaufgaben

**Wie viel Schokolade?**
**Pias Lösung** ist fehlerhaft. Ein Gutschein ist $\frac{1}{10}$ Packung wert. Aber eine Packung beinhaltet außer Schokolade auch einen Gutschein.

In **Toms Lösung** sind Gedankengang und Rechenweg richtig, seine Schlussfolgerung ist jedoch falsch. Man kann den Wert eines Gutscheins genau bestimmen. Wenn man seinen Gedankengang weiterführt, so bekommt man diese Summe:

$$\frac{1}{10} + \frac{1}{100} + \frac{1}{1000} + \ldots = 0{,}1 + 0{,}01 + 0{,}001 + \ldots = 0{,}111\ldots$$

Wir bezeichnen nun $0{,}111\ldots = 0{,}\overline{1}$ mit x und berechnen x.

$x = 0{,}111\ldots \quad | \cdot 10$
$10x = 1{,}111\ldots$
$10x = 1 + 0{,}111\ldots$
Es kommt noch einmal x vor.
$10x = 1 + x$
$9x = 1$
$x = \frac{1}{9}$

**Noras Lösung** ist richtig. Ein Gutschein ist $\frac{1}{9}$ Schokolade Wert.

*Anmerkung:* Es scheint, als würde Tom das Ganze nur unnötig verkomplizieren. Es mag zwar kompliziert sein, aber mit Toms Gedankengang kann man spielerisch unendliche Summen einführen.

**Viel Bewegung**
Zunächst betrachten wir folgendes **Zahlenbeispiel**: Die Geschwindigkeiten seien 10 Stundenkilometer für das Joggen und 5 Stundenkilometer für das Gehen.
Man kann jetzt die zwei Zeiten ermitteln.
**Paul**:
30 km = 15 km + 15 km
und

$t = \frac{15}{10} + \frac{15}{5} = 1{,}5 + 3 = 4{,}5$ Stunden

**Paula**:
$5 \cdot \frac{t}{2} + 10 \cdot \frac{t}{2} = 30 \quad | \cdot 2$

$5t + 10t = 60$
$15t = 60$
$t = 4$ Stunden.
Paula ist $5 \cdot 2 = 10$ km gegangen und ist $10 \cdot 2 = 20$ km gejoggt.

**Rebeccas Lösung** ist falsch. Es ist nämlich *nicht* egal, ob die Gesamtstrecke oder die Gesamtzeit halbiert wird.

**Ralfs Lösung** ist ebenfalls falsch. Ralf hat richtig erkannt, dass man die Zeiten nicht ermitteln kann. Gefragt waren jedoch *nicht* die Zeiten selbst, sondern nur wer als erster ankommt.

**Rodrigos Lösung** ist richtig.

*Anregung:* Es kann sinnvoll sein, zunächst einige Zahlenbeispiele zu untersuchen. Sie tragen zum besseren Verständnis bei und so kann man bestimmte Vermutungen sofort widerlegen.

**Zahlenrätsel**
Sowohl Noahs Zahlen als auch Sophies Zahlen stimmen. Beide Lösungen sind daher unvollständig.
Bei **Noahs Lösung** kann uns folgender Aspekt stutzig machen: Bei einer Division sind der Quotient und der Rest *eindeutig* bestimmt. Wieso gibt es dann aber doch *zwei* Lösungen?
Alles dreht sich um diese Gleichung:
$6612 = 76b + r \qquad (4)$
Der Dividend ist 6612. Was ist aber der Divisor?
Noah hat 76 als Divisor betrachtet und somit ist b der Quotient. Es könnte aber auch *umgekehrt* sein: b ist der Divisor, 76 der Quotient! Diese Möglichkeit hat Noah übersehen. Das ist sein Denkfehler.
Bei 6526 und 86 war $b = 86$ und $r = 76$. Eingesetzt in (4):
$6612 = 76 \cdot 86 + 76 \qquad (5)$
Wir merken: 76 kann hier *kein Divisor* sein, denn der Rest muss kleiner sein als der Divisor. Der Rest 76 ist zwar kleiner als 86 aber 76 ist *nicht kleiner* als 76. Daher muss 86 der Divisor sein.

*Anmerkungen:* Bei 6525 und 87 war $b = 87$ und $r = 0$. Eingesetzt in (4):
$6612 = 76 \cdot 87 + 0$
ist eigentlich dasselbe wie
$6612 = 87 \cdot 76 + 0$
In der Gleichung
$6612 = 76b + r$
ist aber nicht nur b, sondern *auch r unbekannt*. Dies ermöglicht zwei Lösungen.
Es lässt sich zeigen, dass es außer 6525 und 87 sowie 6526 und 86 keine weiteren Lösungen gibt.

**Öltank**

Wir zeichnen das Schaubild der linearen Funktion $f(x) = 150x + 1200$. Dazu wählen wir passende Einheiten auf den zwei Achsen.

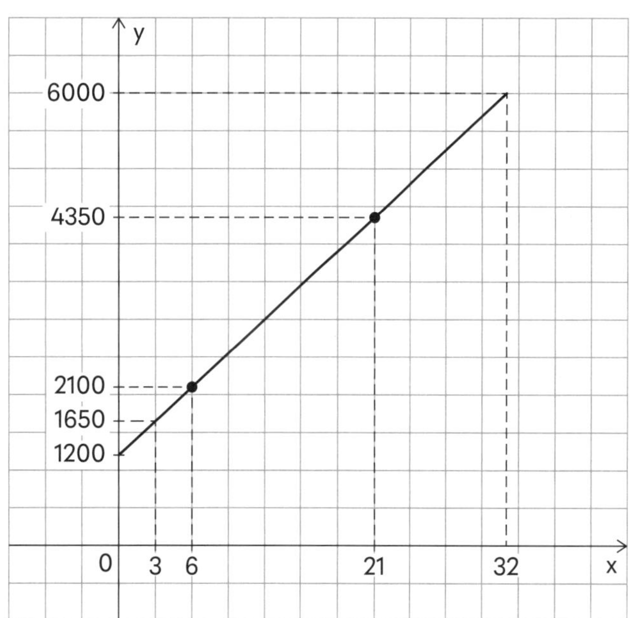


**Lunas Lösung** ist fehlerhaft. $f(3) = 1650$ bedeutet nämlich *nicht*, dass die Restzeit 3 Minuten beträgt, sondern dass bereits nach 3 Minuten Pumpen im Tank 1650 l Öl sind. Diese 3 Minuten folgen also *nicht* nach den 21 Minuten, sondern es sind die *ersten 3 Minuten*.

**Christians Lösung** ist ebenfalls fehlerhaft. Er ging davon aus, dass der Tank am Anfang leer war. In Wirklichkeit waren 1200 l Öl im Tank.

**Sabines Lösung** ist fehlerfrei.

*Anmerkungen:* Lunas Lösung lässt sich korrigieren.
In 15 Minuten wurden in den Tank 4350 – 2100 = 2250 l Öl gepumpt, pro Minute also 2250 : 15 = 150 l. Die Restmenge ist 6000 – 4350 = 1650 l, 1650 : 150 = 11 und 21 + 11 = 32.
Man hätte auch anders merken können, dass Christians Lösung falsch ist. Laut Angaben sind nach 21 (6 + 15) Minuten 4350 Liter im Tank. Der Tank kann daher unmöglich bereits nach 17 Minuten mit 6000 l voll sein.

**Zwei Dörfer**

**Theresas Lösung** ist korrekt.
Um den Fehler in **Richards Lösung** zu finden, greifen wir auf die Definition zurück. Die Durchschnittsgeschwindigkeit definiert man als zurückgelegter Gesamtweg durch die Gesamtzeit.
Der zurückgelegte Gesamtweg beträgt 12 km + 12 km = 24 km. Die Gesamtzeit beträgt 5 Stunden (2 hin und 3 zurück). Daraus folgt:
Die Durchschnittsgeschwindigkeit beträgt 24 : 5 = 4,8 km pro Stunde.
Der Denkfehler in Richards Lösung: Man hat den Mittelwert der zwei Geschwindigkeiten als Durchschnittsgeschwindigkeit betrachtet.

*Anmerkung:* Dieser Fehler ist verführerisch, denn so berechnet man aus zwei Noten den Notendurchschnitt. Die Übertragung dieses Schemas auf die Geschwindigkeiten stellt aber eine *falsche Analogie* dar.
*Beachte:* Die Erfahrungswerte spielen eine große Rolle bei unseren Entscheidungen. Dies gilt auch für das Lösen von Mathematikaufgaben und bedeutet häufig einen richtigen Ansatz. Es könnte aber auch sein, dass ein bekanntes Schema zu einem anderen Kontext nicht passt.
Daher ist es sinnvoll, auch bekannte Schemata kritisch zu hinterfragen.

*Bemerkung*: Der Mittelwert zweier Geschwindigkeiten ergibt dann die Durchschnittsgeschwindigkeit, wenn eine Bewegung genauso lang mit der ersten Geschwindigkeit abläuft wie mit der zweiten.
*Beispiel:* Rolf läuft 2 Stunden mit 6 km pro Stunde und anschließend weitere 2 Stunden mit 4 km pro Stunde.
Der Gesamtweg ist $2 \cdot 6$ km + $2 \cdot 4$ km = 20 km, die Gesamtzeit beträgt 4 Stunden. Die Durchschnittsgeschwindigkeit ist 20 : 4 = 5 km pro Stunde. Andererseits ist der Mittelwert der Geschwindigkeiten $\frac{6+4}{2}$, also ebenfalls 5 km pro Stunde.

**Neuneck**
**Lanis Lösung** ist richtig. **Falcos Lösung** übersieht Folgendes:
Alle Zahlen, die einem Eckpunkt zugeordnet sind, werden *doppelt gezählt*, denn jeder Eckpunkt ist ein gemeinsamer Punkt zweier Seiten.
*Beispiel:* Die Zahl 6 aus Lanis Lösung kommt sowohl bei der Seite $A_1A_2$ als auch bei der Seite $A_2A_3$ vor: $1 + 17 + 6 = 24$ und $6 + 16 + 2 = 24$.
Jede der Zahlen 1, 2, 3, 4, 5, 6, 7, 8, 9 kommt genau zweimal vor, da jeder Eckpunkt in genau zwei Seiten vorkommt. Die Folgerung „Für jede Seite wäre die Summe der drei Zahlen laut Bedingung $171 : 9 = 19$." erweist sich damit als Trugschluss.

*Anmerkung:* Die Aufgabe kann man für jedes konvexe Vieleck mit einer ungeraden Anzahl von Ecken verallgemeinern.

## 3.5 Wahrscheinlichkeitsrechnung

**Geschwister**
**Julias Lösung** ist richtig, alle anderen sind falsch.

**Annas Lösung** argumentiert nur mit dem zweiten Kind und berücksichtigt nicht, dass das Ehepaar zwei Kinder hat.

**Daniels Lösung** arbeitet stillschweigend auch mit dem Fall MM. Dies ist der Kern des Fehlers, denn eines der Kinder muss laut Angabe ein Junge sein. Es gibt daher nur drei und *keine* vier Pfade.
$P(\overline{E}) = P(JJ)$ ist somit *nicht* $\frac{1}{4}$, sondern nur $\frac{1}{3}$. Daraus folgt $P(E) = 1 - P(\overline{E}) = 1 - \frac{1}{3} = \frac{2}{3}$.

**Fabians Lösung** übersieht, dass der Fall „gemischt" und die anderen zwei Fälle *nicht gleichwahrscheinlich* sind. Begründung: Da die zwei Kinder nacheinander geboren werden, stellen JM und MJ zwei unterschiedliche Fälle dar. Daher hat „gemischt" eine doppelt so große Wahrscheinlichkeit wie die anderen Fälle. Mit der korrekten Gewichtung führt der Lösungsweg zum richtigen Ergebnis $\frac{2}{3}$.

**Olivia** löst – in sich korrekt – eine *andere Aufgabe*, und zwar:
„Mit welcher Wahrscheinlichkeit haben zwei Geschwister unterschiedliche Geschlechter?"
Olivia verwendet die zwei Pfade MJ und JM. Ihr Fehler besteht darin, dass sie stillschweigend das vollständige Baumdiagramm betrachtet, einschließlich des Pfades MM. Diesen Pfad hätte sie jedoch ausblenden müssen. Dadurch verteilt sich die Gesamtwahrscheinlichkeit 1 zu gleichen Teilen auf die drei verbleibenden Pfade JJ, JM und MJ, siehe Julias Lösung.

*Anmerkungen:* Wenn unterschiedliche Lösungswege zum selben Ergebnis führen, ist dies schon ein gutes Zeichen – aber keine Garantie dafür, dass das Ergebnis wirklich stimmt.
Nicht immer dürfen wir uns auf unsere anfängliche Intuition verlassen.
Eine Aufgabe anders auszudrücken kann zum Durchbruch führen. Man muss jedoch sicherstellen, dass sich die Aufgabe dadurch nicht geändert hat.

**Spielabbruch**
Wir berechnen die mathematischen Wahrscheinlichkeiten für die drei Fälle aus **Timos Lösung**.
$P(A) = \frac{1}{2}$, $P(BA) = \frac{1}{2} \cdot \frac{1}{2} = \frac{1}{4}$ und $P(BB) = \frac{1}{2} \cdot \frac{1}{2} = \frac{1}{4}$.
Timo hat übersehen, dass die drei Fälle *nicht gleichwahrscheinlich* sind. Genauer: A ist zweimal wahrscheinlicher als BA bzw. BB. Bei der Gewichtung muss man dies berücksichtigen. Statt 2 : 1 erhält man dann 3 : 1 (siehe Antons Lösung).

In **Antons Lösung** wurde der Fall A aus Timos Lösung durch die Fälle AB und AA ersetzt. Dies hat jedoch den Schönheitsfehler, dass es die Fälle AB und AA eigentlich nicht gibt. Denn nachdem *A* seinen fünften Gewinn erzielt hat, hat er bereits gewonnen, es wird nicht weitergespielt. Die Einführung dieser „halbfiktiven Fälle" hat aber den Vorteil, dass alle Fälle gleichwahrscheinlich werden.

**Lisas Lösung** baut auf eine *falsche Analogie*. Die Chancengleichheit der Spieler bedeutet nämlich *nicht*, dass das Zwischenergebnis auch den Verteilungsschlüssel darstellt.

Wir zeigen noch eine fehlerfreie **4. Lösung:**
P(A gewinnt) = P(A) + P(BA) $= \frac{1}{2} + \frac{1}{2} \cdot \frac{1}{2} = \frac{1}{2} + \frac{1}{4} = \frac{3}{4}$
Daher muss A bei einer gerechten Verteilung $\frac{3}{4}$ des Geldes erhalten.

*Anmerkung:* Die Fragestellung aus der Aufgabe gehört zu den Anfängen der Wahrscheinlichkeitsrechnung. Es vergingen jedoch Jahrhunderte, bis diese Art von Frage richtig beantwortet und erklärt werden konnte.

**Wo ist wohl mehr Geld?**
**Florians Lösung** enthält einen Denkfehler.
*Zahlenbeispiel:*
50 € $\xrightarrow{100\,\%\text{ mehr}}$ 100 € und 100 € $\xrightarrow{50\,\%\text{ weniger}}$ 50 €
Obwohl die Prozentsätze korrekt sind, ist die Schlussfolgerung trotzdem falsch. Denn in einem Fall würde Matthias 50 € gewinnen und im anderen Fall 50 € verlieren. Hinter den unterschiedlichen Prozentsätzen versteckt sich also die gleiche Geldsumme.
Betrachten wir nun zwei Umschläge, die 50 € und 100 € enthalten.
Wenn Matthias den 100-€-Umschlag wählt, dann sind im anderen Umschlag 50 €, aber keine 200 €! Umgekehrt, wenn er zuerst den 50-€-Umschlag wählt, dann sind im zweiten Umschlag 100 €, aber keine 25 €!
*Zusammengefasst:* Solange Matthias sich noch keinen Umschlag ausgesucht hat, könnte im anderen Umschlag das Doppelte oder die Hälfte sein. Nachdem er aber einen Umschlag bereits in der Hand hält, gibt es für den anderen Umschlag keine zwei Fälle mehr, sondern nur noch genau eine Möglichkeit.

In **Erwins Lösung** kommen aber *gleichzeitig* die *drei* Werte x, 2x und $\frac{x}{2}$ vor. Dies kann jedoch nicht passieren, denn wir haben *genau zwei* und *keine drei* Geldsummen. Das Trio x, 2x und $\frac{x}{2}$ stellt also eine *Fiktion* dar. Dies ist der Kern des Fehlers in Erwins Lösung.

Im Folgenden schildern wir, wie man den Erwartungswert hätte richtig berechnen und deuten können. Dazu bezeichnen wir die beiden Geldbeträge mit x und 2x.
*Fall 1*: Matthias hat die kleinere Geldsumme x erwischt. In diesem Fall befindet sich im anderen Umschlag 2x.
*Fall 2*: Matthias hat die größere Geldsumme 2x erwischt. In diesem Fall befindet sich im anderen Umschlag x.
Nun berechnen wir den Erwartungswert.
Fall 1, Unterfall 1: Matthias nimmt x und behält x.
Fall 1, Unterfall 2: Matthias nimmt x und wechselt zu 2x.
Fall 2, Unterfall 1: Matthias nimmt 2x und behält 2x.
Fall 2, Unterfall 2: Matthias nimmt 2x und wechselt zu x.
$E = \frac{1}{2} \cdot \frac{1}{2} \cdot x + \frac{1}{2} \cdot \frac{1}{2} \cdot 2x + \frac{1}{2} \cdot \frac{1}{2} \cdot 2x + \frac{1}{2} \cdot \frac{1}{2} \cdot x = 1{,}5x$
Bei jedem $\frac{1}{2} \cdot \frac{1}{2}$ steht die erste Wahrscheinlichkeit $\frac{1}{2}$ dafür, dass Fall 1 oder Fall 2 eintritt.
Behält man x in Fall 1, Unterfall 1, hat man 0,5x weniger als E. Behält man 2x im Fall 2, Unterfall 1, hat man 0,5x mehr als E. Insgesamt hat man beim Behalten durchschnittlich 1,5x – was genau dem Erwartungswert entspricht.
Wechselt man im Fall 1, Unterfall 2 von x zu 2x, hat man 0,5x mehr als E. Wechselt man im Fall 2, Unterfall 2 von 2x zu x, hat man 0,5x weniger als E. Insgesamt hat man auch beim Wechseln durchschnittlich 1,5x – was wiederum genau dem Erwartungswert entspricht.

**Hannelores Lösung** ist richtig.
*Anmerkungen:* Es lässt sich zeigen: Bezeichnet man die Geldsummen in den beiden Umschlägen mit x und $\frac{x}{2}$, bekommt man als Erwartungswert 0,75x.
Der korrekt ermittelte Erwartungswert ist stets das arithmetische Mittel der zwei Geldsummen.

Die Grundidee von Erwins Lösung soll von dem österreichischen Physik-Nobelpreisträger Erwin Schrödinger stammen und ist in der Fachliteratur als das Zwei-Umschläge-Paradoxon (Two-Envelope Paradox) bekannt.

*Beachte:* Fiktive Fälle führen zu fiktiven und falschen Ergebnissen.

**Altes Gerät**
**Lenas Lösung** ist falsch. Die Strecken $T_1 - T_2$ bzw. $T_3 - T_4$ können *nicht* als zwei Pfade aufgefasst werden.
*Begründung:* Bei jeder Verzweigung eines Baumdiagramms gilt das Prinzip „entweder – oder“. Bei dem Hochwerfen einer verbeulten Münze kann zum Beispiel entweder Kopf oder Zahl fallen, aber unmöglich Kopf und Zahl *gleichzeitig*.

Beim Gerät hingegen kann es durchaus sein, dass sowohl auf der Strecke $T_1 - T_2$ als auch auf der Strecke $T_3 - T_4$ *gleichzeitig* Strom fließt.
Außerdem muss die Summe der Wahrscheinlichkeiten 1 ergeben. In der Abbildung ist das zwar der Fall, aber dies ist eher Zufall.
*Angabenvariation:* Wären alle Wahrscheinlichkeiten 0,9 gewesen, so hätten wir statt $0{,}7 + 0{,}3 = 1$ in diesem Fall $0{,}9 + 0{,}9 = 1{,}8$ gehabt – Widerspruch zur Summe 1.

**Finns Lösung** ist richtig und vollständig.

*Anmerkungen:* Lena ist eigentlich auf eine optische Täuschung hereingefallen, denn die Skizze sieht schon wie ein Baumdiagramm aus und der Strom muss (mindestens) durch eine der zwei Strecken fließen.
Wir hätten auch anders bemerken können, dass Lenas Lösung falsch sein muss: Mit den Zahlen aus der Angabenvariation folgt $P(A) = 0{,}9 \cdot 0{,}9 + 0{,}9 \cdot 0{,}9 = 1{,}62$. Dies ist aber absurd, denn keine Wahrscheinlichkeit ist größer als 1.
Es ist sinnvoll, den Lösungsweg durch neue Zahlenbeispiele zu prüfen. Dies bietet die Chance, bestimmte Fehler auf diese Art schnell zu entdecken.
Der Schein trügt ab und zu auch im Bereich der Mathematik. Wie wichtig ein anschaulicher Hintergrund auch sein mag, letztendlich kommt es auf die Inhalte an.

**Überraschungsei**
**Axels Lösung** ist richtig. Die Herstellung von Überraschungseiern ist eine Massenproduktion, bei der also *keine fünf*, sondern vielleicht viele tausend Eier produziert werden. „Jedes fünfte Ei ein Dinosaurier“ bedeutet, dass ein Ei mit der Wahrscheinlichkeit $\frac{1}{5}$ ein Dinosaurier enthält. Die Gegenwahrscheinlichkeit ist $\frac{4}{5}$.
*Anmerkung:* Nachdem jemand ein Ei gekauft hat, verringert sich die Gesamtzahl der Eier (kurzfristig) um eins. Wegen der hohen Anzahl der hergestellten Eier bleiben aber die Anteile $\frac{1}{5}$ und $\frac{4}{5}$ praktisch unverändert.

**Chiaras Lösung** ist fehlerhaft. Sie setzte nämlich stillschweigend voraus, dass es sich um *genau* fünf Eier handelt, von denen ein Ei ein Dinosaurier und die anderen vier ein anderes Tier enthalten.

*Anmerkung:* Bei genau fünf Eiern könnte man auch die Pfadregeln anwenden:

$$P(E) = \underset{\overline{D}}{\frac{4}{5}} \cdot \underset{\overline{D}}{\frac{3}{4}} \cdot \underset{\overline{D}}{\frac{2}{3}} = 0{,}4$$

*Zusammengefasst:* Obwohl in der Tat eigentlich Ziehen ohne Zurücklegen erfolgt ist, war die Verwendung dieses Schemas wegen der großen Stückzahl trotzdem falsch. Korrekt wäre es gewesen, mit dem Schema Ziehen mit Zurücklegen zu arbeiten.

*Beachte:* Man muss die Aufgabe stets in ihrer Gesamtheit betrachten.

**Gesunde und Kranke**

**Nicos Lösung** ist fehlerhaft. Wenn insgesamt 1000 Personen untersucht werden, dann ist genau eine krank und die anderen 999 sind gesund.

Bei $\frac{1}{100}$ $\left(\frac{10}{1000} = \frac{1}{100}\right)$ Gesunden fällt der Test irrtümlich positiv aus. Somit zeigt der Test bei $\frac{999}{100} = 9{,}99$ gesunden Personen eine Krankheit an. Statt 9,99 hat Nico aber mit 10 gearbeitet. Dies ist sein Denkfehler. Anders gesagt: $\frac{1}{100}$ bezieht sich nur auf 999 und *nicht* auf 1000 Personen.

*Anmerkungen:* Es ist ein Schönheitsfehler, dass $\frac{999}{100} = 9{,}99$ keine ganze Zahl ist und es ergibt allgemein wenig Sinn über 9,99 Personen zu reden. Da aber die ganze Aufgabe mit Durchschnittswerten arbeitet, ergeben die 9,99 Personen durchaus einen Sinn.

Von 1000 Personen ist genau eine tatsächlich krank. Der Test fällt aber bei $\left(1 + \frac{999}{100}\right)$ Personen positiv aus. Damit ist der gesuchte Anteil $\frac{1}{1+\frac{999}{100}} = \frac{1}{\frac{1099}{100}} = \frac{100}{1099}$.

Somit wurde Nicos Lösung korrigiert.

$\frac{1}{11} \approx 0{,}\mathbf{090\,9}09$ und $\frac{100}{1099} \approx 0{,}\mathbf{090\,9}91$

$\frac{1}{11}$ stellt einen sehr guten Näherungswert dar. Nicos Lösung kann daher als eine ausgezeichnete Überschlagsrechnung betrachtet werden.

**Melikes Lösung** ist korrekt. Die Hochrechnung auf 100 000 Personen hat den Vorteil, dass nur mit ganzen Zahlen gearbeitet wird.

**Münzwurf**

Zunächst wenden wir die Methode der **Angabenvariation** an:
C: „0 mal Kopf aus 1 Wurf" oder D: „1 mal Kopf aus 2 Würfen"
Nach **Maras Lösung** wäre $P(C) = \frac{0}{1} = 0$ und $P(D) = \frac{1}{2}$.
Es ist klar, dass $P(C) = 0$ falsch sein muss, denn beim einmaligen Wurf kann Kopf oder Zahl fallen, C ist nicht das unmögliche Ereignis.
Maras Denkfehler: Sie betrachtete die Anzahl der Würfe als mögliche Fälle, die Anzahl der Köpfe als günstige Fälle.
Beim Ereignis A gibt es aber folgende mögliche Fälle:
KKK, KKZ, KZK, ZKK
KZZ, ZKZ, ZZK, ZZZ
Es gibt also acht und *nicht* drei mögliche Fälle.
Die günstigen Fälle sind beim Ereignis A:
KKZ, KZK, ZKK
Es gibt also drei und *nicht* zwei günstige Fälle.
$P(A) = \frac{3}{8}$ wird bestätigt.

**Joels Lösung** ist fehlerfrei.

*Anmerkung:* Wir vermuten, dass der Denkfehler auch sprachliche Gründe hat. Denn die Formulierung „2-mal Kopf aus 3 Würfen" kann man leicht zu $\frac{2}{3}$ umdeuten.

**Fehlerquoten**

**Maurices Lösung** ist falsch. Das Gegenereignis entspricht nicht dem zu untersuchenden Experiment, denn es umfasst mehr (siehe Abbildung). Dies ist der Kern des Fehlers.

**Miriams Lösung** ist leicht fehlerhaft. Laut Angaben ist das Testergebnis bei 0,01 % der nicht infizierten Personen positiv. Bei 10 000 Personen gibt es 9999 Gesunde und einen Infizierten. Der Anteil von 0,01 % gilt also nur für 9999 und *nicht* für alle 10 000. Und 0,01 % von 9999 ist 0,9999. Dies ist zwar so gut wie 1, aber streng genommen doch weniger als 1. Dies ist der Fehler.

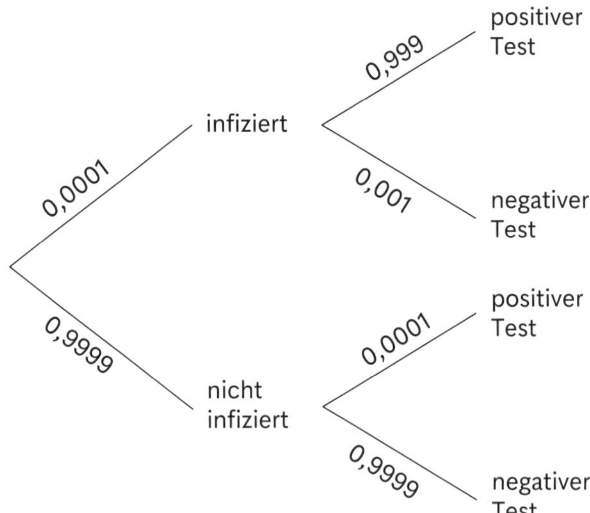


**Rezas Lösung** ist grob falsch. 0,000 1 · 0,999 = 0,000 099 9 gibt die Wahrscheinlichkeit an, mit der eine *infizierte* Person *positiv* getestet wird. Die Frage lautete aber: „Mit welcher Wahrscheinlichkeit ist eine *positiv* getestete vorsichtige Person tatsächlich *infiziert*?"
Dadurch, dass Reza die Reihenfolge von „positiv getestet" und „infiziert" vertauscht hat, löste er eigentlich eine *andere Aufgabe* (in sich korrekt).

Um die gesuchte Wahrscheinlichkeit exakt zu ermitteln, schildern wir noch einen weiteren Lösungsweg.

**4. Lösungsweg:**
Eine Hochrechnung der Angaben auf 100 000 000 (vorsichtige) Personen ergibt: 0,01 %, also 10 000 sind infiziert und 99 990 000 sind gesund. 0,1 % der 10 000 Infizierten, also 10 Personen werden nicht als krank erkannt. 9990 (10 000 – 10) der tatsächlich Kranken gelten damit offiziell als krank. Ferner findet man:
0,01 %, von 99 990 000, also 9999 gesunde Personen werden irrtümlich für infiziert gehalten.
Die Hochrechnung ergibt also 19 989 positiv Getestete (9990 + 9999). Davon sind 9990 tatsächlich infiziert und 9999 gesund.

Daraus folgt: Die mathematisch korrekte Wahrscheinlichkeit beträgt $\frac{9990}{19\,989}$.

*Anmerkungen:* Miriams Lösung liefert einen sehr guten Näherungswert, denn

$\frac{9990}{19\,989} \approx 0{,}4998 \approx 0{,}5 = 50\,\%$

Die Hochrechnung auf 100 000 000 Personen hat den Vorteil, dass hier nur mit ganzen Zahlen gearbeitet wird.
Es ist schon verblüffend, dass trotz einer Testgenauigkeit von 99,9 % bzw. 99,99 % nur in etwa 50 % der Fälle eine positiv getestete Person tatsächlich infiziert ist. Bei praktisch jeder zweiten Person mit einem positiven Testergebnis handelt es sich nur um einen falschen Alarm.

*Beachte:* Selbst Angaben mit hoher Genauigkeit können unter Umständen zu groben Ungenauigkeiten führen. Auf unsere Intuition dürfen wir uns nicht blind verlassen.

**Durchschnittswert**

**Leanders Lösung** ist falsch. Seine Veranschaulichung stellt nur *einen* der möglichen Fälle dar. Die anderen Fälle hat er nicht berücksichtigt. Wenn wir mischen, gibt es keine Garantie dafür, dass das Ergebnis symmetrisch wird. Denkbar wäre auch die Verteilung aus folgender Abbildung:

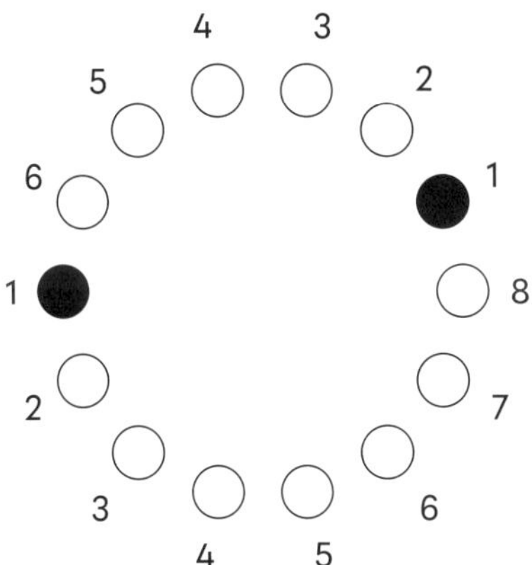


In diesem Fall wäre $E(X) = 1 \cdot \frac{2}{14} + 2 \cdot \frac{2}{14} + 3 \cdot \frac{2}{14} + 4 \cdot \frac{2}{14} + 5 \cdot \frac{2}{14} + 6 \cdot \frac{2}{14} + 7 \cdot \frac{1}{14} + 8 \cdot \frac{1}{14} = \frac{57}{14}$.

Das Beispiel zeigt, dass der Erwartungswert keine ganze Zahl sein muss.

**Bastians Lösung** ist ebenfalls falsch. Sein Denkfehler: „eine schwarze Karte aus sieben Karten" ist nicht *gleichwertig* mit „zwei schwarze Karten aus 14 Karten". Auch dann nicht, wenn $2 \cdot 1 = 2$, $2 \cdot 6 = 12$ und $2 \cdot 7 = 14$.

**Emilias Lösung** ist fehlerfrei.

*Anmerkung:* Es ist unmöglich, dass die erste schwarze Karte die 14-te wird. Daher ist $P(x_{14}) = 0$.
Die einzelnen Wahrscheinlichkeiten kann man auch mithilfe der Pfadregeln berechnen. Steht W für weiß und S für schwarz, dann gilt:

$P(X = 1) = \underset{S}{\frac{2}{14}} \left(\text{und } \frac{2}{14} = \frac{13}{91}\right)$, $P(X = 2) = \underset{W}{\frac{12}{14}} \cdot \underset{S}{\frac{2}{13}} = \frac{12}{91}$ usw.

*Anmerkungen:* Leanders Lösung und Bastians Lösung haben schon etwas Gemeinsames: Beide versuchen, „12 + 2" irgendwie auf „6 + 1" zurückzuführen.
Der Ausdruck „im Durchschnitt" kann dazu beigetragen haben, dass Leander irrtümlicherweise nur eine symmetrische Verteilung untersuchte.

**Wer mit wem?**

Die Gesamtzahl der möglichen Fälle ist mit 252 für einen schnellen Überblick viel zu groß. Zunächst untersuchen wir eine **ähnliche**, aber **einfachere** Fragestellung:
Aus Diana, Hubert, Lisa und Frank werden zwei Personen eingeladen. Mit welcher Wahrscheinlichkeit ist Diana dabei und Frank nicht dabei?
Nach **Benedikts** Gedankengang wäre

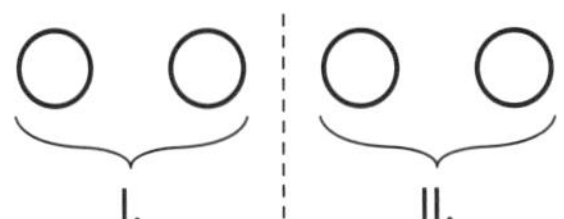


$$P(E) = \frac{\binom{2}{1} \cdot \binom{2}{1}}{\binom{4}{2}} = \frac{2 \cdot 2}{6} = \frac{2}{3}$$

Nach **Melissas** Gedankengang wäre

$$P(E) = \frac{\binom{1}{1} \cdot \binom{2}{1} \cdot \binom{1}{1}}{\binom{4}{2}} = \frac{1 \cdot 2 \cdot 1}{6} = \frac{1}{3}$$

Da wir diesmal nur $\binom{4}{2} = 6$ mögliche Fälle haben, ist ein schneller Überblick möglich. Es gibt nur 2 günstige Fälle: {Diana, Hubert} und {Diana, Lisa}.

Also ist $P(E) = \frac{2}{6} = \frac{1}{3}$.

Wir vermuten, dass **Benedikts Lösung** falsch und **Melissas Lösung** richtig sein muss. Wir wissen aber immer noch nicht, *warum* Benedikts Gedankengang falsch sein soll. Der Fehler liegt bei der Ermittlung der günstigen Fälle.
*Nach* der Einladung gibt es 5 eingeladene und 5 nicht eingeladene Personen.

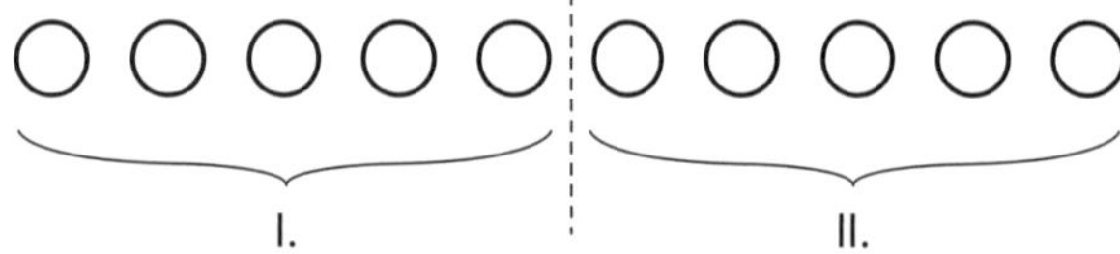


Wenn aber die Einladung bereits erfolgt ist, „sind die Würfel gefallen“, die fünf Personen stehen fest und daher können wir niemanden mehr wählen oder nicht wählen.
Benedikt ging jedoch irrtümlich davon aus, dass man sich hier noch frei entscheiden kann.
*Vor* der Einladung kommen alle 10 Personen in Frage.

**Melissas Lösung** ist korrekt. Sie zeigt, wie man eine geschickte und korrekte Differenzierung durchführen kann.

*Anregung:* Blickt man nicht mehr richtig durch, dann kann man zunächst eine *ähnliche*, aber einfachere Fragestellung untersuchen. So hat man gute Chancen, die Unklarheit zu beseitigen. Die so gewonnenen Erkenntnisse kann man anschließend häufig auf die ursprüngliche Fragestellung übertragen.
*Bemerkung:* Die ursprüngliche Aufgabe kann auch mit den Pfadregeln gelöst werden. W bezeichne eine gewünschte, N eine neutrale Person. Dann gilt:

$$P(E) = \underset{W}{\frac{2}{10}} \cdot \underset{W}{\frac{1}{9}} \cdot \underset{N}{\frac{5}{8}} \cdot \underset{N}{\frac{4}{7}} \cdot \underset{N}{\frac{3}{6}} + \underset{W}{\frac{2}{10}} \cdot \underset{N}{\frac{5}{9}} \cdot \underset{W}{\frac{1}{8}} \cdot \underset{N}{\frac{4}{7}} \cdot \underset{N}{\frac{3}{6}} + \ldots + \underset{N}{\frac{5}{10}} \cdot \underset{N}{\frac{4}{9}} \cdot \underset{N}{\frac{3}{8}} \cdot \underset{W}{\frac{2}{7}} \cdot \underset{W}{\frac{1}{6}}$$

Es gibt $\binom{5}{2} = 10$ günstige Pfade, die alle gleichwahrscheinlich sind.

$P(E) = 10 \cdot \frac{5}{10} \cdot \frac{4}{9} \cdot \frac{3}{8} \cdot \frac{2}{7} \cdot \frac{1}{6} = \frac{5}{126}$ Das bekannte Ergebnis wurde noch einmal bestätigt.

**Zwei Bonbon-Schachteln**
**Stefans Lösung** ist fehlerhaft. Der Denkfehler ist entstanden, als Stefan alle Bonbons zusammengelegt hat. Der Schüler wählt nämlich zuerst eine Schachtel und keinen Bonbon. Dies ist der Kern des Fehlers.

**Claudias Lösung** ist auch falsch. Betrachten wir folgendes Beispiel:

Die weißen Kugeln veranschaulichen Bonbons aus der einen, die schwarzen Kugeln Bonbons aus der anderen Schachtel. Hier wurde die eine Schachtel bereits nach 13 Zügen (statt 15 Zügen) leer. Zu diesem Zeitpunkt befanden sich in der anderen Schachtel aber keine 5 Bonbons, sondern 7 Bonbons.

Wir schildern nun einen fehlerfreien Lösungsweg:

**3. Lösung**

Die zwei Schachteln seien I und II. E tritt bei folgenden zwei Fällen ein:

*1. Fall*: Der Schüler nimmt von den ersten 14 Bonbons 9 aus I, 5 aus II und nachher noch einen Bonbon aus I.

*2. Fall*: Der Schüler nimmt von den ersten 14 Bonbons 9 aus II, 5 aus I und nachher noch einen Bonbon aus II.

Nun können wir die Formel von Bernoulli korrekt anwenden.

$$P(E) = \binom{14}{9} \cdot \left(\frac{1}{2}\right)^9 \cdot \left(\frac{1}{2}\right)^5 \cdot \frac{1}{2} + \binom{14}{9} \cdot \left(\frac{1}{2}\right)^9 \cdot \left(\frac{1}{2}\right)^5 \cdot \frac{1}{2}$$

Mal $\frac{1}{2}$ bedeutet, dass der Schüler den 15. Bonbon aus der Schachtel wählt, die nur noch einen Bonbon enthält.

$$P(E) = \binom{14}{9} \cdot \left(\frac{1}{2}\right)^{14} \cdot \frac{1}{2} + \binom{14}{9} \cdot \left(\frac{1}{2}\right)^{14} \cdot \frac{1}{2} = \binom{14}{9} \cdot \left(\frac{1}{2}\right)^{15} + \binom{14}{9} \cdot \left(\frac{1}{2}\right)^{15} = 2 \cdot \binom{14}{9} \cdot \left(\frac{1}{2}\right)^{15}$$

$$P(E) = 2 \cdot \binom{14}{9} \cdot \left(\frac{1}{2}\right)^{15} = \frac{4004}{32\,768} = \frac{1001}{8192} \approx 0{,}1222$$

Dies ist die korrekte Wahrscheinlichkeit.

**Drei Richtige im Lotto**

**Lenis Lösung** ist fehlerhaft. Man hat insgesamt sechs Zahlen angekreuzt. Es gibt also nicht nur drei Richtige, sondern *auch drei falsche Zahlen* aus den restlichen 43 (49 – 6). Diese kann man auf

$\binom{43}{3} = 12\,341$ Arten angekreuzt haben. Die Anzahl der günstigen Fälle ist daher $\binom{6}{3} \cdot \binom{43}{3}$ und

$$P(E) = \frac{\binom{6}{3} \cdot \binom{43}{3}}{\binom{49}{6}} = \frac{20 \cdot 12\,341}{13\,983\,816} \approx 0{,}017\,65$$

Die Wahrscheinlichkeit entspricht knapp 1,8 %.

**Dafnes Lösung** ist ebenfalls fehlerhaft. Da man sechs Zahlen angekreuzt hat, bestehen die Pfade aus *sechs* und *nicht* aus drei Teilstrecken.

$$\underset{R}{\frac{6}{49}} \cdot \underset{R}{\frac{5}{48}} \cdot \underset{R}{\frac{4}{47}} \cdot \underset{F}{\frac{43}{46}} \cdot \underset{F}{\frac{42}{45}} \cdot \underset{F}{\frac{41}{44}}$$

R R R F F F ist ein möglicher Pfad (R = richtig, F = falsch). Insgesamt gibt es $\binom{6}{3} = 20$ solche Pfade. Da sie aber wegen des Kommutativgesetzes gleichwahrscheinlich sind, können wir das Ergebnis folgendermaßen berechnen:

$$P(E) = 20 \cdot \frac{6}{49} \cdot \frac{5}{48} \cdot \frac{4}{47} \cdot \frac{43}{46} \cdot \frac{42}{45} \cdot \frac{41}{44} = \frac{246\,820}{13\,983\,816} \approx 0{,}017\,65$$

**Socken im Dunklen**

**Angabenvariation**

Aus 3 weißen und 3 schwarzen Socken werden zufällig 3 ausgewählt. Mit welcher Wahrscheinlichkeit hat man mindestens zwei gleichfarbige Socken gezogen?

Das korrekte Ergebnis ist offensichtlich 1.

Wir wiederholen den Gedankengang aus **Simons Lösung**. Danach wäre

$$P(E) = \frac{\binom{3}{2} \cdot \binom{4}{1} + \binom{3}{2} \cdot \binom{4}{1}}{\binom{6}{3}} = \frac{3 \cdot 4 + 3 \cdot 4}{20} = \frac{24}{20} = 1{,}2$$

Dieses Ergebnis ist falsch, denn keine Wahrscheinlichkeit kann größer als 1 sein. Um dem Fehler auf die Spur zu kommen, werden wir nun alle günstigen Fälle in Simons Lösung aufzählen. Die weißen Socken seien W1, W2, W3, die schwarzen S1, S2, S3. Die folgende Tabelle ermöglicht einen schnellen Überblick:

| Die Fälle, nummeriert | mindestens 2 W | | Die Fälle, nummeriert | mindestens 2 S | |
|---|---|---|---|---|---|
| | 2 W | noch 1 S | | 2 S | noch 1 W |
| 1. | $W_1, W_2$ | $S_1$ | 1. | $S_1, S_2$ | $W_1$ |
| 2. | $W_1, W_2$ | $S_2$ | 2. | $S_1, S_2$ | $W_2$ |
| 3. | $W_1, W_2$ | $S_3$ | 3. | $S_1, S_2$ | $W_3$ |
| 4. | $W_1, W_3$ | $S_1$ | 4. | $S_1, S_3$ | $W_1$ |
| 5. | $W_1, W_3$ | $S_2$ | 5. | $S_1, S_3$ | $W_2$ |
| 6. | $W_1, W_3$ | $S_3$ | 6. | $S_1, S_3$ | $W_3$ |
| 7. | $W_2, W_3$ | $S_1$ | 7. | $S_2, S_3$ | $W_1$ |
| 8. | $W_2, W_3$ | $S_2$ | 8. | $S_2, S_3$ | $W_2$ |
| 9. | $W_2, W_3$ | $S_3$ | 9. | $S_2, S_3$ | $W_3$ |
| 10. | $W_1, W_2$ | $W_3$ | 10. | $S_1, S_2$ | $S_3$ |
| 11. | $W_1, W_3$ | $W_2$ | 11. | $S_1, S_3$ | $S_2$ |
| 12. | $W_2, W_2$ | $W_1$ | 12. | $S_2, S_3$ | $S_1$ |

Man sieht nun schnell, wo der Hund begraben ist: Die Fälle 10, 11 und 12 stellen jeweils denselben Fall dar. Es wurden aber drei Fälle gezählt. Statt $2 \cdot 12 = 24$ gibt es somit nur $2 \cdot 10 = 20$ günstige Fälle und damit ist $P(E) = \frac{20}{20} = 1$, wie es auch sein muss.

*Anmerkung:* Bei der ursprünglichen Aufgabe ist wegen der größeren Anzahl der möglichen Fälle $\binom{12}{3} = 220$ ein solcher schneller Überblick nicht möglich. Wir können uns aber denken, dass auch hier bestimmte Fälle mehrmals gezählt wurden. Wegen $\frac{19}{22} = \frac{190}{220}$ und $\frac{8}{11} = \frac{160}{220}$ müssen in **Simons Lösung** genau 30-mal (190 – 160) einige Fälle irrtümlich mehrmals gezählt worden sein. Welche aber sind diese? Die Untersuchung des einfacheren Beispiels zeigt: Nur dann wurden bestimmte Fälle mehrmals gezählt, wenn man drei gleichfarbige Socken gezogen hat. Jeder solcher Fall wurde dreimal gezählt. Damit sind $\frac{2}{3}$ dieser Zählungen überflüssig.
Diesen Ansatz wenden wir nun bei Simons Lösung an. Bei den weißen Socken konnte man 2 Socken auf $\binom{5}{2} = 10$ Arten wählen, die dritte weiße Socke auf $\binom{3}{1} = 3$ Arten. $10 \cdot 3 = 30$; davon sind $\frac{2}{3} \cdot 30 = 20$ überflüssig. Ähnlich erhalten wir: Bei den schwarzen Socken waren $\frac{2}{3} \cdot \binom{4}{2} \cdot \binom{2}{1} = \frac{2}{3} \cdot 6 \cdot 2 = 8$, bei den grauen Socken $\frac{2}{3} \cdot \binom{3}{2} \cdot \binom{1}{1} = 2$ Zählungen überflüssig.
Der „Überschuss" beträgt $20 + 8 + 2 = 30$.

**Sarahs Lösung** ist richtig.

*Anmerkung:* Man kann **Simons Lösung** auch anders korrigieren. Bei der Bestimmung der günstigen Fälle wird statt „mindestens 2" „genau 2" und „genau 3" gesondert untersucht.

$$\underbrace{\binom{5}{2} \cdot \binom{7}{1}}_{\text{genau 2 w}} + \underbrace{\binom{5}{3} \cdot \binom{7}{0}}_{\text{genau 3 w}} = 10 \cdot 7 + 10 \cdot 1 = 80$$

ist die Anzahl der günstigen Fälle für mindestens zwei weiße Socken.
Ähnlich erhalten wir

$$\underbrace{\binom{4}{2}\cdot\binom{8}{1}}_{\text{genau 2 s}}+\underbrace{\binom{4}{3}\cdot\binom{8}{0}}_{\text{genau 3 s}}=6\cdot 8+4\cdot 1=52$$

günstige Fälle für mindestens zwei schwarze Socken und

$$\underbrace{\binom{3}{2}\cdot\binom{9}{1}}_{\text{genau 2 g}}+\underbrace{\binom{3}{3}\cdot\binom{9}{0}}_{\text{genau 3 g}}=3\cdot 9+1\cdot 1=28$$

günstige Fälle für mindestens zwei graue Socken.

$80 + 52 + 28 = 160$

Damit ist

$$P(E)=\frac{160}{220}=\frac{8}{11}$$

**Es fallen Sechser**

**Silkes Lösung** ist fehlerhaft.
Begründung:
Durch

$$P(A\cap B)=P(A)\cdot P(B) \qquad (*)$$

setzte Silke stillschweigend voraus, dass A und B unabhängig sind.
Die Gleichung (*) trifft jedoch *nicht* zu.
Tatsächlich:

$$P(A)=\frac{763}{3888} \text{ und } P(B)=\frac{3875}{3888} \qquad (I)$$

wurde von Silke richtig ermittelt.

$$P(A\cap B)=\frac{125}{648} \qquad (II)$$

Wurde von Frank als P(E) richtig berechnet.
Wir setzen nun (I) und (II) in (*) ein:

$$\frac{125}{648}=\frac{763}{3888}\cdot\frac{3875}{3888}$$

Diese Gleichung stimmt aber nicht. Somit sind A und B *nicht* unabhängig.

**Franks Lösung** ist richtig.

*Beachte:* $P(A\cap B)=P(A)\cdot P(B)$ gilt nur dann, wenn A und B unabhängig sind.

## 3.6 Kombinatorik

### Sechseck

**Sofias Lösung** ist falsch. In der linken Abbildung kann man bemerken, dass sich die Diagonalen AC und FD *nicht* schneiden. Ebenso wie die Diagonalen AE, BD sowie BF, CE. Die drei „Phantompunkte" wurden aber mitgezählt.
Außerdem kann man bemerken: Der Punkt A ist zum Beispiel der Schnittpunkt der Diagonalen AC, AD und AE. Sophie zog zwar die 6 Eckpunkte ab, aber nur *einmal*. In Wirklichkeit wurden sie *je dreimal* mitgezählt. Man kann Sophies Gedankengang korrigieren: $30 - (3 + 6 \cdot 2) = 15$

**Henrys Lösung** ist unvollständig. Der Gedankengang ist nur für ein solches Sechseck gültig, bei dem keine zwei Schnittpunkte zusammenfallen, wie zum Beispiel in der rechten Abbildung. In der linken Abbildung hingegen wurde der „Mittelpunkt" dreimal gezählt, als Schnittpunkt der Diagonalen AD, BE und CF.

**Ellas Lösung** ist unvollständig. Sie untersuchte lediglich den Sonderfall eines regelmäßigen Sechsecks (linke Abbildung).

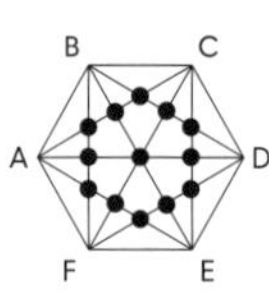


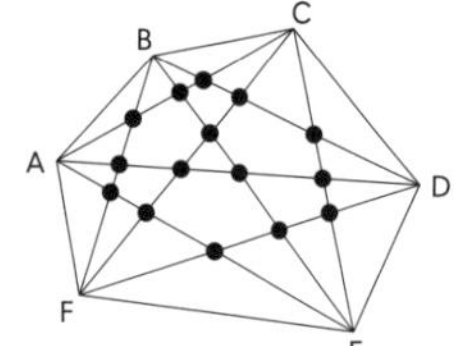


*Anmerkungen:* Aus Henrys Lösung folgt, dass sich die Diagonalen in höchstens 15 Punkten schneiden.
Aus Ellas Lösung folgt, dass die gesuchte Anzahl 13 sein kann.

**Frauenquote**
**Reinholds Bemerkung** ist richtig und **Franziskas Lösung** ist fehlerhaft. Wegen der ziemlich hohen Anzahl der Möglichkeiten (504) ist eine Aufzählung praktisch unmöglich. Die sieben Männer seien A, B, C, D, E, F, G, die vier Frauen X, Y, Z, U. Wir betrachten als **Beispiel** die Fünferdelegation {A, B, X, Y, Z}. Diese kann folgendermaßen zu Stande gekommen sein:
Am Anfang wurden die Frauen X, Y ausgewählt, nachher A, B und Z *oder*
am Anfang wurden die Frauen X, Z ausgewählt, nachher A, B und Y *oder* auch
am Anfang wurden die Frauen Y, Z ausgewählt, nachher A, B und X.
*Dieselbe* Delegation wurde also von Franziska irrtümlich *dreimal* gezählt.
*Anmerkung:* Nur jene Delegationen werden mehrmals gezählt, die mehr als 2 Frauen enthalten.

Wir zeigen nun eine **korrekte Lösung**.
Dazu unterscheiden wir bei „mindestens 2 Frauen“ zwischen
„2 Frauen, 3 Männer“, „3 Frauen, 2 Männer“ und „4 Frauen, 1 Mann“.
Dieser Ansatz führt zum Term:

$$\underbrace{\binom{4}{2}\cdot\binom{7}{3}}_{\text{2 Frauen, 3 Männer}} + \underbrace{\binom{4}{3}\cdot\binom{7}{2}}_{\text{3 Frauen, 2 Männer}} + \underbrace{\binom{4}{4}\cdot\binom{7}{1}}_{\text{4 Frauen, 1 Mann}} = 6\cdot 35 + 4\cdot 21 + 1\cdot 7 = 301$$

Die Delegation kann also auf insgesamt 301 Arten gebildet werden.
Dies ist die richtige Antwort.

*Beachte:* Besonders bei Zusammenzählungen ist darauf zu achten, dass jede Möglichkeit *genau einmal* berücksichtigt wird.

**Schachbrett**
Die Anzahlen der Stellungen ($8! = 40\,320$ und $(8!)^2 = 1\,625\,702\,400$) sind für eine Prüfung ohne Rechner viel zu groß. Wir untersuchen am **einfacheren** Modell eines 3 × 3-Schachbretts die **analoge Fragestellung**:
Auf wie viele Arten kann man 3 Türme auf ein 3 × 3-Schachbrett stellen, sodass sich keine zwei Türme schlagen?
Die Gedankengänge aus Daniels und Julias Lösung führen zu den Ergebnissen $3! = 6$ und $(3!)^2 = 36$. Wir untersuchen nun, welches dieser zwei Ergebnisse richtig ist. Dazu ermitteln wir alle möglichen Stellungen durch systematisches Probieren.

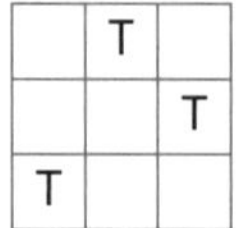


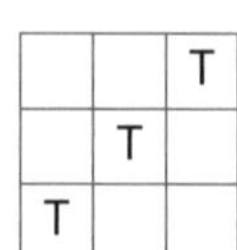


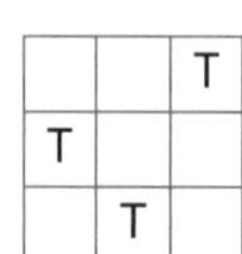


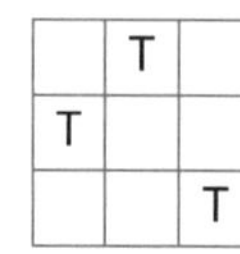


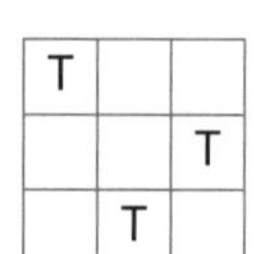


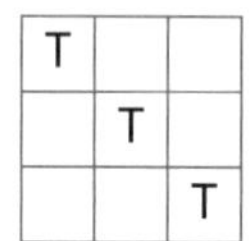


Wir haben 6 verschiedene Stellungen gefunden. Dies bedeutet:
$3! = 6$ ist richtig und $(3!)^2 = 36$ ist falsch.

**Daniels Lösung** wurde bestätigt. **Julias Lösung** wurde widerlegt. Es ist noch zu klären, warum Julias Lösung ein falsches Ergebnis liefert. Dazu betrachten wir folgende Stellung in unserem einfacheren Modell:

|  | T |  |
|---|---|---|
|  |  | T |
| T |  |  |

Sie kann auf insgesamt 6 Arten zustande kommen.

|  | 2 |  |
|---|---|---|
|  |  | 3 |
| 1 |  |  |

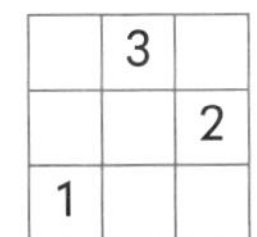

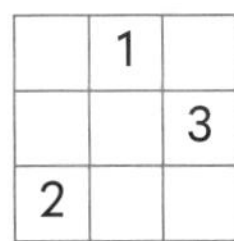

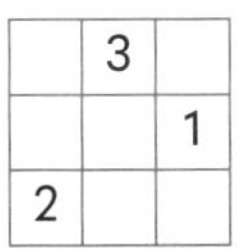

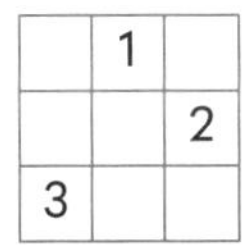

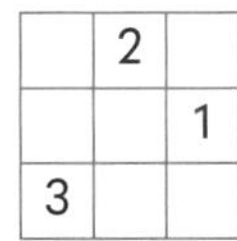

Alle sechs vorherigen Abbildungen ergeben dieselbe Stellung. Dies liegt daran, dass man die drei Türme auf dieselben Felder in unterschiedlicher Reihenfolge stellen kann. Die drei Türme sind nicht unterscheidbar, deshalb ist die Reihenfolge ohne Bedeutung.
*Zusammengefasst:* Nach Julias Gedankengang wird jede Stellung 6-mal ($3! = 6$) gezählt. Man kann ihre Lösung korrigieren, indem man ihr Ergebnis durch 3! teilt: $(3!)^2 : 3! = 3! = 6$.
Das richtige Ergebnis 3! wurde noch einmal bestätigt.

**Zurück zur ursprünglichen Aufgabe**
Durch Analogie gilt: Daniels Lösung ist richtig, Julias Lösung ist falsch. In Julias Lösung wurde jede Stellung 8! = 40 320-mal gezählt. Man kann ihre Lösung korrigieren, indem man ihr Ergebnis durch 8! teilt: $(8!)^2 : 8! = 8!$
*Beachte:* Analogie ist eine Beweismethode. Blickt man nicht mehr richtig durch, dann könnte man zunächst eine ähnliche, aber einfachere Fragestellung untersuchen. Die so gewonnenen Erkenntnisse kann man anschließend häufig durch Analogie auf die ursprüngliche Fragestellung übertragen.

**Vierstellige Zahlen**
**Deborahs Lösung** ist fehlerfrei. **Maiks Lösung** ist fehlerhaft.
*Beispiel:* Bei 2, 3, 4 und 5 gibt es *keine* 3 (5 – 2) Zahlen, sondern 4 Zahlen. Korrekt wäre also 5 – 2 + 1. Man kann Maiks Lösung korrigieren. Es gibt 9999 – 1000 + 1 = 9000 Zahlen. Deborahs Ergebnis wurde bestätigt.

**Fünfstellige Zahlen**
**Rauls Lösung** ist fehlerfrei. **Sinas Lösung** ist fehlerhaft.
*Beispiel:* Bei 4, 5 und 6 gibt es *keine* 2 (6 – 4) Zahlen, sondern 3 Zahlen. Korrekt wäre also 6 – 4 + 1. Bei der Aufgabe wären es also 99 999 – 11 111 + 1 = 88 889 Zahlen. Dies ist aber nur eine Kleinigkeit. Sinas Lösung enthält noch einen weiteren Denkfehler.
*Beispiel:* 10 207 wurde auch mitgezählt, obwohl sie wegen der Nullen die Bedingung nicht erfüllt. Alle Zahlen zwischen 11 111 und 99 999, die mindestens eine Null erhalten, wurden irrtümlich mitgezählt.

*Anmerkung:* Mithilfe von Sinas Denkfehler kann man eine neue Aufgabe stellen:
Aufgabe: Wie viele fünfstellige Zahlen gibt es, die mindestens eine Null enthalten?
Lösung: Diese Zahlen direkt zusammenzuzählen erweist sich als problematisch. Mithilfe von Sinas fehlerhafter und Rauls korrekter Lösung ergibt sich 88 889 – 59 049 = 29 840.
Es gibt also 29 840 solche Zahlen.

*Beachte:* Bestimmte Denkfehler sind mögliche Ansätze für neue Anwendungen.

**Mini-Sudoku**

**Claras Lösung** ist falsch. Nicht in jedem Fall kann man die restlichen Felder so ausfüllen, dass alle Bedingungen erfüllt sind. In der folgenden Abbildung würde im linken unteren Eckfeld jede Zahl zu einem Widerspruch führen:

| 1 | 2 | | |
|---|---|---|---|
| 3 | 4 | | |
| | | 1 | 3 |
| ? | | 4 | 2 |

Es gäbe in der linken Spalte oder in der unteren Reihe zwei gleiche Zahlen.
Es lässt sich zeigen: Ein „zur Hälfte ausgefülltes Quadrat" führt entweder zu genau einer Lösung oder zu keiner Lösung.

**Nicks Lösung** ist richtig.

*Anmerkungen:* 288 ist die Hälfte von 576. Dies bedeutet: Jeder zweite Versuch von Clara führt in eine Sackgasse.
Die Bedingungen der Aufgabe sind eigentlich wie im SUDOKU-Spiel. Die Ermittlung aller möglichen Fälle dieses Spieles erweist sich aber als äußerst schwierig.

*Beachte:* Eine Entdeckung, die anhand einiger Fälle gemacht wird, muss noch lange nicht für alle Fälle gelten.

**Wie viel Mathematik?**

**Emelies Lösung** ist falsch. Die Folgerung $16 \cdot 16 = 256$ setzt nämlich stillschweigend voraus, dass jeder MATHE-Weg und jeder KITAM-Weg einen zusammenhängenden MATHEMATIK-Weg ergeben. Die folgende Abbildung zeigt: Dies muss aber nicht sein.

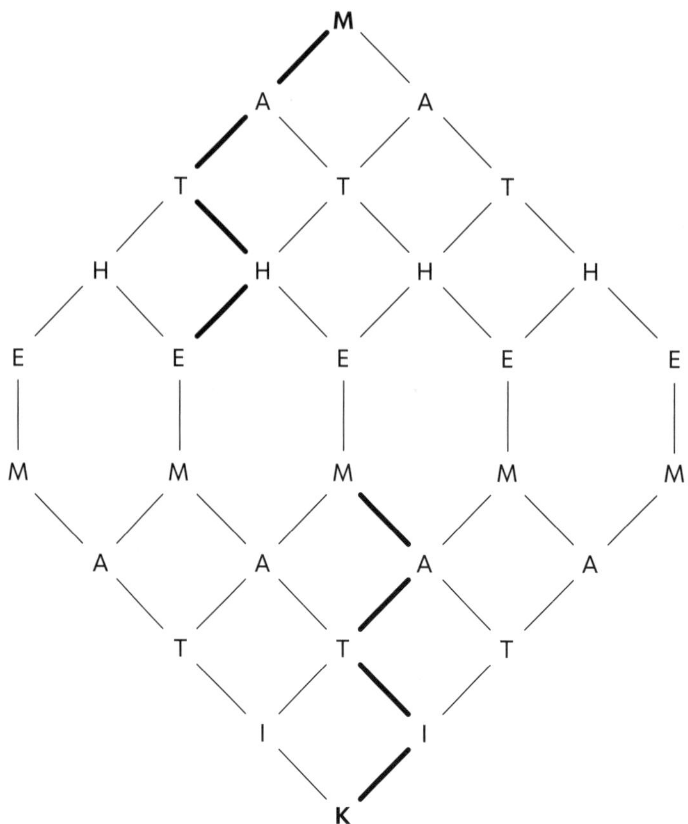

Diese ungültigen Wege hat Emelie durch 16 · 16 = 256 irrtümlicherweise auch mitgezählt. Dies war ihr Denkfehler. In Emelies Gedankengang sind allerdings auch die gültigen Wege enthalten. Die folgende Abbildung zeigt einen solchen Weg.

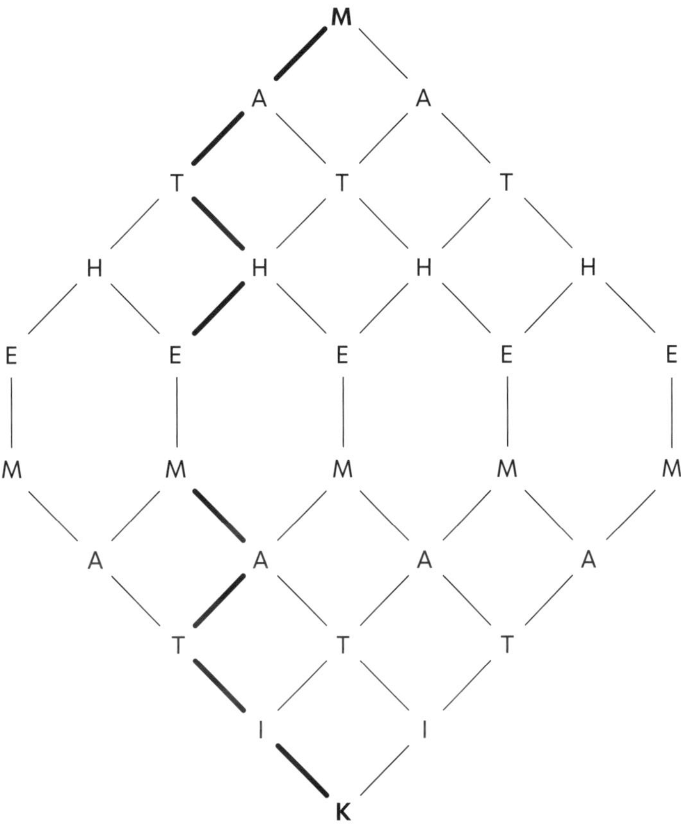


Emelies Lösungsweg kann korrigiert werden, indem man die fünf Schnittstellen zwischen MATHE und KITAM getrennt behandelt: $1 \cdot 1 + 4 \cdot 4 + 6 \cdot 6 + 4 \cdot 4 + 1 \cdot 1 = 70$

**Samuels Lösung** ist korrekt.

*Anmerkung:* Die entwickelte Methode gilt für alle Figuren dieser Art. Auch für solche, die keine Symmetrie aufweisen.

## 3.7 Geometrie

### Siebeneck

**Janiks Lösung** ist korrekt.
**Erikas Lösung** ist fehlerhaft. Sie hat übersehen, dass die markierten Winkel um den Punkt herum *keine* Innenwinkel des Siebenecks darstellen. Erika hat diese irrtümlich dazugezählt. Die „falschen Winkel“ ergeben zusammen 360°. Man kann Erikas Lösung korrigieren, indem man von ihrem Ergebnis diese 360° abzieht: 1260° – 360° = 900°.
Janiks korrektes Ergebnis wurde noch einmal bestätigt.

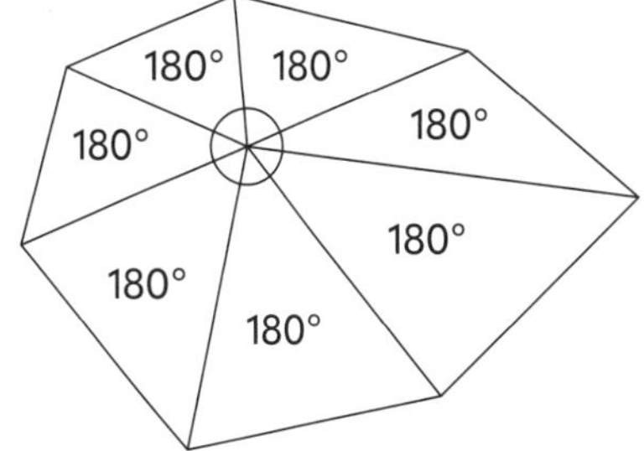


*Anmerkungen:* Die Zerlegung aus Erikas Lösung ist naheliegend, Stichwort Geburtstagstorte. Erfahrungswerte spielen eine wichtige Rolle bei unseren Denkprozessen.

**Komische Dreiecksberechnung**

Um das Übel an der Wurzel zu packen, konstruieren wir zunächst das Dreieck mit den Angaben $\sphericalangle C = 90°$, $b = \sqrt{12}$ cm, $c = 4$ cm, $\alpha = 40°$.
Wir stellen fest: Der Versuch scheitert, die Konstruktion ist nicht möglich.
*Deutung:* Die vier Angaben sind *in sich widersprüchlich*. Sie beschreiben ein „Phantomdreieck", denn es gibt kein Dreieck mit diesen Seitenlängen und Winkelweiten.

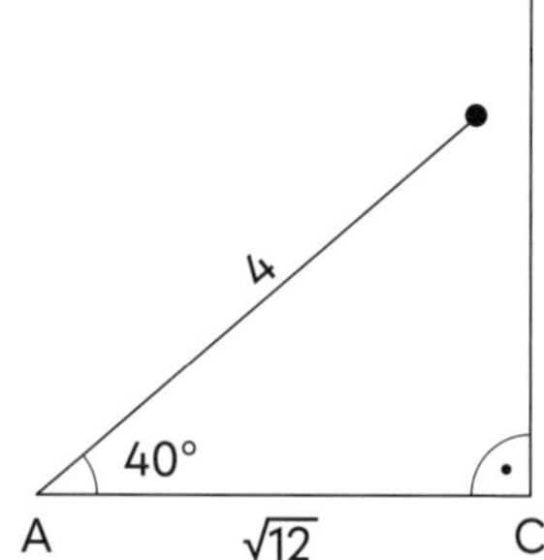


*Anmerkungen:* Eine solche Figur heißt noch *überdefiniert*.
Ein einziger Widerspruch erzeugt viele weitere. *Beispiele* hierfür:
$a^2 + b^2 = c^2$
$a^2 + (\sqrt{12})^2 = 4^2$
$a = 2$ und somit
$\cos(\beta) = \frac{a}{c} = \frac{2}{4} = 0{,}5$ woraus folgte $\beta = 60°$.

Wir hätten gleich am Anfang Verdacht schöpfen können. Ein Dreieck ist nämlich durch *drei* (unabhängige) Angaben bestimmt. Die Aufgabe enthält jedoch *vier* Angaben. Man hat also *eine* Angabe *zu viel* gehabt.
Adrian hat die Angabe $b = \sqrt{12}$ nicht verwendet. Seine Lösung gilt für ein Dreieck mit den anderen drei Angaben. Aber b ist in seinem Dreieck dann *nicht* $\sqrt{12}$, sondern $b \approx 3{,}06$ (zum Beispiel als $b = 4 \cdot \cos(40°)$).
Jasmin hat die Angabe $c = 4$ nicht verwendet. Ihre Lösung gilt nur für ein Dreieck mit den anderen drei Angaben. Dann ist c bei ihr *nicht* 4, sondern $c \approx 2{,}65$ (zum Beispiel als $c = \sqrt{12} \cdot \cos(40°)$).

*Beachte:* Die Möglichkeit, dass die Angaben einer Aufgabe widersprüchlich sind, darf man nicht von vorne herein ausschließen – obwohl dies ganz selten der Fall ist.

**Gleichseitiges Dreieck**

**Max' Lösung** ist fehlerhaft. Max zeigte:
Wenn das Dreieck ABE gleichseitig ist, dann ist $\sphericalangle EDC = 15°$.
Es wäre jedoch zu zeigen gewesen:
Wenn $\sphericalangle EDC = 15°$, dann ist das Dreieck ABE gleichseitig.
Max hat also die Folgerung mit einer Voraussetzung vertauscht. Er löste damit eigentlich – in sich korrekt – eine *andere Aufgabe*.

**Leas Lösung** ist korrekt.

*Anmerkung:* Man kann die Aufgabe auch mit folgendem Ansatz lösen: Auf der Seite DC des Quadrates konstruiert man nach außen das gleichseitige Dreieck DSC.
Es reicht zu zeigen, dass die Dreiecke DSC und AEB kongruent sind. Wir schildern die Idee einer Beweisführung. Man kann nach und nach zeigen:
$\sphericalangle EDS = 75°$, $\sphericalangle SED = 75°$
$\overline{DS} = \overline{ES}$, $\overline{CS} = \overline{ES}$
$\overline{ES} = \overline{AD}$
$\sphericalangle SED = \sphericalangle ADE$
Die Dreiecke EDS und DEA sind kongruent.
Mithilfe dieser Ansätze lässt sich leicht zeigen, dass die Dreiecke DSC und AEB kongruent sind. Da das Dreieck DSC laut Konstruktion gleichseitig ist, ist das Dreieck ABE ebenfalls gleichseitig.

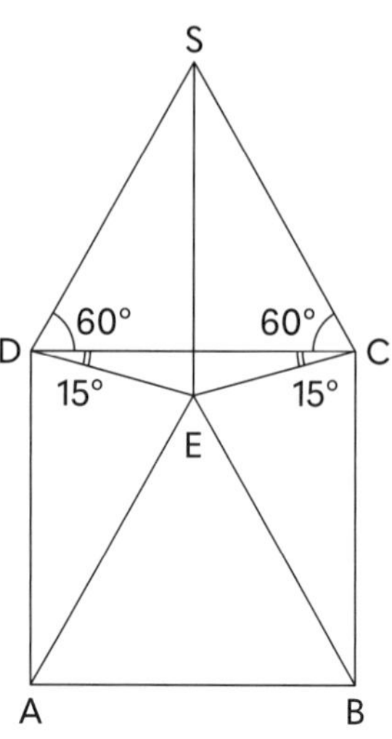


*Beachte:* Wenn der Kehrsatz stimmt, dann folgt allgemein daraus *nicht*, dass auch der Satz stimmt.

**Sich schneidende Geraden**

Die Koordinatengleichung einer Ebene ist bis auf ein Vielfaches der Koeffizienten eindeutig bestimmt. Da dies bei Giulias und Werners Gleichungen offensichtlich nicht der Fall ist, stellen die zwei Gleichungen verschiedene Ebenen dar.

**Werners Lösung** ist falsch. Begründung: Sein Ansatz bezieht sich auf eine Lagebeziehung wie in der linken Abbildung. In Wirklichkeit aber liegt der Punkt C auch auf der Geraden g (rechte Abbildung). Die drei Punkte A, B und C liegen somit auf einer Geraden und bestimmen daher *keine* Ebene. Dies ist übrigens der einzige Fall von unendlich vielen, bei dem Werners Ansatz nicht zum Ziel führt.

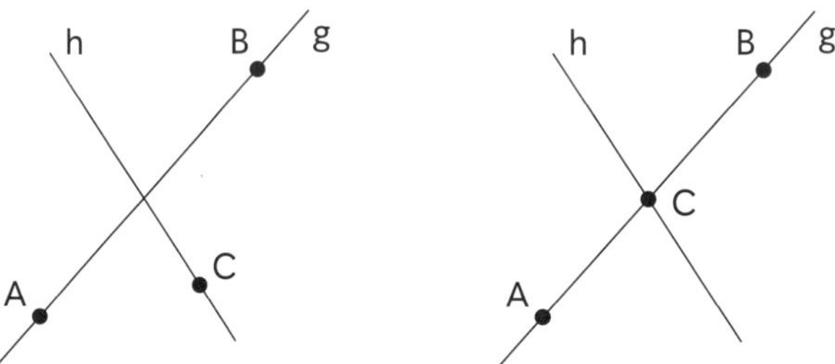


Werners Lösung kann noch weitere Überraschungen liefern.
Aus I · 2 – III folgt $2x_1 - x_3 = 7$, aus III · (–3,5) + II folgt $x_2 - 3{,}5x_3 = -9{,}5$.
Diese verschiedenen Ebenen enthalten alle die Gerade g, dies ist die geometrische Deutung.

**Giulias Lösung** ist richtig.

**Quadrat im Raum**

Der gemeinsame Fehler in **Kathis** und **Gretas Lösung**: Sie haben nicht geprüft, ob die Punkte A, B, C, D in einer Ebene liegen.
Es lässt sich aber zeigen, dass die vier Punkte *nicht* in einer Ebene liegen. Dazu kann man die Gleichung der Ebene (ABC) aufstellen und prüfen, ob D in dieser Ebene liegt. Die Punktprobe geht nicht auf.
Daher bilden die vier Punkte *nicht* die Eckpunkte eines Quadrates.
*Anmerkungen:* Gretas Lösung wäre auch dann unvollständig gewesen, wenn die vier Punkte in einer Ebene gewesen wären, weil bei einer Raute die Diagonalen ebenfalls senkrecht zueinander sind.
Berechnet man alle Winkel, so stellt man fest: $\sphericalangle A = 90°$, $\sphericalangle C = 90°$, $\sphericalangle B \neq 90°$, $\sphericalangle D \neq 90°$. Außerdem ist $\overline{AB} = \overline{BC} = \overline{CD} = \overline{DA}$.
Man kann nun versuchen, die räumliche Figur zu veranschaulichen.

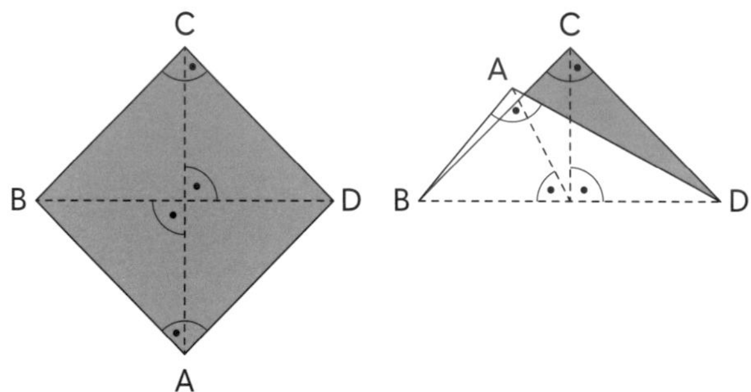


Die linke Abbildung zeigt eine quadratförmige Serviette. Sie liegt noch in der Ebene. Ihre Oberseite ist grau, ihre noch unsichtbare Unterseite ist weiß. Nun wird die Serviette entlang der Diagonale BD gefaltet. Die vier Seitenlängen bleiben somit unverändert. Die Winkel bei A und C bleiben rechte Winkel. Die anderen zwei markierten Winkel bleiben ebenso 90°-Winkel. Die rechte Abbildung zeigt die gefaltete Serviette.
Gretas Lösungsansatz wäre für vier, in einer Ebene liegende Punkte korrekt gewesen.

**Pauls Lösung** ist korrekt.

*Beachte:* Die bekannten Bedingungen für Quadrat, Parallelogramm usw. sind nur dann anwendbar, wenn die vier Eckpunkte in einer Ebene liegen.

**Wie viele Dreiecke?**
Zunächst einmal lassen sich die geringfügigen Unterschiede im gemeinsam gefundenen Dreieck ($\beta$ ist mal 84,4° mal 84°, $\gamma$ ist mal 55,6° mal 56°) damit erklären, dass man mit gerundeten Näherungswerten gearbeitet hat. Der eigentliche Widerspruch besteht darin, dass Mia zwei, Ben aber nur ein Dreieck gefunden hat.

In **Mias Lösung** hat die Gleichung $\sin(\beta) = \frac{4{,}8 \cdot \sin(40°)}{3{,}1}$ im Bereich $0 < \beta < 180°$ die Lösungen $\beta_1 = 84{,}4°$ und $\beta_2 = 95{,}6°$. Damit kommen beide Werte für $\beta$ infrage. Dies bedeutet aber *nicht*, dass sie wirklich Lösungen sind. Wir prüfen den „verdächtigen" Wert $\beta = 95{,}6°$ noch einmal mit dem Sinussatz:
$\frac{a}{\sin(\alpha)} = \frac{c}{\sin(\gamma)} \Leftrightarrow \frac{31}{\sin(40°)} = \frac{4}{\sin(44{,}4°)} \Leftrightarrow 4{,}82 \neq 5{,}71$ ist falsch.
Den Wert $\beta_2 = 95{,}6°$ muss man daher verwerfen.

**Bens Lösung** ist korrekt.

*Anmerkungen:* Aus den Angaben kann man eindeutig ein Dreieck konstruieren (Kongruenzsatz sws). Man hätte also gleich wissen können, dass es nur ein Dreieck gibt.
Man hätte auch zeichnerisch erkennen können, dass etwas nicht stimmt. Versucht man ein Dreieck aus $\beta = 95{,}6°$, $b = 4{,}8$ cm, $\alpha = 40°$ und $c = 4$ cm zu konstruieren, so stellt man fest, dass dies nicht geht. Dies zeigt die folgende Abbildung.

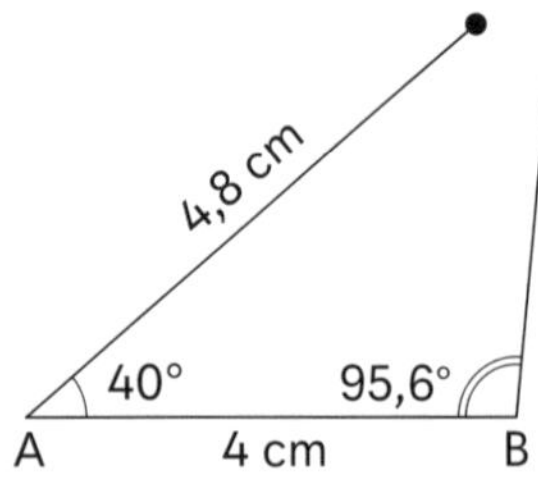


Anders ausgedrückt: $\alpha = 40°$, $c = 4$ cm, $b = 4{,}8$ cm und $\beta = 95{,}6°$ sind *in sich widersprüchlich*. Sie beschreiben ein „Phantomdreieck", denn es gibt kein Dreieck mit diesen Seitenlängen und Winkelweiten.

**Ähnliche Dreiecke**
Beide Lösungswege sind fehlerhaft. Es gibt nämlich ein Viereck mit der gesuchten Eigenschaft. Tatsächlich: ABCD ist ein rechtwinkliges Trapez mit $AD \parallel BC$, $AD \perp AB \perp BC$, $AC \perp BD$.

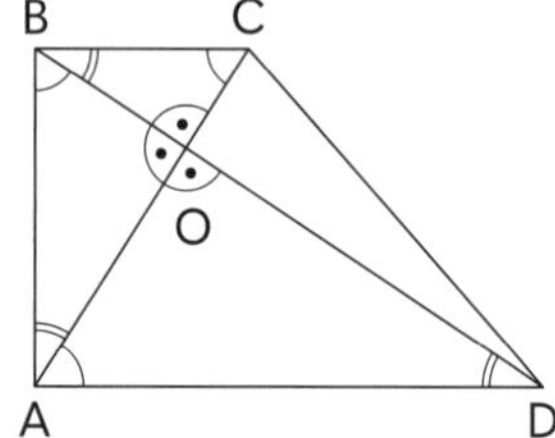


Für dieses Viereck gilt:

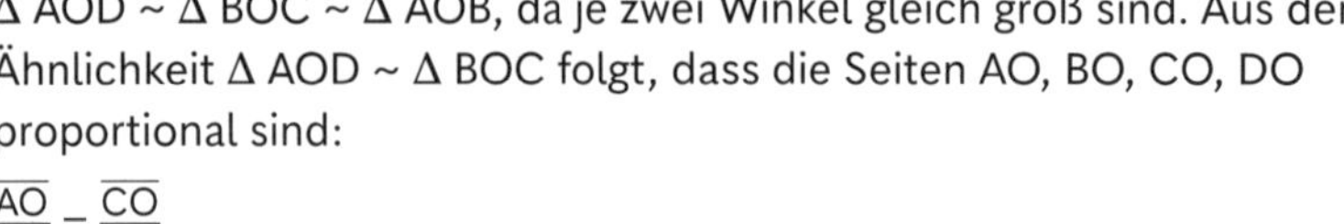

$\Delta\, AOD \sim \Delta\, BOC \sim \Delta\, AOB$, da je zwei Winkel gleich groß sind. Aus der Ähnlichkeit $\Delta\, AOD \sim \Delta\, BOC$ folgt, dass die Seiten AO, BO, CO, DO proportional sind:

$\frac{\overline{AO}}{\overline{DO}} = \frac{\overline{CO}}{\overline{BO}}$

Daraus folgt allerdings *nicht* die Ähnlichkeit der Dreiecke AOB und COD. Tatsächlich:

$\frac{\overline{AO}}{\overline{DO}} = \frac{\overline{CO}}{\overline{BO}}$

ist gleichwertig mit

$\overline{AO} \cdot \overline{BO} = \overline{CO} \cdot \overline{DO}$

Dieselben Strecken AO, BO, CO, DO führen wegen der Produkte für die Dreiecke AOB und COD zu keiner Verhältnisgleichung. Das vierte Dreieck COD ist *nicht ähnlich* zu den anderen drei Dreiecken.

Das Viereck ABCD *kann* so bestimmt werden, dass von den Dreiecken AOB, BOC, COD, DOA genau drei zueinander ähnlich sind. Dies ist die richtige Antwort.

*Anmerkungen:* In **Beas Lösung** wurde nicht erklärt, *wie* die Seiten AO, BO, CO, DO eine Verhältnisgleichung bilden. Dies ist die Achillesferse ihrer Lösung.
Die Folgerung in **Noels Lösung**, wonach im Falle von sich senkrecht schneidender Diagonalen das Viereck ABCD ein Quadrat sein muss, war zu kurz gedacht. Es ist ein Trugschluss, siehe das rechtwinklige Trapez.

## 3.8 Extrempunkte, Extremwertaufgaben

**Extrempunkte einer ganzrationalen Funktion**
**Oskars Lösung** ist korrekt.
**Ninas Lösung** hat einen Denkfehler. Aus $f'(x_0) = 0$ und $f''(x_0) \neq 0$ folgt, dass der Graph von f den Extrempunkt $E(x_0 \mid f(x_0))$ besitzt. Aus $f'(x_0) = 0$ und $f''(x_0) = 0$ folgt jedoch nicht, dass der Graph von f an der Stelle $x_0$ keinen Extrempunkt besitzt.
*Beispiel:* Für $f(x) = x^4$ gilt $f'(x) = 4x^3$ und $f''(x) = 12x^2$ mit $f'(0) = 0$ und $f''(0) = 0$.
Der Graph von f hat aber an der Stelle $x = 0$ einen Tiefpunkt, also einen Extrempunkt.

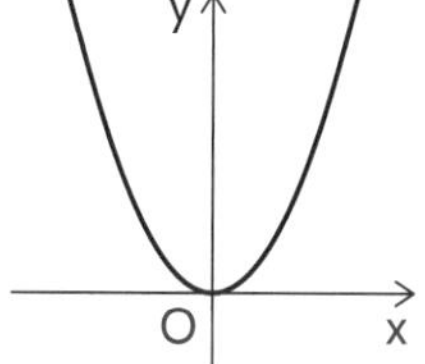


*Beachte:* Bei $f'(x_0) = 0$ und $f''(x_0) = 0$ ist über einen Extrempunkt an der Stelle $x_0$ keine allgemeine Aussage möglich. Daher ist ein Methodenwechsel erforderlich. Mit dem Ansatz $f'(x) = 0$ und Vorzeichenwechsel von $f'(x)$ kann man Klarheit schaffen.

**Extrempunkte einer gebrochenrationalen Funktion**
**Evas Lösung** ist korrekt. **Manuels Bemerkung** beinhaltet nur einen Scheinwiderspruch. Tatsächlich: Der Nenner muss ungleich null sein. $2x - 6 \neq 0$ bedeutet $x \neq 3$. Die Definitionsmenge von f ist also $\mathbb{R} \setminus \{3\}$ oder $(-\infty, 3) \cup (3, +\infty)$.
Anschaulich: 3
Der Graph von f hat die senkrechte Asymptote $x = 3$ und sieht so aus:

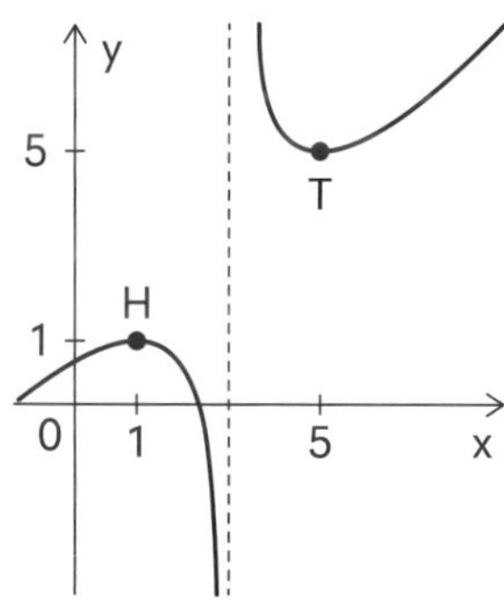


Der Graph besteht aus zwei Ästen. Im Intervall $x < 3$ ist der größte Funktionswert $y = 1$. Im Intervall $x > 3$ ist der kleinste Funktionswert $y = 5$. Der Vergleich $5 > 1$ ist nur ein *Scheinwiderspruch*, da die zwei Werte in unterschiedlichen, voneinander getrennten Intervallen angenommen werden.

*Anmerkungen:* Innerhalb eines der zwei Intervalle wäre ein echter Widerspruch, wenn der kleinste Funktionswert größer wäre als der größte Funktionswert.
$f_{max} = 1$ bzw. $f_{min} = 5$ stellen nur lokale Extremwerte da, weil die Funktion wegen des asymptotischen Verhaltens beliebig kleine sowie beliebig große Werte annehmen kann.

**Kleinster Funktionswert**

**Bennets Lösung** ist fehlerhaft. Die Teilergebnisse sind richtig, aber die Folgerung
$f_{min} = g_{min} \cdot h_{min} = g(1) \cdot h(1) = (-2) \cdot (-4) = 8$ (1)
stimmt nicht, obwohl beide Minima an derselben Stelle $x = 1$ angenommen werden.
Um den Fehler an der Wurzel zu packen, gehen wir etwas in die Tiefe.
$g_{min} = -2$ bedeutet: $g(x) \geq -2$ für jedes x (2)
$h_{min} = -4$ bedeutet: $h(x) \geq -4$ für jedes x (3)
(1) entsteht durch die Multiplikation der Ungleichungen (2) und (3).
Wir untersuchen nun, was für den Testwert $x = 0$ passiert. Aufgrund von (2) und (3) ist
$g(0) \geq -2$ also $-1 \geq -2$ (4)
$h(0) \geq -4$ also $-3 \geq -4$ (5)
Die Ungleichungen (4) und (5) stimmen. Durch Multiplikation entsteht aber $(-1) \cdot (-3) \geq (-2) \cdot (-4)$, also $3 \geq 8$ und es stimmt *nicht* mehr. Hier ist also der Fehler versteckt.

**Celines Lösung** ist richtig, aber unvollständig. Sie hätte noch prüfen müssen, ob der Wert $u = 2$ tatsächlich angenommen werden kann. Dies stimmt, denn die Gleichung $x^2 - 2x = 2$ ist für $x = 1 \pm \sqrt{3}$ erfüllt. Es gilt $f_{min} = f(1 \pm \sqrt{3}) = -1$.

*Beachte:* Man kann zwei Ungleichungen nicht ohne weiteres miteinander multiplizieren. Genauer: Wenn alle Terme auf allen Seiten stets positiv sind, gibt es keine Probleme. Wenn aber einige der Terme auch negative Werte annehmen können, ist eine gesonderte Untersuchung erforderlich.

**Zylinder in Kugel**

**Janines Bemerkung** ist korrekt. Wir hätten auch anders entdecken können, dass etwas nicht stimmt.
Mit $x = 10$ folgt $r = 10 - 10 = 0$ bzw. $h = 20 - 20 = 0$, also
$r = h = 0$, was völlig absurd ist.

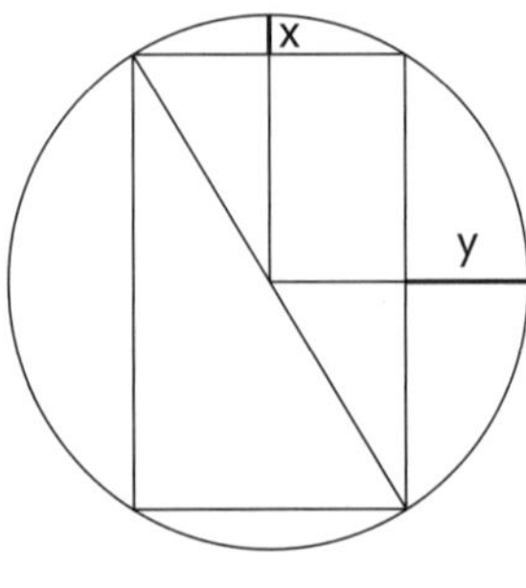


Ein *1. Fehler:* **Michael** nahm an, dass die kleinen Strecken überall gleich lang sind: $x = y$. Dies muss nicht sein.
Ein *2. Fehler:* Für die Variable x hätte man den Definitionsbereich festlegen müssen. Aus den Angaben folgt $0 < x < 10$. Daher liegt $x = 10$ nicht im Definitionsbereich.
Ein *3. Fehler:* $V'(x) = 0$ ist nur eine notwendige aber keine hinreichende Bedingung für die Existenz eines Hochpunktes. Eine zweite Bedingung wurde nicht untersucht. Wegen $V''(10) = 0$ hilft die zweite Ableitung nicht weiter. Man kann aber merken: $V'(x) = -6\pi \cdot (x^2 - 20x + 100)$ $= -6\pi \cdot (x - 10)^2 \leq 0$, denn $-6\pi < 0$ und $(x - 10)^2 \geq 0$. Weil die erste Ableitung überall negativ ist, ist die Funktion V monoton fallend. Deswegen hat sie keinen Hochpunkt im Bereich $0 < x < 10$.

*Anmerkung:* Hätte man den 1. Fehler rechtzeitig entdeckt, wäre man zu den anderen Fehlern gar nicht gekommen. Man muss diese „Phantomfehler“ trotzdem ernst nehmen, denn sie sind richtige Denkfehler.
Eine **richtige Lösung** kann man mit dem Satz des Pythagoras einleiten.

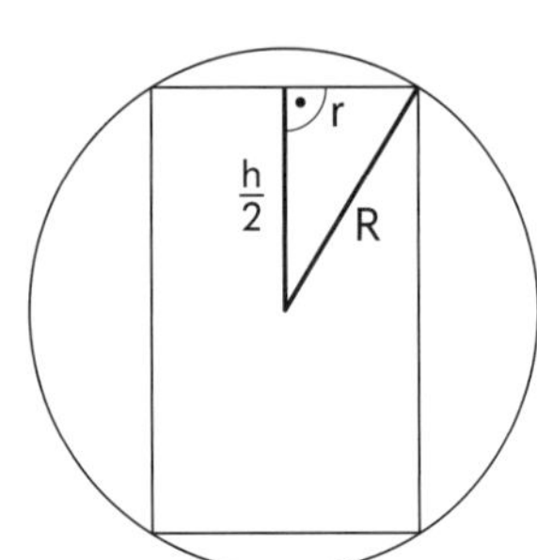


$r^2 + \left(\frac{h}{2}\right)^2 = 10^2$

$r^2 = 100 - \frac{h^2}{4}$

$V = \pi r^2 h = \pi\left(100 - \frac{h^2}{4}\right)h$

$V = -\frac{\pi}{4}h^3 + 100\pi h$ mit $0 < h < 20$

Es lässt sich zeigen: V wird maximal für $h = \frac{20}{\sqrt{3}} \approx 11{,}5$ cm.

**Doppelkegel**
Für die Höhe h gilt $0 < h \leq 2$. Denn: Wegen des rechten Winkels entsteht ein Thaleskreis. Die größtmögliche Höhe ist der Radius, also 2 cm. D = (0, 2] ist der Definitionsbereich von h. Da aber 0 nicht in (0, 2] liegt, muss man diesen Wert verwerfen.

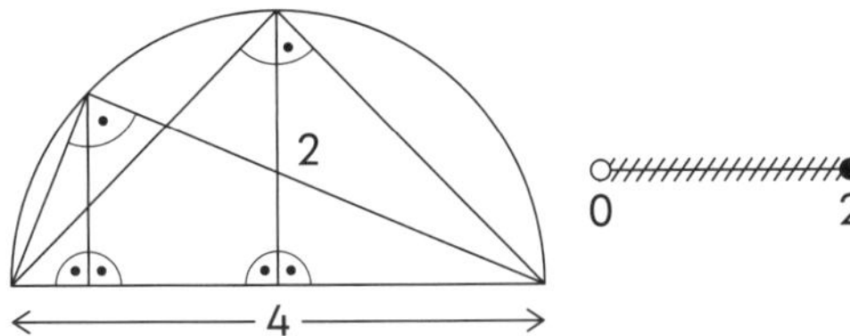


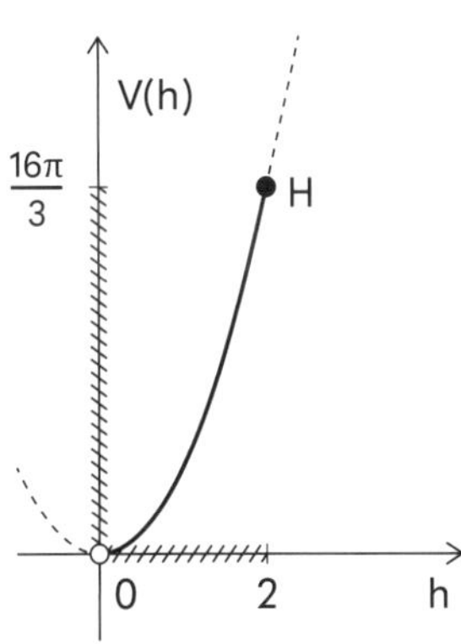


Wir skizzieren den Graphen von $V(h) = \frac{4\pi}{3} h^2$.

Dieser Graph verbindet die Punkte (0 | 0) und $\left(2 \,|\, \frac{16\pi}{3}\right)$.

Die gestrichelten Linien sind für die Aufgabe ohne Bedeutung.
Der Graph ist im Bereich D = (0, 2] streng monoton steigend.

Damit ist $H\left(2 \,|\, \frac{16\pi}{3}\right)$ ein Hochpunkt. Es gilt $V_{max} = \frac{16\pi}{3}$.

**Abgebrochenes Eck**
**Hendriks Bemerkung** ist korrekt. Es gilt $0 \leq x \leq 30$. Der Wert 45 liegt aber nicht in diesem Bereich. Wir zeichnen zunächst den Graphen der Funktion $A(x) = -1{,}5x^2 + 135x + 5400$.

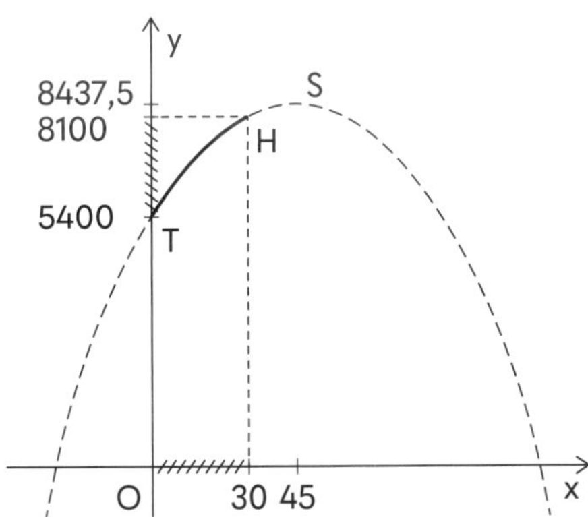


Der Definitionsbereich, die Wertemenge sowie der zugehörige Graph wurden hervorgehoben. Die gestrichelten Linien sind für die Aufgabe ohne Bedeutung. Der Scheitelpunkt der Gesamtparabel ist zwar S(45 | 8437,5), liegt aber nicht auf dem eigentlichen Graphen.

Der Denkfehler in **Anjas Lösung**: Dieser Aspekt wurde übersehen.
Der Graph von A ist monoton steigend von x = 0 bis x = 30. Daher ist H(30 | 8100) der korrekte Hochpunkt. Es handelt sich um ein **Randextremum**. Die Ableitungen sind aber nicht dazu geeignet, Randextrema zu ermitteln.
Die korrekte Antwort lautet: Der gesuchte Punkt ist Q = D. Der maximale Flächeninhalt beträgt 8100 $cm^2$.

*Beachte:* Wenn man eine neue Variable einführt, sollte man gleich deren Definitionsbereich ermitteln.

**Funktion mit zwei Parametern**
**Linus' Lösung** ist fehlerhaft.
In Leonies Lösung steht $\frac{a}{b} + \frac{b}{a} \geq 2$. Es gilt also $x \geq 2$.
Aber $x = -0{,}5$ liegt *nicht* in diesem Bereich. Dies ist der Kern des Fehlers.
Wir zeichnen nun den Graphen der Funktion $f(x) = x^2 + x - 3$. Der Definitionsbereich, die Wertemenge sowie der zugehörige Graph wurden dabei hervorgehoben. Die gestrichelten Linien sind für die Aufgabe ohne Bedeutung.
Der Scheitelpunkt der Gesamtparabel ist zwar S(−0,5 | −3,25), liegt aber nicht auf dem eigentlichen Graphen. Der Graph von f ist monoton steigend ab x = 2. Daher ist T(2 | 3) Tiefpunkt des Graphen.
Es handelt sich um ein **Randextremum**. Die Ableitungen sind aber nicht dazu geeignet, Randextrema zu ermitteln.
Der kleinste Funktionswert von f ist 3.
**Leonies Lösung** ist leicht unvollständig. Sie hätte noch zeigen müssen, dass die Funktion f den Wert 3 annimmt. Dies ist der Fall, wenn a = b ist.

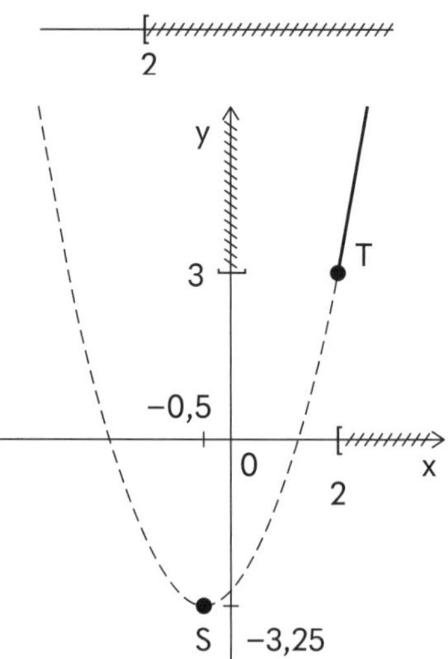


*Anmerkungen:* Wenn a = b, dann wird x aus Linus' Lösung zu

$$x = \frac{a}{b} + \frac{b}{a} = \frac{b}{b} + \frac{b}{b} = 1 + 1 = 2$$

Der kleinste x-Wert ist die 2.
Wir hätten auch anders Verdacht schöpfen können, dass Linus' Lösung nicht stimmen kann. Wenn sowohl a als auch b positiv sind, kann doch $x = \frac{a}{b} + \frac{b}{a}$ unmöglich zu −0,5 werden.

## 3.9 Vollständige Induktion

**Ungleichung**
**Peters Lösung** ist richtig.
Um den Fehler im **Johannas Lösung** zu finden, untersuchen wir den Gedankengang bei

$$\underbrace{\frac{1}{2} \cdot \frac{3}{4} \cdot \ldots \cdot \frac{2n-1}{2n}}_{x} \cdot \underbrace{\frac{2n+1}{2n+2}}_{y} \leq \underbrace{\frac{1}{\sqrt{3n}}}_{z} \cdot \underbrace{\frac{\sqrt{3n}}{\sqrt{3n+3}}}_{u}$$

für n = 1:

$$\underbrace{\frac{1}{2}}_{x} \cdot \underbrace{\frac{3}{4}}_{y} \leq \underbrace{\frac{1}{\sqrt{3}}}_{z} \cdot \underbrace{\frac{\sqrt{3}}{\sqrt{6}}}_{u}$$

Die gesamte Ungleichung $x \cdot y \leq z \cdot u$ stimmt (0,375 < 0,408...), obwohl $x \leq z$ (0,5 < 0,57...) richtig, $y \leq u$ (0,75 ≤ 0,707...) aber *falsch* ist.
Die Folgerung „Die Ungleichung ist falsch." erweist sich als Trugschluss.

*Anmerkungen:* Wenn a = c, dann ist $a \cdot b = c \cdot d$ nur dann, wenn auch b = d ist (falls die Zahlen ungleich null sind).
Für positive Zahlen a, b, c und d gilt: Wenn $a \leq c$, dann ist $b \leq d$ nur eine *hinreichende*, aber *keine notwendige Bedingung* für $a \cdot b \leq c \cdot d$.
*Beispiel:* $3 \cdot 6 \leq 4 \cdot 5$ stimmt, obwohl $3 \leq 4$ richtig, $6 \leq 5$ aber falsch ist.
Es ist bemerkenswert, dass die „schärfere" Ungleichung

$$\frac{1}{2} \cdot \frac{3}{4} \cdot \ldots \cdot \frac{2n-1}{2n} \leq \frac{1}{\sqrt{3n+1}}$$

einfacher und direkter zu beweisen war, als die andere:

$$\frac{1}{2} \cdot \frac{3}{4} \cdot \ldots \cdot \frac{2n-1}{2n} < \frac{1}{\sqrt{3n}}$$

*Beachte:* Wenn bei dem Beweis einer Ungleichung durch vollständige Induktion die „klassische Methode“ nicht gelingt, so bedeutet dies noch nicht, dass die Ungleichung falsch ist. In solchen Fällen ist ein Methodenwechsel erforderlich.

**Produkt und Summe positiver Zahlen**

**Josephines Bemerkung** ist richtig und **Marks Lösung** ist fehlerhaft.
Um das Übel an der Wurzel zu packen, nehmen wir nun jene Aussage A(n) unter die Lupe, die mit vollständiger Induktion bewiesen wird. Sie lautet:
A(n): Aus $x_1 \cdot x_2 \cdot \ldots \cdot x_n = 1$ folgt $x_1 + x_2 + \ldots + x_n \geq n$.
Mit Worten ausgedrückt:
A(n): *Wenn* das Produkt von n positiven Zahlen 1 ist, *dann* ist die Summe dieser Zahlen größer oder gleich n.
Es handelt sich weder um eine Gleichung noch um eine Ungleichung, sondern um eine **Folgerung**.
Beim Induktionsschritt müssen wir zeigen: Aus A(n) folgt A(n + 1). In unserem Fall:
*Voraussetzung:*
$x_1 \cdot x_2 \cdot \ldots \cdot x_n = 1 \Rightarrow x_1 + x_2 + \ldots + x_n \geq n$
*Folgerung:*
$x_1 \cdot x_2 \cdot \ldots \cdot x_n \cdot x_{n+1} = 1 \Rightarrow x_1 + x_2 + \ldots + x_n + x_{n+1} \geq n + 1$
Der Beweis von Induktionsschritt II. soll eigentlich zeigen, dass die erste Implikation „⇒“ die zweite Implikation „⇒“ nach sich zieht.
Die Gleichung $x_1 \cdot x_2 \cdot \ldots \cdot x_n = 1$ stellt *nicht* die Voraussetzung des Induktionsschritts II. dar. Sie ist stattdessen die Voraussetzung der Voraussetzung! Deswegen hätte Mark (1) in (4) nicht einsetzen dürfen. Dies ist der Kern des Fehlers.
Ein Beweis mit vollständiger Induktion ist machbar. Eine Möglichkeit hierfür:
Wenn das Produkt von (n + 1) positiven Zahlen 1 ist, dann gibt es eine Zahl, die kleiner gleich 1 und eine andere Zahl, die größer gleich 1 ist. Es seien zum Beispiel $x_n \geq 1$ und $x_{n+1} \leq 1$.
$x_1 \cdot x_2 \cdot \ldots \cdot x_n \cdot x_{n+1} = 1$
schreiben wir nun folgendermaßen:
$x_1 \cdot x_2 \cdot \ldots \cdot x_{n-1} \cdot (x_n \cdot x_{n+1}) = 1$
wobei $x_n \cdot x_{n+1}$ als *eine* Zahl betrachtet wird. Somit haben wir n Zahlen, deren Produkt 1 ist. Damit folgt:
$x_1 + x_2 + \ldots + x_{n-1} + x_n \cdot x_{n+1} \geq n$
oder
$x_1 + x_2 + \ldots + x_n + x_{n+1} \geq n + x_n + x_{n+1} - x_n \cdot x_{n+1}$
Es würde reichen zu zeigen, dass
$x_n + x_{n+1} - x_n \cdot x_{n+1} \geq 1$
Dies ist gleichwertig mit
$(1 - x_{n+1}) \cdot (x_n - 1) \geq 0$
Die Ungleichung $(1 - x_{n+1}) \cdot (x_n - 1) \geq 0$ stimmt wegen $x_n \geq 1$ und $x_{n+1} \leq 1$.
Andererseits ist $(1 - x_{n+1}) \cdot (x_n - 1) \geq 0$ gleichwertig mit
$x_n - x_n \cdot x_{n+1} + x_{n+1} - 1 \geq 0$ oder $x_n + x_{n+1} - x_n \cdot x_{n+1} \geq 1$ und dies stimmt, siehe oben.
Damit wurde $x_1 + x_2 + \ldots + x_n + x_{n+1} \geq n + 1$ bewiesen.

*Anmerkungen:* Die Aufgabe lässt sich auch durch den Zusammenhang zwischen dem arithmetischen und dem geometrischen Mittel lösen:

$$\frac{x_1 + x_2 + \ldots + x_n}{n} \geq \sqrt[n]{x_1 \cdot x_2 \cdot \ldots \cdot x_n}$$

$$\frac{x_1 + x_2 + \ldots + x_n}{n} \geq \sqrt[n]{1}$$

$$\frac{x_1 + x_2 + \ldots + x_n}{n} \geq 1 \qquad | \cdot n$$

$$x_1 + x_2 + \ldots + x_n \geq n$$

Die Bezeichnungen $x_1, x_2, ..., x_n, x_{n+1}$ sind streng genommen falsch. Die Zahlen $x_1, x_2, ..., x_n$ von A(n) werden bei A(n + 1) *nicht* um eine weitere Zahl $x_{n+1}$ ergänzt, sondern es sind *andere* Zahlen. Eine passende Bezeichnung wäre:
$x_1^* \cdot x_2^* \cdot ... \cdot x_n^* \cdot x_{n+1}^* = 1 \Rightarrow x_1^* + x_2^* + ... + x_n^* + x_{n+1}^* \geq n + 1$
So hätte Mark den Fehler sehr wahrscheinlich nicht gemacht.
Der Induktionsanfang mit n = 1 ist zwar korrekt aber nichtssagend. Der erste „interessante Fall" ist n = 2.

*Beachte:* Man sollte sich mit der Prüfung eines trivialen, nichtssagenden Falles nicht zufriedengeben. Die Untersuchung eines relevanten Falles kann zum besseren Verständnis führen und sogar Ansätze für den allgemeinen Fall liefern.

**Kreisscheibe**
Wir können die zwei Terme für die Werte n = 2, 3 und 4 berechnen.

| | n = 2 | n = 3 | n = 4 |
|---|---|---|---|
| $2^{n-1}$ | 2 | 4 | 8 |
| $1 + \binom{n}{2} + \binom{n}{4}$ | 2 | 4 | 8 |

Ein Vergleich zeigt: Die zwei Terme stimmen in allen drei Werten überein. Außerdem wurden bekannte Ergebnisse bestätigt. Nun untersuchen wir den Fall n = 5: $2^{5-1} = 16$ und $1 + \binom{5}{2} + \binom{5}{4} = 16$. Die zwei Werte sind also auch diesmal gleich. Das Zusammenzählen in der folgenden linken Abbildung ergibt, dass 16 auch korrekt ist.

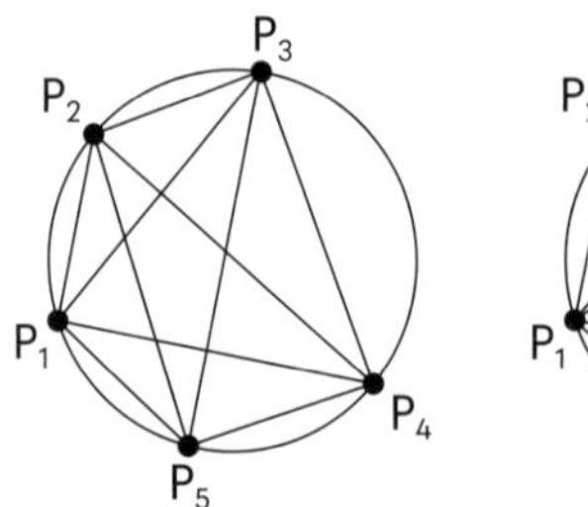

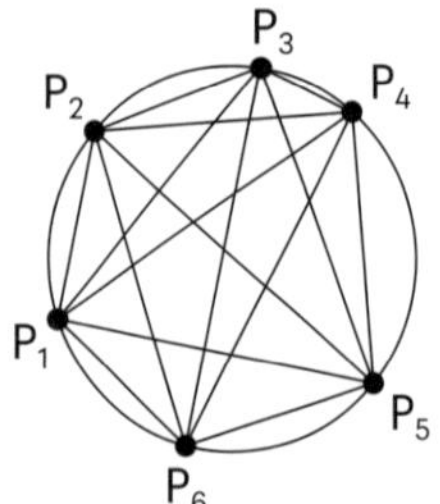


Könnte es vielleicht sein, dass die zwei Terme gleichwertig sind? Wir untersuchen noch den Fall n = 6: $2^{6-1} = 32$ aber $1 + \binom{6}{2} + \binom{4}{4} = 31$. Das Zusammenzählen der Flächen in der vorherigen rechten Abbildung bestätigt den Wert 31. Wie entstand aber der falsche Wert 32? Wir greifen auf **Hennings** Gedankengang zurück. Die folgende linke Abbildung zeigt, dass die Behauptung „Insgesamt verdoppelt sich die Anzahl der Flächen." schon beim Übergang von n = 5 auf n = 6 *nicht* stimmt, denn für n = 5 gibt es 16 Flächen, für n = 6 jedoch nur 31 und *keine* 32 Flächen. Die Behauptung ist damit nicht allgemein gültig, dies war Hennings Denkfehler.

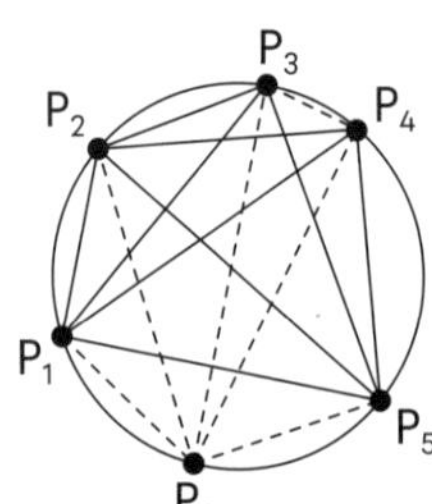

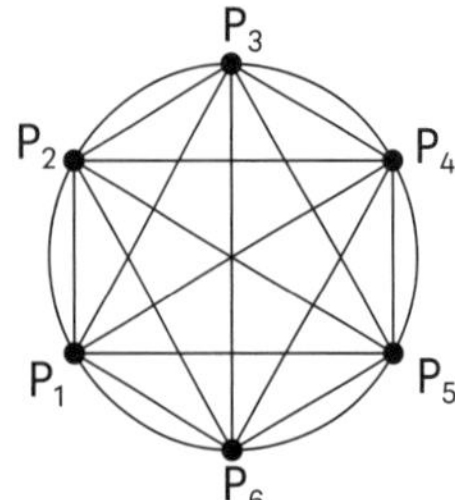


*Anmerkungen:* Die zitierte Behauptung wurde nicht wasserdicht bewiesen. Sie stellt nur eine plausible Aussage dar, die an einigen Beispielen geprüft wurde.

Der Unterschied zwischen den zwei Termen beträgt für n = 6 lediglich 1. Für größere n-Werte wird aber auch die Abweichung viel größer.

Für n = 13 ist zum Beispiel $2^{13-1} = 4096$ aber $1 + \binom{13}{2} + \binom{13}{4} = 794$.

**Saschas Lösung** ist auch nicht perfekt. In der vorherigen rechten Abbildung sind die sechs Punkte die Eckpunkte eines regelmäßigen Sechsecks. Hier gibt es nur 30 und keine 31 Flächen. Der Grund: Im Mittelpunkt des Kreises fallen drei Schnittpunkte zusammen. Dies führt dazu, dass eine Fläche zu diesem Punkt zusammenschrumpft. Man kann aber diese Ungenauigkeit relativ leicht korrigieren:

Die Kreisfläche zerfällt in *höchstens* $1 + \binom{n}{2} + \binom{n}{4}$ Flächen.

*Beachte:* Solange eine Vermutung nicht bewiesen oder widerlegt wurde, bleibt sie nur eine Vermutung. Die Widerlegung einer falschen Hypothese ist nicht immer einfach.
*Beispiel:* Der Mathematiker Sierpinski stellte die Vermutung auf, dass der Term $991n^2 + 1$ für keine natürliche Zahl n eine Quadratzahl ergibt. Diese Hypothese erwies sich als falsch. Die kleinste natürliche Zahl, für die der Term doch eine Quadratzahl wird, ist jedoch eine 29stellige Zahl.

## 3.10 Vermischtes

**Berührung**
Man kann auf mehrere Arten entdecken, dass **Mareikes Lösung** falsch sein muss.
*1. Möglichkeit:* Setzt man t = x + 1 in g ein, so erhält man
$g(x) = (x + 1)x + (x + 1) = x^2 + 2x + 1$
Die Gerade g wird somit zu einer Parabel – dies kann aber nicht sein.
*2. Möglichkeit:* Setzt man statt t verschiedene Werte in f(x) ein, so ändert sich zwar der letzte Summand, aber der Term $0{,}5x^2 + x$ *nicht*.
Daher muss $f(x) = 0{,}5x^2 + \mathbf{2}x + 1$ falsch sein – wegen der **2**.
Diese Überlegungen verraten aber nicht, *was* der Fehler im **Mareikes Lösung** ist. Mareike kam zu dieser Folgerung:
t = x + 1 (1)
Aber x ist bei (1) *keine beliebige Zahl*, sondern die x-Koordinate des Berührpunktes.
Bezeichnet man diesen noch unbekannten Punkt mit B(u | v), so wäre statt (1) Folgendes korrekt gewesen:
t = u + 1 (2)
Setzt man nun (2) in den allgemeinen Funktionsterm ein, erhält man:
$f(x) = 0{,}5x^2 + x + u + 1$
Da man x und u nicht zusammenfassen kann, kommt man zu keinem falschen Ergebnis.

**Hugos Lösung** ist richtig.

*Anmerkung:* Die allgemeinen Bedingungen für einen Berührpunkt an der Stelle u sind f(u) = g(u) und f'(u) = g'(u). Man kann u = 0 und t = 1 mit diesem Ansatz herleiten.

*Beachte:* Ein Bezeichnungsfehler kann unter Umständen zu inhaltlichen Fehlern führen.

**Reise in der Zeit**
**Alis Lösung** ist korrekt.
**Yvonnes Lösung** ist fehlerhaft. Zunächst zeigen wir ein Zahlenbeispiel:

$$20\,€ \underset{\text{50 \% weniger}}{\overset{\text{100 \% mehr}}{\rightleftarrows}} 40\,€$$

Die Änderung um 20 € bedeutet in die *eine Richtung 100 %* mehr, in die *andere Richtung* aber nur 50 % weniger. Dies liegt daran, dass die zwei Grundwerte unterschiedlich sind.
Yvonnes Denkfehler besteht darin, dass sie beim Schrumpfen des Waldes ebenfalls mit 4 % arbeitet. Ihre Probe ist ebenfalls falsch, da sie denselben Denkfehler wiederholt.

*Anmerkungen:* Mit dem Ansatz $100\,000\left(1-\frac{p}{100}\right)^{10} = 67\,556$ lässt sich zeigen, dass der Waldbestand mit etwa $p = 3{,}8\,\%$ schrumpft, wenn man in der Zeit zurückgeht.

Allgemein, bei Größe A $\underset{q\,\%\text{ weniger}}{\overset{p\,\%\text{ mehr}}{\rightleftarrows}}$ Größe B kann man beweisen, dass $q = \frac{100p}{100+p}$.

Für $p = 4$ erhält man $q = \frac{100 \cdot 4}{100+4} = \frac{400}{104} \approx 3{,}8$.

*Beachte:* Eine Probe kann *sinnvoll sein,* um ein Ergebnis zu bestätigen oder zu widerlegen. Eine Probe kann aber auch zu einem *Trugschluss führen,* wenn sie den Denkfehler einer falschen Lösung wiederholt. Daher liefern Proben nie absolute Gewissheit.

**Integralrechnung**

**Felix' Lösung** ist fehlerhaft. Denn $G(x)=\begin{cases} 2x^2+2x, & x \le 1 \\ x^2+4x, & x > 1 \end{cases}$ ist *keine* Stammfunktion von g.

Begründung:

$\lim\limits_{x \nearrow 1} G(x) = \lim\limits_{x \nearrow 1}(2x^2+2x) = 4$ aber $= \lim\limits_{x \searrow 1} G(x) = \lim\limits_{x \searrow 1}(x^2+4x) = 5$

Wegen $4 \neq 5$ ist G an der Stelle $x = 1$ nicht stetig und daher auch nicht differenzierbar, Widerspruch zur Definition der Stammfunktion.

**Maries Lösung** ist korrekt.

*Anmerkungen:* Mithilfe der Differenz $5 - 4 = 1$ kann man Felix' Term korrigieren:

$$\overline{G}(x) = \begin{cases} 2x^2+2x+1, & x \le 1 \\ x^2+4x, & x > 1 \end{cases}$$

Wir prüfen nun die Differenzierbarkeit von $\overline{G}$ an der Stelle $x = 1$:

$$x<1:\ \frac{\overline{G}(x)-\overline{G}(1)}{x-1} = \frac{2x^2+2x+1-5}{x-1} = \frac{2x^2-2+2x-2}{x-1}$$
$$= \frac{2(x-1)(x+1)+2(x-1)}{x-1} = \frac{(x-1)[2(x+1)+2]}{x-1} = 2x+4 \xrightarrow[x<1]{x\to 1} 6$$
$$x>1:\ \frac{\overline{G}(x)-\overline{G}(1)}{x-1} = \frac{x^2+4x-5}{x-1} = \frac{(x-1)(x+5)}{x-1} = x+5 \xrightarrow[x>1]{x\to 1} 6$$

Es folgt, dass $\overline{G}'(1) = 6 = g(1)$. $\overline{G}$ ist eine Stammfunktion von g. Es gilt:

$\int_0^2 g(x)dx = \overline{G}(2) - \overline{G}(0) = 12 - 1 = 11$, das richtige Ergebnis.

*Beachte:* Bei abschnittsweise definierten Funktionen kann man nicht ohne weiteres „abschnittsweise aufleiten". Die Differenzierbarkeit an der „Schnittstelle" muss gesondert untersucht werden.

**Zwei Kubikwurzeln**

**Niklas** geht davon aus, dass die Summe zweier irrationalen Zahlen irrational ist. Dies kann sein, muss aber nicht sein.

*Beispiel:* $0{,}121\,221\,222... + 0{,}212\,112\,111... = 0{,}\overline{3} = \frac{1}{3}$ ist rational.

Niklas' Gedankengang führt also zu einem Trugschluss.

**Janas Lösung** ist ebenfalls fehlerhaft. Der Denkfehler ist an dieser Stelle:

„$\left(\sqrt[3]{2+\sqrt{5}}\right)^3 + 3 \cdot \sqrt[3]{2+\sqrt{5}} \cdot \sqrt[3]{2-\sqrt{5}} \cdot \left(\sqrt[3]{2+\sqrt{5}} + \sqrt[3]{2-\sqrt{5}}\right) + \left(\sqrt[3]{2-\sqrt{5}}\right)^3 = 1^3$

$2+\sqrt{5} + 3 \cdot \sqrt[3]{(2+\sqrt{5})\cdot(2-\sqrt{5})} \cdot 1 + 2 - \sqrt{5} = 1$"

Statt $\sqrt[3]{2+\sqrt{5}} + \sqrt[3]{2-\sqrt{5}}$ setzte Jana also 1 ein. Man weiß aber (noch) nicht, ob $\sqrt[3]{2+\sqrt{5}} + \sqrt[3]{2-\sqrt{5}} = 1$ stimmt oder nicht.

Jana zeigte eigentlich Folgendes:

*Wenn* $\sqrt[3]{2+\sqrt{5}} + \sqrt[3]{2-\sqrt{5}} = 1$, *dann* ist $\sqrt[3]{2+\sqrt{5}} + \sqrt[3]{2-\sqrt{5}} = 1$.

Eine selbstverständliche Wahrheit, die jedoch nicht weiterhilft.

*Beachte:* Folgerung und Voraussetzung dürfen nicht vertauscht werden – auch dann nicht, wenn dies zu keinem Widerspruch führt.

Wir zeigen nun eine mögliche **richtige Lösung**.
Es sei $u = \sqrt[3]{2+\sqrt{5}} + \sqrt[3]{2-\sqrt{5}}$ (Bezeichnung).
Durch potenzieren beider Seiten mit 3 erhält man:
$u^3 = 2 + \sqrt{5} + 3 \cdot \sqrt[3]{2+\sqrt{5}} \cdot \sqrt[3]{2-\sqrt{5}} \cdot \left(\sqrt[3]{2+\sqrt{5}} + \sqrt[3]{2-\sqrt{5}}\right) + 2 - \sqrt{5}$
$u^3 = 4 + 3 \cdot \sqrt[3]{-1} \cdot u$
$u^3 = 4 + 3 \cdot (-1) \cdot u$
$u^3 + 3u - 4 = 0$
oder, wenn man −4 als −1 − 3 schreibt:
$u^3 - 1 + 3u - 3 = 0$
$(u-1)(u^2+u+1) + 3(u-1) = 0$
$(u-1)(u^2+u+4) = 0$
$u - 1 = 0$ oder $u^2 + u + 4 = 0$
$u = 1$ hat keine Lösung
Aus $u = 1$ folgt, dass $\sqrt[3]{2+\sqrt{5}} + \sqrt[3]{2-\sqrt{5}} = 1$. Die Aussage ist also wahr.

**Irrationale Zahlen**
**Elkes Lösung** ist richtig.
**Achims Lösung** ist fehlerhaft. Bei $6 = \frac{r^2-15}{2}$ tritt noch kein Widerspruch auf. Das heißt aber noch lange nicht, dass es keinen Widerspruch gibt. Tatsächlich tritt er hier erst später auf, denn ab $\sqrt{36} = \frac{r^2-15}{2}$ hätte man auch so weiterrechnen können:
$6 = \frac{r^2-15}{2}$
$12 = r^2 - 15$
$r^2 = 27$
$r = \sqrt{27}$
Da 27 keine Quadratzahl ist, ist $\sqrt{27}$ irrational – Widerspruch zu r rational.

In **Dianas Bemerkung** ist die Folgerung ein Trugschluss. Wenn etwas mit einer Methode nicht geht, bedeutet dies noch *nicht*, dass es überhaupt nicht geht.
*Beispiel aus dem Alltag*: Wenn ein Piano nicht ins Treppenhaus passt, folgt daraus nicht, dass es nicht in die Wohnung kommen kann. Vielleicht klappt es mit einem Kran durch eine Fensteröffnung.

Wir zeigen noch eine weitere korrekte **4. Lösung**:
$\sqrt{3} + \sqrt{12} = \sqrt{3} + \sqrt{4 \cdot 3} = \sqrt{3} + 2\sqrt{3} = 3\sqrt{3} = \sqrt{9} \cdot \sqrt{3} = \sqrt{27}$ ist irrational.
*Anmerkung:* Die Dezimalen von $\sqrt{27}$ kann man genau bestimmen: $\sqrt{27} = 5{,}196\,152\,423...$

*Beachte:* Bei einem indirekten Beweis gilt: Durch einen Widerspruch wird die Annahme widerlegt und der Beweis ist damit zu Ende. Wenn man jedoch keinen Widerspruch erhält, folgt daraus nicht, dass die Annahme richtig ist. Der Beweis ist daher noch nicht zu Ende.

**Differenzierbarkeit und Stetigkeit**
**Moritz' Lösung** ist korrekt.
In **Nadines Lösung** ist man auf folgender Bananenschale ausgerutscht:
$f(1) = 2 \cdot 1 - 3$, denn das „=" gilt im Term von f bei ≤, also für $2x - 3$. Es war daher ein Fehler, bei $x > 1$ mit $f(1) = 1^2$ zu arbeiten. Korrekt wäre:

$$x > 1: \frac{f(x) - f(1)}{x-1} = \frac{x^2 - (2 \cdot 1 - 3)}{x-1} = \frac{x^2+1}{x-1} \xrightarrow[x>1]{x \to 1} +\infty$$

*Anmerkungen:* Alle Folgerungen sind in sich korrekt. In Nadines Lösung beruht die eine Folgerung jedoch auf der falschen Annahme, dass die zwei Grenzwerte gleich sind.

In Moritz' Lösung ist die Rechnung $f(x) = x^2 \xrightarrow[x>1]{x \to 1} 1^2 = 1$ korrekt, obwohl f(1) nicht 1 ist.

Dies ist kein Widerspruch, denn bei dieser Grenzwertberechnung darf man statt x den Wert 1 einsetzten. $1^2 = 1$ stellt den Grenzwert von rechts und nicht den Funktionswert da. Dieser Aspekt macht Nadines falschen Ansatz $f(1) = 1^2$ so verführerisch.

**Eine riesige Zahl**
In **Thomas' Lösung** ist die Schlussfolgerung 48 · 10 000 000 = 480 000 000 falsch.
Den Denkfehler kann man auch bei viel kleineren Hochzahlen nachvollziehen:
$3^5 = 243$ ist dreistellig, aber $3^{10} = (3^5)^2$ hat *keine* 2 · 3 = 6 Ziffern, sondern ist nur fünfstellig, denn $3^{10} = 59\,049$.

**Kims Lösung** ist richtig. Kim hat die Hochzahl 477 121 254,7... aufgerundet. Dies ist erforderlich, um die korrekte Stellenzahl zu erhalten.

Bei **Ankes Lösung** trügt der Schein. Die bemerkte Zweierschritt-Regel ist nämlich *nicht* allgemein gültig. Tatsächlich: Die *drei* Zahlen $3^{21}$, $3^{22}$ und $3^{23}$ sind alle elfstellig.

*Beachte:* Um zu beweisen, dass eine Aussage *wahr* ist, muss man den *allgemeinen Fall* untersuchen. Um zu zeigen, dass eine Aussage *falsch* ist, reicht dagegen ein einziges *Gegenbeispiel*.

**Zwei Modellrechnungen**
1,04 m ≠ 0,58 m ist nur ein Scheinwiderspruch, denn unterschiedliche Modellrechnungen können zu unterschiedlichen Ergebnissen führen.
0,58 m ≠ 119,66 dm ist dagegen ein richtiger Widerspruch, denn beide Ergebnisse entstanden innerhalb derselben Modellrechnung B. Wir versuchen herauszufinden, welche der zwei Zahlen eher annehmbar ist.
Um den Fehler an der Wurzel zu packen schreiben wir in **Marlenes Lösung** in der ersten Gleichung alle Maßeinheiten aus:
$B(1) = 3\,\text{dm} + 0{,}005 \cdot 3\,\text{dm} \cdot (500\,\text{dm} - 3\,\text{dm})$
Oder, ausmultipliziert:
$B(1) = 3\,\text{dm} + 7{,}5\,\mathbf{dm^2} - 0{,}045\,\mathbf{dm^2}$
$B(1) = 3\,\text{dm} + 7{,}455\,\mathbf{dm^2}$
Damit ist die Katze aus dem Sack! Denn $\mathbf{dm^2}$ beschreibt *keine Länge* und man kann dm und $\text{dm}^2$ *nicht zusammenzählen*.
Betrachten wir in beiden Rechenwegen die Terme auf der rechten Seite zunächst *ohne Maßzahlen*.
Wir schreiben nun die erste Gleichung aus den Lösungen ausführlich:
$B(1) = 0{,}3 + 0{,}005 \cdot 0{,}3 \cdot (50 - 0{,}3) = 0{,}3 + 0{,}074\,55$ (1)
und
$B(1) = 3 + 0{,}005 \cdot 3 \cdot (500 - 3) = 3 + 7{,}455$ (2)
Durch die Umformung von m in dm werden die Kommata um eine Stelle nach rechts verschoben. Dies stimmt bei 0,3 und 3, stimmt aber *nicht* bei 0,074 55 und 7,455. Hier wurde das Komma um zwei Stellen nach rechts verschoben. Dies zeigt:
(1) und (2) stellen *keine gleichwertigen Gleichungen* dar.
Betrachten wir allerdings die Gleichung aus Modellrechnung B mit Maßzahlen, erkennt man, dass auch der Faktor 0,005 eine passende Maßzahl erhalten muss.
Genauer: In (2) muss der Faktor 0,005 die Einheit $\frac{1}{\text{m}}$ erhalten, damit das Ergebnis des Terms $0{,}005 \cdot B(t) \cdot (50 - B(t))$ in m erscheint. Beim Übergang zu dm ist dann:

$$0{,}005\,\frac{1}{\text{m}} = 0{,}005\,\frac{1}{10\,\text{dm}} = 0{,}0005\,\frac{1}{\text{dm}}$$

Für B(0) = 3 dm bekommt man mit $B(t+1) = B(t) + 0{,}0005 \cdot B(t) \cdot (500 - B(t))$ die richtigen Ergebnisse in dm.

*Anmerkung:* Wir schildern nun das Phänomen an einem *anderen, einfachen Beispiel*.

$f(x) = 3 \cdot \frac{x}{10} + \left(\frac{x}{10}\right)^2$ gibt den Anhalteweg eines Autos in m bei einer Geschwindigkeit von x in $\frac{\text{km}}{\text{h}}$ an.

Für x = 50 ist f(50) = 40 m. Aber

$3 \cdot \frac{50}{10} \frac{\text{km}}{\text{h}} + \left(\frac{50}{10}\right)^2 \frac{\text{km}^2}{\text{h}^2}$

geht trotzdem *nicht*, weil die Maßeinheiten *keine Länge* beschreiben.
Mit den Umformungen $50 \frac{\text{km}}{\text{h}} = 50\,000 \frac{\text{m}}{\text{h}}$ und f(50 000) = 25 015 000 m wäre das Ergebnis nicht nur *falsch*, sondern auch völlig *absurd*.
Bei der Modellrechnung A hingegen ist die Umformung von m in dm an jeder Stelle problemlos möglich und führt zu keinem Widerspruch.

*Beachte:* Nicht in jedem Term kann die Maßeinheit einfach geändert werden. Dies kann unter Umständen dazu führen, dass der Term inhaltlich verändert wird.

**Mehr Kranke als Einwohner?**
**Marcos Bemerkung** ist korrekt. Die gewaltige Differenz von 3608 (8608 – 5000) lässt sich nicht mit Rundungsfehlern erklären. Um den Fehler an der Wurzel zu packen untersuchen wir den allgemeinen Fall:
$B(t + 1) = B(t) + k \cdot B(t) \cdot (S - B(t))$ (2)
wobei $k > 0$, $S > 0$ und $0 \leq B(t) \leq S$
Ebenfalls gilt $0 \leq B(t + 1) \leq S$ für jedes t. (3)
Aus (2) und (3) folgt:
$B(t) + k \cdot B(t) \cdot (S - B(t)) \leq S$
$B(t) + kS \cdot B(t) - k[B(t)]^2 - S \leq 0$
$k[B(t)]^2 - (1 + kS)B(t) + S \geq 0$
Führen wir die Bezeichnung x = B(t) ein, so erhalten wir
$kx^2 - (1 + kS)x + S \geq 0$ für $0 \leq x \leq S$ (4)
Um diese quadratische Ungleichung besser untersuchen zu können, betrachten wir zunächst die entsprechende quadratische Gleichung.
$kx^2 - (1 + kS)x + S = 0$
Die Lösungen dieser Gleichung sind $x_1 = S$ und $x_2 = \frac{1}{k}$. Das Schaubild der Hilfsfunktion $f(x) = kx^2 - (1 + kS)x + S$ ist eine nach oben geöffnete Parabel (k > 0), die die x-Achse schneidet. Es gibt drei Möglichkeiten.

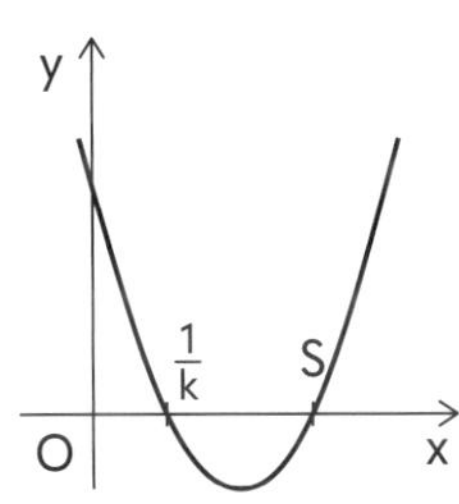


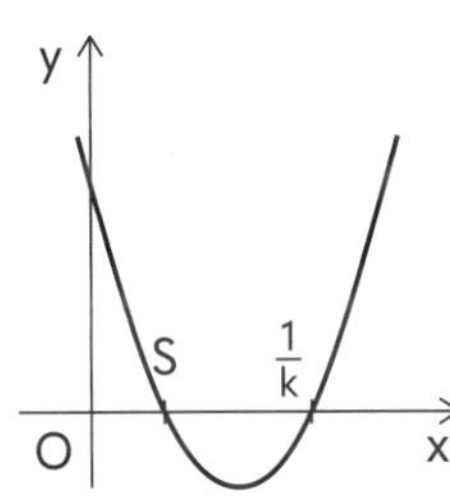


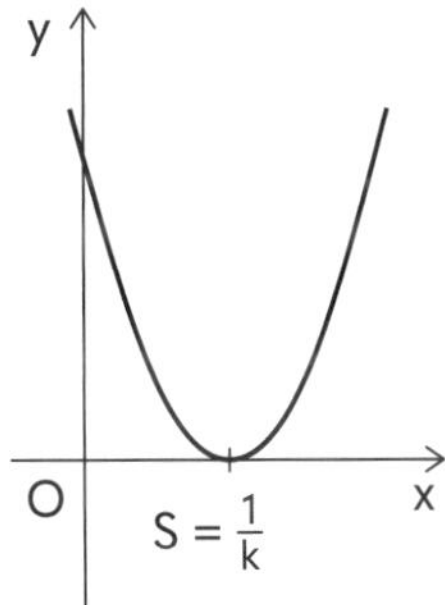


Wir führen nun eine Fallunterscheidung durch.
*1. Fall* (linke Abbildung):
$\frac{1}{k} < S$
$k \cdot S > 1$
*2. Fall* (rechte Abbildung):
$\frac{1}{k} = S$
$k \cdot S = 1$
*3. Fall* (mittlere Abbildung):
$S < \frac{1}{k}$
$k \cdot S < 1$
Die Bedingung (4) hat die anschauliche Deutung, dass die Parabel im Bereich $0 \leq x \leq S$ nicht unterhalb der x-Achse verläuft.
Diese Bedingung ist nur im 2. und 3. Fall erfüllt. $k \cdot S = 1$ und $k \cdot S < 1$ lassen sich so zusammenfassen: $k \cdot S \leq 1$.

Damit ist bewiesen: $k \cdot S \leq 1$ ist die Bedingung dafür, dass die Schranke nicht überschritten wird.
In der Aufgabe ist mit $k \cdot S = 0{,}001 \cdot 5000 = 5 > 1$ die Bedingung *nicht* erfüllt. Die Modellrechnung ist ab der fünften Woche widersprüchlich und somit unbrauchbar. Man kann trotz bekannter Formel nicht mehr vom logistischen Wachstum sprechen, obwohl die Fragestellung alltagsbezogen ist und die Angaben annehmbar sind.

*Beachte:* Die bekannte Formel für das logistische Wachstum $B(t + 1) = B(t) + k \cdot B(t) \cdot (S - B(t))$ kann auch zu widersprüchlichen und absurden Ergebnissen führen, wenn die Bedingung $k \cdot S \leq 1$ nicht erfüllt ist.

**Fibonacci-Folge**
**Tobias' Bemerkung** ist richtig.
**Kerstins Lösung** ist fehlerhaft.
Laut Definition ist
$a_n = a_{n-1} + a_{n-2}$
Der Übergang
$n^2 = (n - 1)^2 + (n - 2)^2$
bedeutet aber, dass
$a_n = n^2$, $a_{n-1} = (n - 1)^2$ und $a_{n-2} = (n - 2)^2$ *gleichzeitig* gelten.
Kerstin setzte also stillschweigend voraus: Außer n sind auch n – 1 und n – 2 Lösungen.
Diese Zusatzbedingung ist jedoch aus der Luft gegriffen.

*Anmerkungen:* Würde man die Folge $(b_n)$ mit $b_n = n^2$ definieren, dann wären auch $b_{n-1} = (n - 1)^2$, $b_{n-2} = (n - 2)^2$ korrekt.
Die Aufgabe verlangt eigentlich, die Gleichung $a_n = b_n$ zu lösen.
Ferner gilt: $a_6 = 8$, $a_7 = 13$, $a_8 = 21$, $a_9 = 34$, $a_{10} = 55$, $a_{11} = 89$, $a_{12} = 144$.
n = 12 stellt somit ebenfalls eine Lösung dar, denn $12^2 = 144$.
Es lässt sich zeigen: $a_n > n^2$ für $n > 12$.
Außer n = 1 und n = 12 gibt es keine weiteren Lösungen.

**Grenzwertberechnung**
Es sei $a_n = \frac{1 + 2 + 3 + \ldots + 2n}{n^2}$.
Zuerst berechnen wir den Term für n = 3 und n = 4.

$$n = 3: \quad a_3 = \frac{1 + 2 + 3 + 4 + 5 + 6}{3^2} = 2{,}33\ldots$$

$$n = 4: \quad a_4 = \frac{1 + 2 + 3 + 4 + 5 + 6 + 7 + 8}{4^2} = 2{,}25$$

Wir untersuchen nun **Maximes Lösung**:

$$\lim_{n\to\infty} \frac{1 + 2 + \ldots + 2n}{n^2} = \lim_{n\to\infty} \frac{1}{n^2} + \lim_{n\to\infty} \frac{2}{n^2} + \ldots + \lim_{n\to\infty} \frac{2n}{n^2} = 0 + 0 + \ldots + \mathbf{0} = 0$$

Wie viele Summanden haben wir denn eigentlich? Bei den Zahlenbeispielen konnten wir sehen: für n = 3 sechs, für n = 4 acht. Die Anzahl der Summanden steigt also zusammen mit n. In $a_n$ gibt es 2n Summanden. Wenn n in Richtung unendlich läuft, geht die Anzahl der Summanden auch in Richtung unendlich. *Andererseits* bedeutet aber Maximes Lösung: In der Summe steht eine *letzte* **fett** gedruckte **0** als Grenzwert eines *letzten* Summanden. Für $n \to \infty$ gibt es aber weder einen letzten Summanden noch eine letzte Null. Dies zeigt, dass **Maximes Lösung** samt Ergebnis falsch ist.
Wir schildern das Phänomen noch an einem anderen *Beispiel:*

$$\underbrace{\frac{1}{n} + \frac{1}{n} + \ldots + \frac{1}{n}}_{n\text{-mal}}$$

Es gilt:

$$\underbrace{\frac{1}{n} + \frac{1}{n} + \ldots + \frac{1}{n}}_{n\text{-mal}} = n \cdot \frac{1}{n} = 1 \xrightarrow{n \to \infty} 1$$

Obwohl alle Summanden Nullfolgen sind $\left(\frac{1}{n} \xrightarrow{n \to \infty} 0\right)$, ist der Grenzwert 1.

*Anmerkung:* Der bekannte Spruch „Null mal ‚irgendwas' ist null" bekommt damit einen Kratzer: Er gilt *nicht*, wenn ‚irgendwas' $\infty$ ist.

*Beachte:* „Der Grenzwert der Summe ist die Summe der Grenzwerte" gilt nur für eine *feste* und *endliche* Zahl von Summanden.

*Beispiel:* $\lim\limits_{n \to \infty}\left(\frac{1}{n^2} + \frac{2}{n^2} + \frac{3}{n^2} + \ldots + \frac{2\,000\,000\,000\,000\,000\,000}{n^2}\right) = 0$

**Nils' Lösung** ist nur leicht fehlerhaft. Tatsächlich:

$$\frac{1+2+3+\ldots+2n}{n^2} = \frac{1+\ldots+(n-2)+(n-1)+n+(n+1)+(n+2)+\ldots+2n}{n^2}$$
$$= \frac{1}{n^2} + \ldots + \frac{n-2}{n^2} + \frac{n-1}{n^2} + \frac{n}{n^2} + \frac{n+1}{n^2} + \frac{n+2}{n^2} + \ldots + \frac{2n}{n^2}$$
$$= \frac{1}{n^2} + \ldots + \frac{n-2}{n^2} + \frac{n-1}{n^2} + \frac{1}{n} + \frac{2n-(n-1)}{n^2} + \frac{2n-(n-2)}{n^2} + \ldots + \frac{2n}{n^2}$$
$$= \frac{1}{n^2} + \ldots + \frac{n-2}{n^2} + \frac{n-1}{n^2} + \mathbf{\frac{1}{n}} + \frac{2}{n} - \frac{n-1}{n^2} + \frac{2}{n} - \frac{n-2}{n^2} + \ldots + \frac{2}{n}$$

Nils hat lediglich den Summanden $\mathbf{\frac{1}{n}}$ übersehen. Korrekt ist daher

$\frac{1+2+3+\ldots+2n}{n^2} = \frac{1}{n} + n \cdot \frac{2}{n}$ und $\lim\limits_{n \to \infty}\left(\frac{1}{n} + n \cdot \frac{2}{n}\right) = 0 + 2 = 2$

Wir schildern nun noch einen dritten, richtigen Lösungsweg.

**3. Lösungsweg**

$$\begin{array}{lllll} S = & 1 & + \; 2 + \ldots & + (2n-1) & + \; 2n \\ S = & 2n & + \; 2n-1 + \ldots & + 2 & + \; 1 \\ \hline \end{array}$$

$2S = (2n + 1) + (2n + 1) + \ldots + (2n + 1) + (2n + 1)$

wobei $(2n + 1)$ in der Summe genau 2n-mal vorkommt.

$2S = 2n(2n + 1)$

$S = n(2n + 1)$

Damit gilt:

$$\frac{1+2+3+\ldots+2n}{n^2} = \frac{n(2n+1)}{n^2} = \frac{2n+1}{n} = \frac{2n}{n} + \frac{1}{n} = 2 + \frac{1}{n} \xrightarrow{n \to \infty} 2 + 0 = 0$$

Also $\lim\limits_{n \to \infty} \frac{1+2+3+\ldots+2n}{n^2} = 2$. Dies ist die korrekte Antwort.

**Am Meer**

**Valerias Lösung:** Gesucht ist nicht die Zeit, sondern der Punkt C.

**Marcs Lösung:** Man kann das Verhältnis der Geschwindigkeiten auf die Strecke $A_1B_1$ nicht allgemein übertragen. 12 ist in diesem Fall nur „Glück".

**Uwes Lösung:** Uwe hat den kürzesten Weg zwischen A* und B ermittelt, nicht aber den schnellsten.

**Camilles Lösung:** Ihr Ansatz und ihr Ergebnis sind richtig, der Lösungsweg ist aber etwas unvollständig. Es fehlt eine hinreichende Bedingung für den Tiefpunkt. Außerdem muss man noch zeigen, dass 12 die einzige Lösung ist.

**Wie viele Forellen?**

**Wolframs Lösung** ist fehlerhaft. Die Verteilung des Zuwachses auf Tage 220 : 30,5 stellt einen Denkfehler dar. Denn so hat Wolfram innerhalb eines Monats stillschweigend lineares Wachstum vorausgesetzt. In Wirklichkeit handelt es sich aber auch hier um exponentielles Wachstum.

**Franciscas Lösung** ist ebenfalls fehlerhaft. Die Verteilung des Zuwachses auf Tage 1800 : 180 stellt denselben Denkfehler wie bei Wolfram dar. Auch Francisca setzte lineares Wachstum voraus.

**Christophs Lösung** ist fehlerfrei. Er blieb stets beim exponentiellen Wachstum und setzte dann statt t sinngemäß $\frac{1}{30}$ ein.

*Anmerkungen:* Obwohl Wolframs Ergebnis in sich korrekt ist, ist der Ansatz 220 : 30 grundsätzlich falsch.

*Vermutung:* Die Tatsache, dass der Dreisatz eine bekannte und bewährte Methode ist, macht uns für den Denkfehler anfälliger. Bei vertrauten Methoden fällt uns das kritische Hinterfragen möglicherweise schwerer.
Die Rundungsfehler spielen nur eine Nebenrolle. Es lässt sich zeigen: Bei einem Anfangsbestand von 50 000 Forellen würde Wolframs Ansatz etwa 204, Benjamins Ansatz aber etwa 190 Fische liefern.

*Beachte:* Eine Angabenvariation kann uns ermöglichen, Ergebnisse auf ihre Plausibilität zu prüfen.

**Ortslinie**
**Helenes Lösung** ist fehlerhaft. $(t \mid t^2)$ ist zwar ein Extrempunkt, aber es gibt einen weiteren Extrempunkt. Denn $f'(x) = 0$ hat außer t noch die Lösung $\frac{t}{3}$. So entsteht der Extrempunkt $\left(\frac{t}{3} \mid \frac{4t^3}{27} + t^2\right)$, der aber nicht auf der Parabel $y = x^2$ liegt. Dies wurde von Helene übersehen.

**Olivers Lösung** ist ebenfalls fehlerhaft. Die Punkte $B(1 \mid 1)$, $C(-1 \mid 1)$ liegen tatsächlich auf dem geometrischen Ort. $B(1 \mid 1)$ ist Extrempunkt *einer* Funktion der Schar, $C(-1 \mid 1)$ aber Extrempunkt einer *anderen* Funktion der Schar. Oliver ging jedoch stillschweigend davon aus, dass beide Punkte Extrempunkte *derselben* Funktion sind. Dies war sein Denkfehler.

Der Term $f_u(x) = -\frac{2}{u}x^3 + 3x^2$ aus **Luisas Lösung** ist korrekt. Trotz richtigen Terms ist aber Luisas Lösung löchrig wie ein Schweizer Käse.
„Der Ursprung liegt auf dem geometrischen Ort. Aus $f(0) = 0$ folgt $d = 0$, aus $f'(0) = 0$ folgt $c = 0$. Damit ist $f(x) = ax^3 + bx^2$." Damit schränkt man sich aber automatisch auf Funktionenscharen ein, die einen Extrempunkt im Ursprung haben. Dies kann sein, muss aber nicht sein. Eine korrekte Argumentation wäre gewesen: Nehmen wir an, dass der Ursprung ein Extrempunkt aller Funktionen der Schar ist. Dann gilt: Aus $f(0) = 0$ folgt $d = 0$, aus $f'(0) = 0$ folgt $c = 0$. Die Begründung dieses Rechenweges war unsauber. Dies ist ein *1. Fehler*.
Bei (7) wurde eine Gleichung durch $u^2$, bei (8) eine Gleichung durch u geteilt. Dies ist aber nur für $u \neq 0$ möglich. Der Fall $u = 0$ wurde nicht getrennt untersucht. Dies ist ein *2. Fehler*.
Beim Term $a = -\frac{2}{u}$ ist die Einschränkung $u \neq 0$ erforderlich. Man hat sie aber nicht gestellt. Dies ist ein *3. Fehler*.
$f'(u) = 0$ ist nur eine notwendige Bedingung für Extrempunkte. Eine hinreichende Bedingung wurde nicht untersucht. Dies ist ein *4. Fehler*.
Alle Extrempunkte liegen auf der Parabel $y = x^2$. Man hätte aber noch zeigen müssen, dass jeder Punkt der Parabel als Extrempunkt tatsächlich vorkommt. Dies ist ein *5. Fehler*.

**Ins Unendliche reichende Flächen**
**Hans' Lösung** arbeitet mit der Definition und ist korrekt.

Die Folgerung von **Majas Lösung** ist nicht haltbar. Tatsächlich, wiederholt man ihren Gedankengang für eine *beliebige* positive und stetige Funktion f mit der Stammfunktion F, so erhält man
$A = F(2) - F(a) + F(3) - F(2) + F(4) - F(3) + \ldots = -F(a)$
Es ist schon *absurd*, dass ein Flächeninhalt nur vom Wert $-F(a)$ abhängt. Ferner ist eine Stammfunktion nur bis auf eine Konstante eindeutig bestimmt. Man könnte sich für den Flächeninhalt eine beliebige (sogar eine negative!) Zahl aussuchen.
Maja arbeitet eigentlich mit einer *unendlichen Summe*:
$A_1 + A_2 + A_3 + A_4 + \ldots$
Um den Fehler zu entdecken, betrachten wir zunächst ein **Beispiel aus der Antike:**
$S = 1 - 1 + 1 - 1 + 1 - 1 + \ldots$
Es gab mehrere Ansätze, diese Summe zu ermitteln.
*1. Ansatz*: $S = (1 - 1) + (1 - 1) + (1 - 1) + \ldots = 0 + 0 + 0 + \ldots = 0$
*2. Ansatz*: $S = 1 - (1 - 1 + 1 - 1 + 1 - 1 + \ldots) = 1 - S$.
Aus der Gleichung $S = 1 - S$ folgt $S = 0{,}5$.
*3. Ansatz*: Man ändert die Reihenfolge der Summanden, indem man jeweils eine 1 vorzieht:
$S = 1 + 1 - 1 + 1 + 1 - 1 + \ldots = (1 + 1 - 1) + (1 + 1 - 1) + \ldots$
$S = 1 + 1 + \ldots = \infty$

Um Klarheit zu schaffen, wenden wir die *Definition* einer unendlichen Summe an:
$a_1 + a_2 + a_3 + a_4 + \ldots = \lim\limits_{n\to\infty} (a_1 + a_2 + a_3 + a_4 + \ldots + a_n)$
aber nur, wenn es den Grenzwert gibt.
Die Berechnung der ersten Teilsummen aus dem Beispiel ergibt:
$s_1 = 1$, $s_2 = 1 - 1 = 0$, $s_3 = 1 - 1 + 1 = 1$, $s_4 = 1 - 1 + 1 - 1 = 0$ usw.
Die Folge 1, 0, 1, 0, ...hat aber *keinen* Grenzwert. Dies bedeutet, dass die unendliche Summe $1 - 1 + 1 - 1 + 1 - 1 + \ldots$ nicht definiert werden kann.
Die drei Ansätze sind also alle falsch. Es ist nun aber höchste Zeit, den Fehler beim Namen zu nennen: *Für unendliche Summen gilt weder das Assoziativgesetz noch das Kommutativgesetz.*
Jetzt kehren wir zu Punkt **b)** der Aufgabe zurück. Es ist nun relativ leicht, den Fehler in Majas Lösung zu finden.

$$A = \ln(2) - \ln\left(\tfrac{1}{e}\right) + \ln(3) - \ln(2) + \ln(4) - \ln(3) + \ln(5) - \ln(4) + \ldots$$

ist noch korrekt. Die Aussage „Außer $-\ln\left(\frac{1}{e}\right)$ heben sich alle Terme auf" setzt aber schon stillschweigend das Kommutativgesetz und das Assoziativgesetz voraus. Zum Beispiel ln(2) und –ln(2) müssen erst nebeneinander gebracht werden, sprich Kommutativgesetz, dann in eine Klammer gesetzt werden: (ln(2) - ln(2)), sprich Assoziativgesetz. Und erst jetzt würden sie sich aufheben. Dazu kommt es aber eigentlich nicht.

*Anmerkungen:* Majas Ansatz kann zum richtigen Ergebnis führen. Und zwar:
$s_n = A_1 + A_2 + A_3 + A_4 + \ldots + A_n$

$s_n = \ln(2) - \ln\left(\tfrac{1}{e}\right) + \ln(3) - \ln(2) + \ln(4) - \ln(3) + \ldots + \ln(n) - \ln(n-1)$

$s_n = \ln(n) - \ln\left(\tfrac{1}{e}\right) \xrightarrow{n\to\infty} \infty$

Der springende Punkt: ln(n) bleibt, denn '– ln(n)' befindet sich nicht unter den Summanden von $s_n$.
Bei **a)** führte der falsche Ansatz zum richtigen Ergebnis. Dies ist Zufall.

*Beachte:* Man darf in einer unendlichen Summe die Reihenfolge der Summanden nicht ohne weiteres verändern.

**Rekursive Folge**
**Darius' Einwand** ist berechtigt. Jede konvergente Folge hat genau einen Grenzwert. Da $x_1 = 6 > 5$ ist, kann man untersuchen, ob allgemein $x_n > 5$ gilt. Dazu wendet man die vollständige Induktion an.
A(n): $x_n > 5$
I. Induktionsanfang
A(1): $x_1 > 5$ und es stimmt, denn $6 > 5$.
II. Induktionsschritt: A(n) ⇒ A(n + 1)
A(n + 1): $x_{n+1} > 5$

$$\begin{aligned} \sqrt{9{,}99x_n - 24{,}95} &> 5 && |^2 \\ 9{,}99x_n - 24{,}95 &> 25 && |+24{,}95 \\ 9{,}99x_n &> 49{,}95 && |:9{,}99 \\ x_n &> 5 \text{ und es stimmt laut A(n).} \end{aligned}$$

Wegen $x_n > 5$ kann 4,99 kein Grenzwert sein. Die Folge hat den Grenzwert 5. Die Gleichung $g = \sqrt{9{,}99g - 24{,}95}$ hat als Lösungen $g_1 = 4{,}99$ und $g_2 = 5$. Dies bedeutet aber lediglich, dass der Grenzwert 4,99 *oder* 5 sein muss. Svenjas Trugschluss bestand darin, dass sie beide Zahlen als Grenzwert betrachtete.

*Anmerkungen:* Es lässt sich zeigen:
Für jedes $x_1 \geq 5$ gilt $\lim\limits_{n\to\infty} x_n = 5$.
$\lim\limits_{n\to\infty} x_n = 4{,}99$ gilt genau dann, wenn $4{,}99 \leq x_1 < 5$.

*Beachte:* Für konvergente rekursive Folgen gilt:
Wenn der Grenzwertübergang bei der rekursiven Gleichung mehrere Werte liefert, so stellt dies keinen Widerspruch dar. In diesem Fall sind zusätzliche Untersuchungen erforderlich, um herauszufinden, welche dieser Werte der Grenzwert ist.

**Fläche ohne Flächeninhalt?**
**Alexanders Lösung** beschränkt sich auf positive Funktionen. Sein Gedankengang ist für solche Funktionen korrekt. Die Untersuchung anderer Funktionen steht jedoch aus.
**Noemis Lösung** arbeitet mit einer orientierten Fläche. Für diese ist ihr Gedankengang richtig.

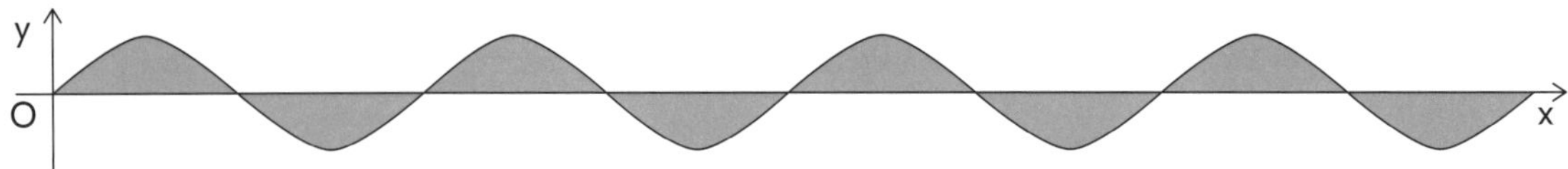


Diese orientierte Fläche hat weder einen endlichen noch einen unendlich großen Flächeninhalt. Wenn dieselbe Fläche *keine* orientierte Fläche wäre, dann wäre der Flächeninhalt
$2 + 2 + 2 + \dots + 2 + \dots$
und damit unendlich groß.

*Anmerkungen:* Unendlich ist streng genommen kein „richtiger Flächeninhalt". Dies ändert jedoch nichts am Wesentlichen.
Bei der Grenzwertuntersuchung von A(b) für $b \to \infty$ gibt es drei mögliche Fälle:
Endlicher Grenzwert, Grenzwert unendlich, kein Grenzwert.
In Alexanders Lösung kommen die ersten zwei Fälle vor, davon abhängig, ob A(b) nach oben beschränkt ist oder nicht. Noemis Lösung zeigt, dass bei orientierten Flächen auch „kein Grenzwert" denkbar ist.

*Beachte:* Es gibt orientierte Flächen, denen man weder einen endlichen noch einen unendlich großen Flächeninhalt zuordnen kann.

**Krumme Sachen bei einer schiefen Asymptote**
Bei **b)** greifen wir auf die Definition der schiefen Asymptote zurück.
$y = mx + c$ ist schiefe Asymptote an den Graphen von f, wenn gilt:

$|f(x) - (mx + c)| \xrightarrow{x \to \infty} 0$

Zunächst prüfen wir **Theos** Ergebnis.

$\left|\frac{3x^2 - 2x + 1}{x - 1} - (3x + 1)\right| = \left|\frac{2}{x - 1}\right| \xrightarrow{x \to \infty} 0$ und es stimmt.

Nun prüfen wir **Jules** Ergebnis.

$\left|\frac{3x^2 - 2x + 1}{x - 1} - (3x - 2)\right| = \left|\frac{3x - 1}{x - 1}\right| \xrightarrow{x \to \infty} 3 \neq 0$ stimmt *nicht*.

Der Denkfehler: Bei $\frac{3x - 2 + \frac{1}{x}}{1 - \frac{1}{x}}$ folgt aus $\frac{1}{x} \xrightarrow{x \to \infty} 0$ *nicht*, dass $y = 3x - 2$ „übrigbleibt".

*Anmerkungen:* Bei $g(x) = 3x - 2 + \frac{1}{x}$ würde aus $\frac{1}{x} \xrightarrow{x \to \infty} 0$ folgen, dass $y = 3x - 2$ die schiefe Asymptote ist.
Die Rechentechnik aus Jules Lösung ist von der Ermittlung der waagerechten Asymptoten gut bekannt.

*Beachte:* Im Zweifelsfall ist es sinnvoll, auf die Definition zurückzugreifen.

**Exponentielles Wachstum**
Wie hoch der Baum in 20 Jahren sein wird, weiß man heute nicht. Trotzdem haben wir es mit einem echten Widerspruch zu tun, denn dieselben Angaben haben zu unterschiedlichen Folgerungen geführt. Der Grund dafür:
„Die Wachstumsrate beträgt 8 % pro Jahr." wird hier auf *zwei unterschiedliche Arten* aufgefasst:
**1.** *Möglichkeit:* Man versteht die Voraussetzung dahingehend, dass sich nach jedem Ablauf eines vollen Jahres die Höhe des Baumes um 8 % erhöht. Dann wäre **Marcels Lösung** richtig.
**2.** *Möglichkeit:* Die Wachstumsrate wird als *momentane Änderungsrate* betrachtet. In diesem Fall wäre **Ronjas Lösung** richtig.

*Anmerkungen:* Die zwei Möglichkeiten stellen *zwei unterschiedliche Aufgaben* dar, die miteinander verwandt sind. Für kleine t-Werte liefern die zwei Modellrechnungen Teilergebnisse mit einer geringen Abweichung.
Jemand könnte argumentieren: Eine Änderung *pro Jahr* ist keine *momentane* Änderungsrate, da ein Jahr aus ganz vielen kurzen Momenten besteht.
Tatsächlich kann man eine momentane Änderungsrate aber in *jeder* beliebigen Einheit angeben (wie zum Beispiel pro Jahr, pro Tag oder pro Sekunde), ohne dass es einen Unterschied macht.

*Beachte:* Die Möglichkeit, dass die Angaben einer Aufgabe mehrere Deutungen erlauben, dürfen wir nicht von vorne herein ausschließen, obwohl dies eher selten der Fall ist.
Solche mehrdeutigen Fragestellungen sind auch in Aufgabensammlungen oder sogar in Schulbüchern zu finden.

**Hochzahlen, die in den Himmel wachsen**

Aus den Gedankengängen folgt lediglich: *Wenn* die Gleichungen lösbar sind, dann muss die Lösung $x = \sqrt{2}$ sein. Man hätte aber noch untersuchen müssen, ob $x = \sqrt{2}$ tatsächlich eine Lösung darstellt. Dies wurde jedoch nicht gemacht. Dieses Versäumnis stellt den Kern des Fehlers dar.
Mithilfe eines Taschenrechners berechnen wir nun

$$\sqrt{2}^{\sqrt{2}} \approx 1{,}63\,; \quad \sqrt{2}^{\left(\sqrt{2}^{\sqrt{2}}\right)} \approx 1{,}76\,; \quad \sqrt{2}^{\left(\sqrt{2}^{\left(\sqrt{2}^{\sqrt{2}}\right)}\right)} \approx 1{,}84$$

Durch diese Näherungswerte drängt sich die Vermutung auf:
$x = \sqrt{2}$ ist eine Lösung für a) aber keine Lösung für b).
Dies werden wir nun beweisen.

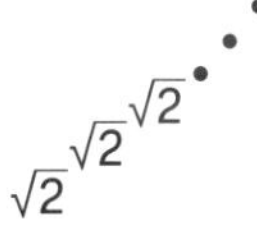

ist eigentlich der Grenzwert einer rekursiven Folge

$(a_n)$ mit $a_1 = \sqrt{2}$ und $a_{n+1} = (\sqrt{2})^{a_n}$.
Wir zeigen mit vollständiger Induktion, dass die Folge steigend ist.
$A(n)$: $a_n < a_{n+1}$
I. $n = 1$: $a_1 < a_2$ und es stimmt (siehe die Rechnungen).
II. $A(n) \Rightarrow A(n+1)$
$A(n+1)$: $a_{n+1} < a_{n+2}$
$(\sqrt{2})^{a_n} < (\sqrt{2})^{a_{n+1}}$ und es stimmt wegen $A(n)$.

Damit ist eine untere Schranke $a_1 = \sqrt{2}$.
Wir beweisen noch mit Induktion, dass $a_n < 2$.
$A(n)$: $a_n < 2$
I. $n = 1$: $a_1 < 2$ und es stimmt, denn $\sqrt{2} < 2$.
II. $A(n) \Rightarrow A(n+1)$
$A(n+1)$: $a_{n+1} < 2$
$(\sqrt{2})^{a_n} < (\sqrt{2})^2$ und es stimmt wegen $A(n)$.
Da die Folge monoton und beschränkt ist, ist sie konvergent.
Mit $\lim\limits_{n\to\infty} a_n = g$ folgt aus $a_{n+1} = (\sqrt{2})^{a_n}$, dass $g = (\sqrt{2})^g$. $g = 2$ erfüllt diese Gleichung, denn $2 = (\sqrt{2})^2$.
Damit ist bewiesen, dass $x = \sqrt{2}$ Lösung der Gleichung aus a) ist.
Die Gleichung aus b) hat keine Lösung. Aus dem Gedankengang des Lösungsweges folgt: Wenn die Gleichung lösbar wäre, müsste $x = \sqrt{2}$ sein. Andererseits hat die rekursive Folge die obere Schranke 2. Die Folge kann also den Wert 4 nicht erreichen.
Damit ist bewiesen, dass die Gleichung aus b) keine Lösung besitzt.

*Anmerkungen:* Es lässt sich zeigen:

Die Gleichung $x^{x^{x^{\cdot^{\cdot^{\cdot}}}}} = c$ ist genau dann lösbar, wenn $0 < c \leq e$.

$x^{x^x} = x^{(x^x)}$, $x^{x^{x^x}} = x^{(x^{(x^x)})}$, $x^{x^{x^{x^x}}}$ usw. sind Potenzen.

$x^{x^{x^{\cdot^{\cdot^{\cdot}}}}}$ mit unendlich vielen x ist aber *keine* Potenz mehr!
Der Lösungsansatz war aber trotzdem korrekt.

**Eine merkwürdige Dreiecksberechnung**

Das Dreieck ABC ist eindeutig bestimmt (Kongruenzsatz sws).
Umso erstaunlicher ist es, dass **Patricks Lösung** in einen Widerspruch mündet, obwohl er dasselbe Schema verwendet wie Selina.

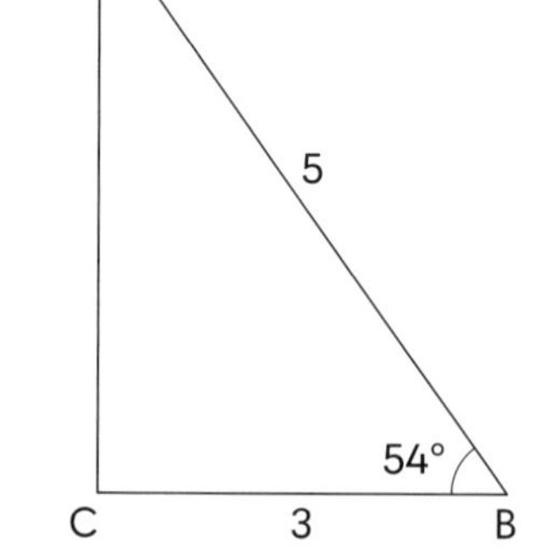


Der springende Punkt ist die Gleichung $\sin(\gamma) = \frac{5 \cdot \sin(54°)}{4}$.

Die rechte Seite ist etwa 1,01 und damit größer als 1. Der größte Wert der Sinusfunktion ist aber die 1, deswegen bringt der Taschenrechner eine (sinnvolle!) Fehlermeldung.
Um das Übel an der Wurzel zu packen, führen wir die Rechenwege in **Selinas Lösung** mit fünf Dezimalen nach dem Komma durch. So erhalten wir: $b \approx 4{,}045\,55$; $\sin(\gamma) \approx 0{,}999\,89$; $\gamma \approx 89{,}135\,01$. Aus der Winkelsumme folgt $\alpha \approx 36{,}864\,99°$. Oder, auf eine Dezimale gerundet: $b \approx 4{,}0$; $\gamma \approx 89{,}1°$; $\alpha \approx 36{,}9°$
Die Werte $\alpha \approx 37{,}4°$, $\gamma \approx 88{,}6°$ hat Selina zwar auf eine Dezimale gerundet, aber es handelt sich dabei nicht um die korrekten Zahlen. Dies liegt daran, dass sie statt $b \approx 4{,}045\,55$ mit $b \approx 4{,}0$ arbeitete.
In der Aufgabe steht zwar: „Runde auf eine Dezimale". Es wäre aber trotzdem geschickter gewesen, alle Nebenrechnungen zunächst mit mehr Dezimalen als gefordert durchzuführen und erst die Endergebnisse auf eine Dezimale zu runden.

*Anmerkungen:* Unterschiedliche Taschenrechner können teils unterschiedlich runden.
Je mehr mit gerundeten Werten gearbeitet wird, desto größer können am Ende die Abweichungen von den exakten Werten werden.

*Beachte:* Rundungsfehler können unter Umständen zu inhaltlichen Fehlern führen.

**Integrierbarkeit**

Wir betrachten die Funktion an den „interessanten Stellen" $x_n = \frac{1}{n}$, wobei $n \in \mathbb{N}^*$, $n > 1$, $f = \left(\frac{1}{n}\right) = n$ und ermitteln den Grenzwert:

$$f\left(\tfrac{1}{n}\right) = n \xrightarrow{n \to \infty} \infty \qquad (3)$$

(3) bedeutet, dass die Funktion f *nicht beschränkt* ist. Die Beschränktheit ist aber eine notwendige (jedoch keine hinreichende) Bedingung für die Integrierbarkeit. Es folgt also, dass f *nicht integrierbar ist.*
**Milenas Lösung** ist falsch. Der Fehler ist an dieser Stelle:

$$\int_0^1 f(x)dx = \lim_{\varepsilon \to 0} \int_\varepsilon^1 f(x)dx \qquad (4)$$

Obwohl sowohl $\int_\varepsilon^1 f(x)dx$ als auch dessen Grenzwert existieren, ist f trotzdem nicht integrierbar.
**Pascal** übersah in seiner Lösung Folgendes:
Einige der Höhen $h_2, h_3, \ldots$ sind abhängig von n. Erläuterung an einem Beispiel:

$h_2 = f\left(\frac{2}{3}\right) = \frac{2^2}{3^2}$, aber $h_2 = f\left(\frac{2}{4}\right) \neq \left(\frac{2}{4}\right)^2$ sondern $h_2 = f\left(\frac{2}{4}\right) = f\left(\frac{1}{2}\right) = 2^2$

Man kann diesen Denkfehler schnell korrigieren.

$S_n = n^2 \cdot \frac{1}{n} + f\left(\frac{2}{n}\right) \cdot \frac{1}{n} + f\left(\frac{3}{n}\right) \cdot \frac{1}{n} + \ldots + f\left(\frac{n}{n}\right) \cdot \frac{1}{n}$

Da alle Funktionswerte von f positiv sind, gilt

$S_n = n + f\left(\frac{2}{n}\right) \cdot \frac{1}{n} + f\left(\frac{3}{n}\right) \cdot \frac{1}{n} + \ldots + f\left(\frac{n}{n}\right) \cdot \frac{1}{n} > n$

Daraus ergibt sich:

$S_n > n \xrightarrow{n \to \infty} \infty$ und damit $\lim\limits_{n \to \infty} S_n = \infty$.

Der Wert eines Integrals ist aber eine *endliche* Zahl. Daher ist f nicht integrierbar.
Pascals Folgerung ist also korrekt.

*Anmerkungen:* Für eine stetige Funktion f stellt (4) eine wahre Aussage dar.
Die von Milena angewandte Rechentechnik ist von den uneigentlichen Integralen gut bekannt.
Das in der Schule verwendete Riemann-Integral ist hingegen für unbeschränkte Funktionen nicht definiert.

*Beachte:* Als Problemlöser versucht man, eine neue Aufgabe mithilfe bekannter Denkweisen in den Griff zu bekommen – auch dann, wenn dies letztendlich nicht geht. Dies ist der psychologische Hintergrund vieler falscher Analogien.

## 3.11 Weitere interessante Gedankengänge

**Rechtsstreit in der Antike**

Es kommt darauf an, was vorrangig ist: das Gerichtsurteil oder die Vereinbarung.
Wenn das *Gerichturteil* vorrangig ist, dann muss Euathlus nur dann das Honorar zahlen, wenn er den Prozess verloren hat.
Wenn die *Vereinbarung* vorrangig ist, dann muss Euathlus nur dann das Honorar zahlen, wenn er den Prozess gewonnen hat.
Wenn das Gerichtsurteil und die Vereinbarung als *gleichwertig* gelten, ist die Frage, wann Euathlus zahlen muss, unentscheidbar.
Wenn für Protagoras das Gerichtsurteil vorrangig ist und für Euathlus die Vereinbarung, dann kommt es zu keiner einvernehmlichen Lösung.
Wenn für Protagoras die Vereinbarung vorrangig ist und für Euathlus das Gerichtsurteil, dann kommt es ebenfalls zu keiner einvernehmlichen Lösung.
Bei ihren Begründungen sind sowohl Protagoras als auch Euathlus inkonsequent. Jeder von ihnen wechselt die Vorrangigkeit, jeweils zu seinem eigenen Vorteil.

*Anmerkung:* Der Gedankengang hat Entsprechungen auch in unserer Zeit. Helmut Kohl konnte bestimmte Parteigelder der CDU nicht abrechnen. Laut Gesetz hätte er die Quelle dieser Gelder offenlegen müssen. Er verweigerte dies aber mit der Begründung, dass er einigen Spendern sein Ehrenwort gab, ihre Identität nicht zu verraten. In diesem Fall stand sich die Vorrangigkeit von „Gesetz" und von „Ehrenwort" gegenüber. Es blieb dabei, dass Helmut Kohl die Namen der (angeblichen) Spender nicht offenlegte.
Ob ein ehemaliger Bundeskanzler sein Ehrenwort über das Gesetz stellen darf, ist auch eine moralische Frage, deren Beurteilung wir dem Leser überlassen.

**Das Huhn und das Ei**

Es gilt als klassisches Beispiel für etwas Unentscheidbares. Genau genommen verhält es sich aber anders. Es gibt nämlich weder *das* Huhn noch *das* Ei. Eine beliebig lange Aufzählung mit *unverändertem* Huhn und Ei:
..., Huhn, Ei, Huhn, Ei, Huhn, Ei, Huhn, Ei, ...
ist nämlich eine Fiktion. Denn die Argumentation übersieht die Evolutionstheorie von Darwin.
Würden wir die letzten 200 Millionen Jahre aus evolutionstechnischer Sicht betrachten, könnten wir viele größere Sprünge (zum Beispiel verschiedene Wildvögel, Archaeopteryx, Reptile) gut erkennen.
Eine grobe Aufzählung könnte in etwa so aussehen:
..., Reptil, dessen Ei, Archaeopteryx, dessen Ei, Wildvogel, dessen Ei, Huhn, dessen Ei, ...

Ein Menschenleben ist jedoch viel zu kurz, damit eine Person solche Änderungen erleben und beobachten könnte.
Die Frage „Was war zuerst, *das* Huhn oder *das* Ei?“ ergibt vor diesem Hintergrund wenig Sinn. Es ist ein Paradebeispiel dafür, wie man eine irreführende Frage stellen kann.

**Wer lügt?**
Man kann zwei Fälle unterscheiden.
**1. Fall**: Epimenides ist *kein Lügner*.
In diesem Fall ist seine Aussage „Alle Kreter sind Lügner.“ wahr.
Damit ist er auch ein *Lügner*.
Der 1. Fall mündet in einen Widerspruch.
**2. Fall**: Epimenides ist *ein Lügner*.
In diesem Fall ist seine Aussage falsch. Die Verneinung von „Alle Kreter sind Lügner.“ ist aber *nicht* „Alle Kreter sagen die Wahrheit.“, sondern „Nicht alle Kreter sind Lügner.“
Oder, anders ausgedrückt: „Es gibt mindestens einen Kreter, der kein Lügner ist.“
Wenn dieser nicht Epimenides ist, sondern ein anderer Kreter, führt der 2. Fall zu keinem Widerspruch.

*Anmerkung:* Die Vorstellung, dass eine Person stets nur lügt, ist ziemlich weltfremd. Eine solche Person könnte den Alltag nicht bewältigen. Selbst ein notorischer Lügner muss ab und zu die Wahrheit sagen.

**Allmächtige Wesen**
Der Gedankengang ist korrekt. „Allmächtig“ ist ein in sich widersprüchlicher Begriff.
Ein allmächtiges Wesen könnte auch beschließen, dass es ab morgen 8.00 Uhr nicht mehr allmächtig sein wird.
Betrachten wir nun zwei allmächtige Wesen. Der eine will an Ostern in Berlin eine Wetterlage mit strahlender Sonne schaffen, der andere will Dauerregen.
Widersprüche sind wie Pilze. Wenn man einen findet, gibt es in der Regel viele andere in der Nähe.
Aus diesen Widersprüchen sollte man nicht die Folgerung ziehen, dass es deswegen keine allmächtigen Wesen geben kann. Wenn es sie gibt, dann schmunzeln sie vielleicht, wenn wir solche Überlegungen anstellen.

**Achilles, die Schildkröte und eine Überraschung**
Es gibt unendlich viele Schritte. Trotzdem kann man in beiden Fällen die Gesamtzeit von Achilles ermitteln.

**a)** $\frac{1}{2} + \frac{1}{4} + \frac{1}{8} + \frac{1}{16} + \ldots$

Diese unendliche Summe beträgt 1.
*Begründung:* Damit eine Minute vergeht, muss zunächst die Hälfte, $\frac{1}{2}$ vergehen. Damit der Rest vergeht, muss zunächst die Hälfte der Restzeit, $\frac{1}{4}$ vergehen. Damit der Rest vergeht, muss zunächst die Hälfte der Restzeit, $\frac{1}{8}$ vergehen. Die Abbildung zeigt:

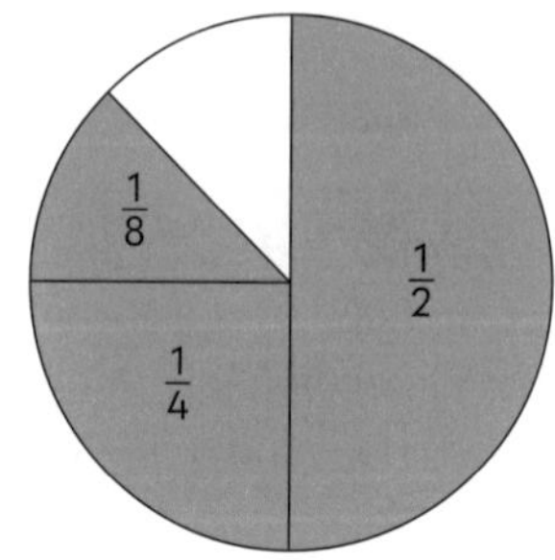


$\frac{1}{2} + \frac{1}{4} + \frac{1}{8} + \ldots = 1$

*Deutung:* Achilles wird die Schildkröte nach einer Minute einholen.

*Anmerkung:* Das mathematisch korrekte Ergebnis kann unserer Intuition widersprechen. Wir können uns schlecht vorstellen, dass ein Prozess, der keinen letzten Schritt hat, doch zu Ende geht. Dies liegt daran, dass wir keinerlei Erfahrungswerte mit unendlich vielen Schritten haben.
*Beispiele* wie:
– Was war der letzte Tagesordnungspunkt der Sitzung?
– Es gab keinen letzten Tagesordnungspunkt, aber um 18.00 Uhr waren wir fertig.
sind uns völlig fremd.

**b)** In diesem Fall ergibt sich folgende unendliche Summe.

$\frac{1}{8}+\frac{1}{16}+\frac{1}{24}+\frac{1}{32}+\ldots=\frac{1}{8}\cdot\left(1+\frac{1}{2}+\frac{1}{3}+\frac{1}{4}+\ldots\right)$ (1)

Es gilt $1+\frac{1}{2}+\frac{1}{3}+\frac{1}{4}+\ldots=+\infty$.

Begründung:

$1+\frac{1}{2}>2\cdot\frac{1}{2}=\frac{2}{2}$

$1+\frac{1}{2}+\frac{1}{3}+\frac{1}{4}=\left(1+\frac{1}{2}\right)+\left(\frac{1}{3}+\frac{1}{4}\right)>\frac{2}{2}+2\cdot\frac{1}{4}=\frac{3}{2}$

$1+\frac{1}{2}+\frac{1}{3}+\frac{1}{4}+\frac{1}{5}+\frac{1}{6}+\frac{1}{7}+\frac{1}{8}=\left(1+\frac{1}{2}+\frac{1}{3}+\frac{1}{4}\right)+\left(\frac{1}{5}+\frac{1}{6}+\frac{1}{7}+\frac{1}{8}\right)>\frac{3}{2}+4\cdot\frac{1}{8}=\frac{4}{2}$

Ähnlich lässt sich zeigen:

$1+\frac{1}{2}+\frac{1}{3}+\ldots+\frac{1}{2^n}>\frac{n+1}{2}$ (2)

Ferner gilt:

$\frac{n+1}{2}\xrightarrow{n\to\infty}+\infty$ (3)

(3) und (2) bedeutet:

$1+\frac{1}{2}+\frac{1}{3}+\frac{1}{4}+\ldots=+\infty$ (4)

Aus (1) und (4) folgt:

$\frac{1}{8}+\frac{1}{16}+\frac{1}{24}+\frac{1}{32}+\ldots=+\infty$

*Deutung:* Achilles bräuchte unendlich viel Zeit, um die Schildkröte einzuholen. Achilles wird daher die Schildkröte nie einholen.

*Anmerkung:* Das Ergebnis von b) ist eine Überraschung und eine späte Genugtuung für die Schildkröte. Seit etwa 2500 Jahren ist sie zwar auf dem Papier unbesiegbar, man wusste aber, dass in der Wirklichkeit stets Achilles gewinnen wird. In der Regel wird weiterhin Achilles gewinnen.
Es gibt aber auch Modellrechnungen (die nicht ganz der physikalischen Wirklichkeit entsprechen), nach denen die Schildkröte gewinnt, weil Achilles sie nicht einholen kann.

*Beachte:* Bei unendlich vielen Schritten sollte man sich auf seine Intuition nicht verlassen.

**Prioritäten innerhalb einer Gruppe**

Dieses Beispiel zeigt, dass es bereits in Kleingruppen aus mathematischen Gründen unmöglich sein kann, Regeln zu finden, die bestimmte Standards erfüllen. In diesem Fall gilt das Transitivitätsgesetz nicht.
*Anmerkungen:* Dies ist keine Ausrede für eine schlechte Politik, aber eine mögliche Erklärung dafür, dass bestimmte wünschenswerte Lösungen schon aus rein mathematischen Gründen nicht möglich sind. Wenn bereits in Kleingruppen solche Schwierigkeiten auftreten, dann wird dies für die Bevölkerung eines Landes umso mehr der Fall sein.

**In der Todeszelle**

Durch die zusätzliche Information des Wärters hat sich nichts daran geändert, wer freikommt und wer nicht. Wieso kam dann *A* zu $\frac{1}{2}$?
Es gibt drei Möglichkeiten; die zum Tode Verurteilten sind fett markiert.

I. ***A B*** *C* II. ***A*** *B* ***C*** III. *A* ***B C***

Alle drei Fälle haben die Wahrscheinlichkeit $\frac{1}{3}$. Wir bezeichnen mit F das Ereignis, dass *A* freikommt und berechnen die Wahrscheinlichkeit.

$P(F)=\frac{1}{2}\cdot\frac{1}{3}+\frac{1}{2}\cdot\frac{1}{3}=\frac{1}{6}+\frac{1}{6}=\frac{2}{6}=\frac{1}{3}$

*B* III. *C* III.

*Erklärung:* Der Wächter nennt *A* den Namen von *B* und III. tritt ein *oder* der Wächter nennt *A* den Namen von *C* und III. tritt ein.

*Alternativmöglichkeit:* Wir bezeichnen mit E das Ereignis, dass *A* hingerichtet wird und berechnen dessen Wahrscheinlichkeit.

$P(E) = 1 \cdot \frac{1}{3} + 1 \cdot \frac{1}{3} = \frac{1}{3} + \frac{1}{3} = \frac{2}{3}$ und $P(F) = 1 - P(E) = 1 - \frac{2}{3} = \frac{1}{3}$

*B* I. *C* II.

*Erklärung:* I. tritt ein und der Wächter sagt *A* den Namen von *B* (*A* geht ja nicht) *oder* II. tritt ein und der Wächter sagt *A* den Namen von *C* (*A* geht ja nicht).

*Anmerkungen:* Im Fall III. wird der Name von *B* und *C* mit der Wahrscheinlichkeit $\frac{1}{2}$ genannt, in den Fällen I. und II. jedoch mit der Wahrscheinlichkeit 1.
*A* betrachtet in seinem Gedankengang nur die Situation nachdem er den Wärter fragte. Die „Vorgeschichte" gehört jedoch dazu.
Man kann auch mit bedingten Wahrscheinlichkeiten arbeiten.

**Eine besondere Glühbirne**
Man kann die gestellte Frage weder mit „Die Birne brennt." noch mit „Die Birne brennt nicht." beantworten.
*Begründung:* Die Minute besteht aus unendlich vielen „ein" und „aus" Zeitschritten, die aufeinanderfolgen. Die Birne brennt während der ungeraden Zeitschritte und sie brennt nicht während der geraden Zeitschritte. Nach Ablauf der Minute sind alle ungeraden bzw. geraden Zeitschritte abgelaufen, man kann also jetzt nach diesem Kriterium keine Entscheidung mehr treffen.
*Anders ausgedrückt:* Während der Minute bewegt man sich wegen der einzelnen Zeitschritte in der Menge der natürlichen Zahlen. Nach Ablauf der Minute hat man aber die Menge der natürlichen Zahlen verlassen.
Um die Frage beantworten zu können, bräuchte man eine zusätzliche Angabe, es gibt aber keine.

*Anmerkung:* Wenn die Zeitschritte für die jeweiligen Zustände sehr klein werden, dann kann man das Experiment aus physikalischen Gründen nicht mehr durchführen. Man kann also die gestellte Frage nicht experimentell beantworten.

**In der ewigen Spielbank**
Das Phänomen ist als Petersburger-Paradoxon bekannt. Die Rechnung ist korrekt. In der Wirklichkeit kann es aber so nicht funktionieren. Es setzt nämlich voraus, dass der Spieler beliebig viel Geld hätte, beliebig große Einsätze machen könnte und noch beliebig lang spielen könnte.
Nichts von dem trifft zu.
**1. Bemerkung**
Angenommen, die Spielbank beschränkt den Höchstbetrag, den sie auszahlt, auf eine Million Euro (wenn der Spieler mehr gewinnen würde, dann bekäme er auch nur eine Million).
$2^{20} = 1\,048\,576$ ist schon mehr als eine Million.
Man kann den neuen Erwartungswert ermitteln:

$$E = \frac{1}{2} \cdot 2 + \frac{1}{4} \cdot 4 + \ldots + \frac{1}{2^{19}} \cdot 2^{19} + \left(\frac{1}{2^{20}} + \frac{1}{2^{21}} + \frac{1}{2^{22}} + \frac{1}{2^{23}} + \ldots\right) \cdot 10^6$$

$$E = 19 + \frac{1}{2^{20}} \cdot \left(1 + \underbrace{\frac{1}{2} + \frac{1}{4} + \frac{1}{8} + \ldots}_{1}\right) \cdot 10^6 = 19 + \frac{1}{2^{20}} \cdot 2 \cdot 10^6 \approx 20{,}9$$

*Deutung:* Wenn ein Spieler mit dem Einsatz von 20,90 € spielte, wäre das Spiel praktisch fair.
**2. Bemerkung**
Es gibt Spieler, die glauben, mit einer sogenannten *Verdoppelungsstrategie* stets gewinnen zu können. Angenommen, der Spieler macht sein erstes Spiel mit dem Einsatz vom 50 €. Wenn er verliert, macht er sein zweites Spiel mit dem Einsatz von 100 €. Wenn er diesmal gewinnt, bekommt er 200 € ausbezahlt und hat unter dem Strich 50 € gewonnen (200 € – 50 € – 100 €). Wenn er das zweite Spiel auch verliert, macht er sein drittes Spiel mit dem Einsatz von 200 € usw.
Irgendwann gewinnt er. Dann gewinnt er unter dem Strich stets 50 €.
Die Rechnung geht jedoch nicht immer auf, denn dem Spieler kann sein Geld ausgehen oder der zu setzende Einsatz wird zu hoch und daher nicht erlaubt. Die Verdoppelungsstrategie ergibt mittelfristig und langfristig keinen Gewinn für den Spieler.

**Auf die Stirn geschrieben**

Die Folgerung ist widersprüchlich.
Die Spieler setzten in ihren Überlegungen stillschweigend voraus, dass alle natürlichen Zahlen mit der gleichen Wahrscheinlichkeit auftreten.
Es lässt sich jedoch zeigen: Auf der Menge der natürlichen Zahlen kann *keine* gleichmäßige Wahrscheinlichkeitsverteilung definiert werden.

*Anmerkung:* Man könnte den Zahlenbereich auf 1 bis 100 einschränken. Wenn jeder Zahl die Wahrscheinlichkeit $\frac{1}{100}$ zugeordnet wird, bekommt man eine gleichmäßige Wahrscheinlichkeitsverteilung. Die Überlegungen der Spieler treffen dann aber in einigen Fällen *nicht* mehr zu.
*Beispiel 1:* Wenn ein Spieler die Zahl 100 sieht, kann er nicht gewinnen und wird daher sein Veto einlegen.
*Beispiel 2:* Wenn Spieler *A* die Zahl 99 sieht, dann hat er 100 oder 98. Wenn jedoch Spieler *B* sein Veto nicht einlegt, dann wird Spieler *A* klar, dass er die 98 haben muss und verlieren wird. Daher wird Spieler *A* sein Veto einlegen.

**Zahlen mit Worten**

Es handelt sich um einen nicht auflösbaren Widerspruch. Die Idee stammt von George Godfrey Berry.
Obwohl man keinen direkten Fehler findet, kann man trotzdem das Phänomen unter die Lupe nehmen.
Text 5: „Das Produkt aller anderen Zahlen, die sich in M befinden."
Auf den ersten Blick beschreibt Text 5 eindeutig eine Zahl. Man soll alle anderen Zahlen aus M miteinander multiplizieren.
Bis man plötzlich auf diesen Text stößt:
Text 6: „Die Summe aller anderen Zahlen, die sich in M befinden."
Um die Zahl für Text 6 zu ermitteln, bräuchte man die Zahl von Text 5.
Um die Zahl für Text 5 zu ermitteln, bräuchte man die Zahl von Text 6.
Es gibt aber auch andere Überraschungen:
Text 7: „Die größte Zahl, an die Gauß in seinem Leben gedacht hat."
Die Zahl aus Text 7 ist eindeutig bestimmt, ist aber unbekannt. Die Texte 5, 6 und 7 sind, im Gegensatz zu den Texten 1 und 2 schwammig und umstritten. Vermutlich gibt es noch weitere solche merkwürdigen Texte.
Es stellt sich die berechtigte Frage, ob die Menge M korrekt definiert wurde, also ob diese Definition in der Mathematik zulässig ist.

*Anmerkung:* Wenn man statt 100 Buchstaben nur zehn Buchstaben zuließe, gäbe es höchstwahrscheinlich keine Texte wie 5, 6 und 7.
*Bemerkung:* Solche Paradoxien führten dazu, dass man die sogenannte naive Mengenlehre im XIX. Jahrhundert verwarf. Die Mengenlehre wurde neu aufgebaut. In der Schule wird aber weiterhin seelenruhig die überholte und widersprüchliche naive Mengenlehre unterrichtet.

**Tanz auf der Rasierklinge**

Die Gedankengänge sind korrekt, beide Antworten münden in einen Widerspruch.
Diese Geschichte wurde von Bertrand Russel erdacht, vermutlich mit dem Zweck, die Grundidee seines berühmten Paradoxons aus der Mengenlehre einer breiteren Öffentlichkeit zugänglich zu machen.
Wenn es einen solchen Barbier gibt und alle aus dem Dorf mitmachen, dann entsteht für den Barbier tatsächlich ein unlösbares Dilemma. Man setzt also stillschweigend voraus, dass alle Beteiligten diese Regel stets befolgen. Würde sich aber der Barbier weigern, in diese Rolle zu schlüpfen oder würde nur ein einziger Mann aus dem Dorf nicht mehr mitmachen, dann wäre das Paradoxon vom Tisch.
Dieselbe Grundidee kann man auch anders darstellen, wie zum Beispiel: In einem Landkreis darf kein Polizeichef in der Stadt wohnen, in der er Chef der Polizei ist. Alle Polizeichefs müssen in die eigens dafür eingerichtete PolChe-Stadt ziehen.
*Wo soll der Polizeichef der PolChe-Stadt wohnen?*

Auf diese Frage gibt es ebenfalls nur widersprüchliche Antworten. Paradox ist aber bei diesem Beispiel vor allem die absurde Vorschrift, die Polizeichefs verbieten will, in jener Stadt zu wohnen, in der sie die örtliche Polizei leiten.
Nicht alles, was in sich logisch ist, ergibt auch einen Sinn.

**Alte Kamele**
Nehmen wir für einen Augenblick an: Jedes Kamel ist 1800 Dinar wert. Die drei Söhne verkaufen alle Kamele zu diesem Preis und verteilen die Geldsumme untereinander nach dem letzten Willen ihres Vaters. Für 17 Kamele erhalten sie 17 · 1800 = 30.600 Dinar. Die Hälfte davon ist 30.600 : 2 = 15.300 Dinar, ein Drittel davon ist 30.600 : 3 = 10.200 Dinar, ein Neuntel davon ist 3.400 Dinar. Und nun zählen wir die drei Summen zusammen:
15.300 + 10.200 + 3.400 = 28.900 Dinar. 28.900 ist aber weniger als 30.600. Die Differenz, 30.600 – 28.900 = 1.700 Dinar würde nach diesem Verfahren niemandem gehören. Und dies ist ja fast der Wert eines Kamels.
Man hätte auch anders erkennen können, dass etwas nicht stimmt.
$\frac{1}{2}+\frac{1}{3}+\frac{1}{9}=\frac{17}{18}$ und $\frac{17}{18}$ ist weniger als 1, wobei 1 für „das Ganze" steht. $\frac{1}{18}$ seiner Kamele hat der Vater durch seinen letzten Willen nicht geregelt. Jeder der Söhne erhielt tatsächlich mehr, als ihm „offiziell" zustand. Dies war aber keine Hexerei. Der Derwisch hat – auf sehr sinnvolle Art – auch den obigen, noch freistehenden Bruchteil von $\frac{1}{18}$ verteilt. Im Zahlenbeispiel entspricht $\frac{1}{18}$ von 30.600 Dinar genau den übrig gebliebenen 1.700 Dinar.
Übrigens: Der Nachbar erhielt von den Söhnen weder ein Kamel noch Geld, sondern Hausverbot.

**Gerechtes Verteilen**
Der 2. Lösungsansatz ist ebenfalls fehlerhaft. Dies können wir anhand der folgenden Abbildung erklären.

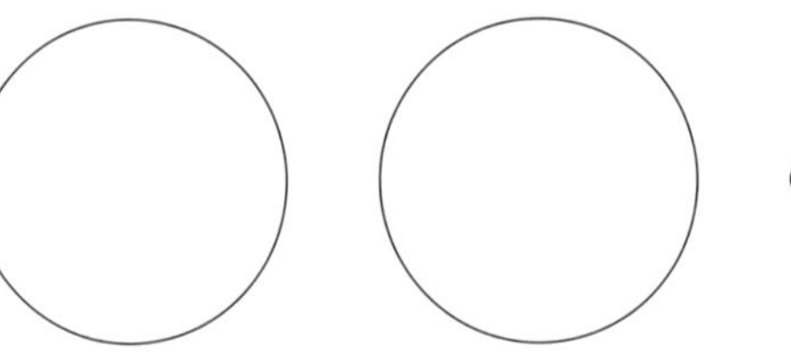

Im *1. Schritt* bildet *A* zwei gleich große Teile und noch einen ganz winzigen Teil.
Im *2. Schritt* sucht sich *B* einen der großen Teile aus.
Im *3. Schritt* sucht sich *C* den kleinen Teil aus und erklärt sich **unzufrieden**. Daraufhin verteilen *B* und *C* den einen großen Teil untereinander nach dem Schema der zwei Brüder.
*Zahlenbeispiel:* Jeder große Teil ist je 2000 Gulden wert, der kleine Teil 1 Cent. *A* hat am Ende der Verteilung 2000 Gulden, *B* und *C* haben je 1000 Gulden. Damit ist die „offizielle" Verteilung zu Ende. Danach gibt *A* jedoch noch 500 Gulden an C. Damit haben *A* und *C* je 1500 Gulden, *B* aber nur 1000 Gulden. *B* geht zwar nicht leer aus, aber *A* und *C* haben je 50 % mehr als *B*.

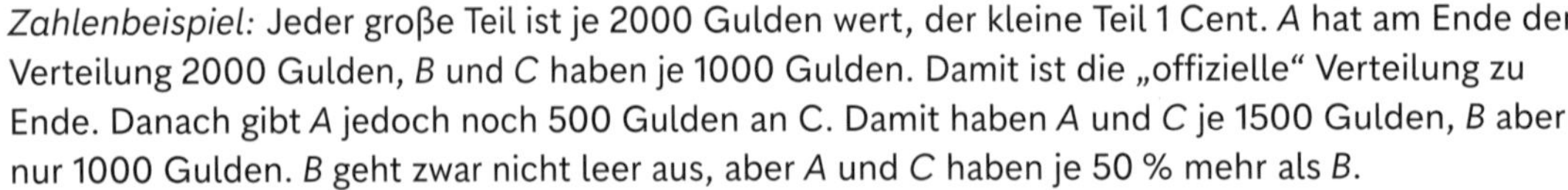

**Ein korrektes Verteilungsverfahren**
Im *1. Schritt* bilden *A* und *B* zwei Teile nach dem Schema der zwei Brüder (linke Abbildung).
Im *2. Schritt* verteilen *A* und *B* ihre Teile in je drei Unterteile (rechte Abbildung).
Im *3. Schritt* sucht sich *C* je einen Unterteil von *A* und *B* aus. Diese bilden den Anteil von *C*. Was bei *A* bzw. *B* übrigbleibt, ist deren Anteil.

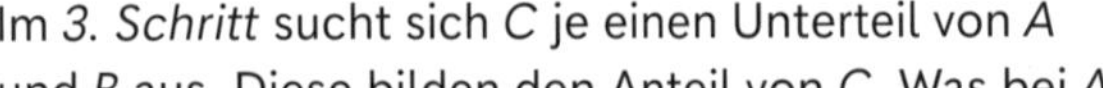

*Anmerkung:* Das obige Verfahren lässt sich verallgemeinern. Im Falle von vier Räubern *A*, *B*, *C*, *D* ginge es so: Im *1. Schritt* verteilen *A*, *B* und *C* die Beute wie in der obigen Lösung (folgende linke Abbildung). Im *2. Schritt* verteilen *A*, *B* und *C* ihre Teile in je vier Unterteile (folgende rechte Abbildung). Im *3. Schritt* sucht sich *D* je einen Unterteil von *A*, *B* und *C* aus. Diese bilden den Anteil von *D*. Was bei *A*, *B* und *C* übrigbleibt, ist deren Anteil.

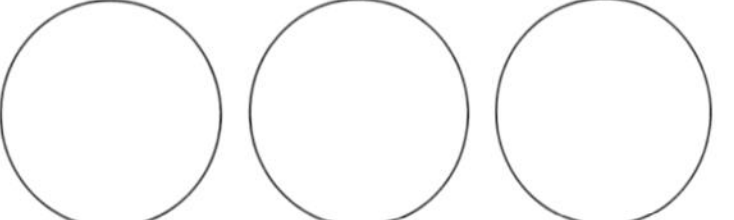
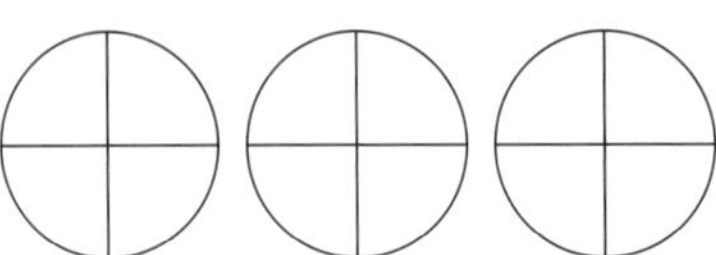

**Winkelsumme im Dreieck**
Der Beweis ist unvollständig. Er setzt nämlich stillschweigend voraus, dass die Winkelsumme in jedem Dreieck dieselbe ist. Somit hat man lediglich bewiesen, dass die Winkelsumme 180° betragen muss, *wenn* alle Dreiecke dieselbe Winkelsumme haben.

**Der Satz des Pythagoras**
Geometrisch lässt sich die Formel
$\sin^2(\alpha) + \cos^2(\alpha) = 1$
im Einheitskreis veranschaulichen:
$y^2 + x^2 = 1$
Die obige Gleichung gilt, weil im rechtwinkligen Dreieck der Satz des Pythagoras gilt.
*Zusammengefasst:* Bei diesem Beweis des Satzes des Pythagoras hat man stillschweigend den Satz des Pythagoras vorausgesetzt. Dies war ein subtiler Denkfehler.

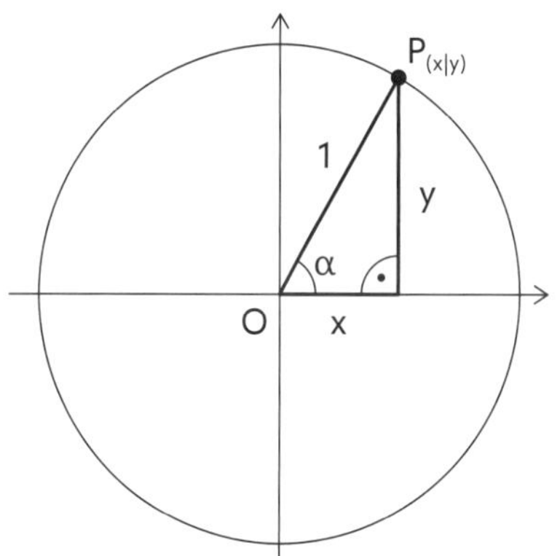


*Anmerkung:* Für den Satz des Pythagoras gibt es über 200 verschiedene richtige Beweise. Über die Anzahl der falschen Beweise weiß man nichts Genaues.

**Das Bertrand-Paradoxon**
Beim ersten Ansatz bedeutet die Wahl der Sehne parallel zu einer Seite des Dreieckes keine Einschränkung der Allgemeinheit.
Beim zweiten Ansatz bedeutet die Wahl eines Endpunktes der Sehne als Eckpunkt des Dreiecks keine Einschränkung der Allgemeinheit.
Beim dritten Ansatz bedeutet die Wahl eines Radius senkrecht zu einer Dreiecksseite ebenfalls keine Einschränkung der Allgemeinheit.
Tatsächlich, man könnte durch Drehen des Dreiecks die jeweiligen Positionen erhalten.
Alle drei Verfahren bedeuten je eine Gleichverteilung eines Punktes (in der Kreisscheibe, auf dem Kreisbogen und auf einem Radius), da keiner der Punkte eine gesonderte Lage hat. Durch alle drei Verfahren wird je eine Sehne des Kreises zufällig ausgewählt und eindeutig bestimmt.
Man hat aber trotzdem drei unterschiedliche Ergebnisse. Der Grund dafür:
Durch eine zufällige Wahl des Punktes wird die Wahrscheinlichkeit nicht eindeutig bestimmt.
Verschiedene Gleichverteilungen des Punktes können zu verschiedenen Ergebnissen führen.

*Anmerkungen:* Es spielt eine wichtige Rolle, dass es unendlich viele Sehnen gibt.
Es gibt aber keine gleichmäßige Wahrscheinlichkeitsverteilung, die jeder Sehne dieselbe Wahrscheinlichkeit zuweist.
Alle drei Ansätze sind geeignet, die Verfahren auch experimentell zu prüfen. Wenn man drei solche Experimente getrennt durchführen würde, könnte man die Ergebnisse $\frac{1}{4}$, $\frac{1}{3}$ und $\frac{1}{2}$ empirisch bestätigen.

**Mit schlechten Karten immer mehr gewinnen**
Wenn es die Regel mit der geraden Anzahl von Runden nicht gäbe, wäre es für *A* am besten, gleich nach der ersten Runde aufzuhören. Wegen der geraden Anzahl der Runden ist es aber anders. Man kann durch ähnliche Rechnungen wie bei $n = 6$ zeigen, dass die Gewinnchancen von *A* weiter steigen bis etwa 0,34 ($n = 24$ und $n = 26$) und sie bleiben eine Weile ziemlich hoch. Erst nach 288 Runden sinkt die Gewinnwahrscheinlichkeit auf 0,23 (siehe das Spiel mit zwei Runden).
*Beachte:* Trotz des vorgestellten Beispiels lohnt es sich in der Regel, aus einem nachteiligen Spiel so schnell wie möglich auszusteigen.
*Beispiel:* Man setzt beim Roulette 100 € um 100 € zu gewinnen. Die beste Strategie ist es, das ganze Geld auf einmal zu setzen (zum Beispiel auf eine Farbe). In diesem Fall hört der Spieler nach einer Runde auf. Wenn er aber die 100 € in Raten setzen würde, wäre die Wahrscheinlichkeit, 100 € zu gewinnen, geringer.

**$\sqrt{2}$ ist rational!**

*Beweis 1*

$\sqrt{2} = \frac{\sqrt{2}}{1}$ ist in sich korrekt, die Folgerung ist falsch. Bei rationalen Zahlen müssen Zähler und Nenner ganze Zahlen sein, was beim Zähler $\sqrt{2}$ nicht der Fall ist.

*Beweis 2*

Die Summe von endlich vielen rationalen Zahlen ist rational. Bei unendlich vielen rationalen Zahlen entsteht eine unendliche Summe, deren Ergebnis eine Dezimalzahl ist, die je nachdem rational oder irrational ist. Das Ergebnis von

$\frac{1}{1} + \frac{4}{10} + \frac{1}{100} + \frac{4}{1000} + \frac{2}{10\,000} + \ldots$

ist die irrationale Zahl 1,4142 ... $= \sqrt{2}$.

Die Argumentation „Unendlich viele Brüche haben keinen gemeinsamen Nenner und daher geht es nicht" greift zu kurz. Begründung an einem Beispiel:

Bei $\frac{3}{10} + \frac{3}{100} + \frac{3}{1000} + \ldots$ gibt es zwar auch keinen gemeinsamen Nenner, aber

$\frac{3}{10} + \frac{3}{100} + \frac{3}{1000} + \ldots = 0{,}3 + 0{,}03 + 0{,}003 + \ldots = \frac{1}{3}$, ein Bruch mit dem Nenner 3.

*Anmerkung:* Den Gedankengang des 2. Beweises könnte man für eine beliebige reelle Zahl anwenden. Danach müssten alle reellen Zahlen rational sein, was aber absurd ist.

*Beachte:* Das unkritische Übertragen von Eigenschaften von einem endlichen Bereich ins Unendliche ist eine häufige Fehlerquelle.

**$\sqrt{4}$ ist irrational!**

Diese Folgerung:

*$p^2$ ist ein Vielfaches von 4. Daher ist p ebenfalls ein Vielfaches von 4.*

ist ein Trugschluss.

Tatsächlich, am *Beispiel* p = 6 sieht man:

$6^2 = 36$ ist zwar ein Vielfaches von 4, aber 6 ist *kein* Vielfaches von 4.

Alle anderen analogen Folgerungen sind ebenfalls falsch.

*Anmerkungen:* Wenn man 4 durch 2 ersetzt, erhält man folgende Aussage:

*$p^2$ ist ein Vielfaches von 2. Daher ist p ebenfalls ein Vielfaches von 2.*

Die obige Folgerung ist korrekt und bildet einen wichtigen Schritt in Euklids Beweis dafür, dass $\sqrt{2}$ irrational ist. Wenn man den ganzen Gedankengang mit $\sqrt{2}$ (statt $\sqrt{4}$) wiederholt, so zeigt man, dass $\sqrt{2}$ irrational ist. Man folgt damit dem Ansatz von Euklid, führt den Beweis aber anders zu Ende.

**Alle Politiker**

Der *Denkfehler:* Beim Induktionsschritt ist die Folgerung für n = 1 falsch. Aus A(1): „Ein Politiker gehört derselben Partei an." folgt *nicht*:

A(2): „Zwei Politiker gehören derselben Partei an."

Betrachten wir zwei Politiker $P_1$, $P_2$ und wählen wir einen von diesen aus. In beiden Fällen bleibt unklar, welcher Partei der andere Politiker angehört, denn es fehlen die gemeinsamen Politiker, die die Zugehörigkeit gesichert haben.

*Anmerkungen:* Die Folgerung $A(n) \Rightarrow A(n+1)$ ist für jedes andere n einwandfrei. Die nebenstehende Abbildung zeigt den Übergang von n = 2 zu n = 3.

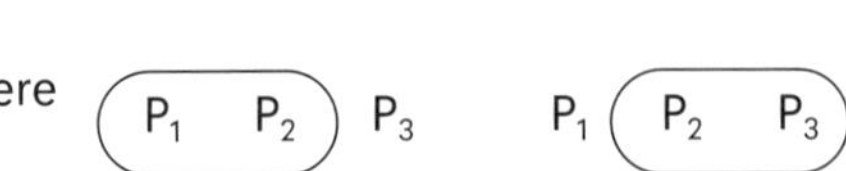


Die gemeinsamen Politiker reduzieren sich zwar nur auf $P_2$, für den Gedankengang reicht dieser aber aus.

Aus psychologischer Sicht ist die Entdeckung des Fehlers vermutlich deswegen schwierig, weil man beim Ausdruck „alle Politiker" nicht an einen oder an zwei Politiker denkt, sondern an ganz viele. Man kann das Phänomen auch mit dem *Dominoprinzip* veranschaulichen.

*Wenn* in dieser Reihe das zweite Buch fiele, *dann* würden alle anderen darauffolgenden Bücher auch fallen:

Wenn aber das erste Buch fällt, erreicht es das zweite nicht. Deswegen bleiben die anderen Bücher letztendlich stehen:

Jede Kette ist nur so stark, wie ihr schwächtes Glied.

**$3^{n-1} = 1$**

Der verwendete Induktionsschritt „aus A(n – 1) und A(n) folgt A(n + 1)" ist vielleicht weniger bekannt aber in sich korrekt. Dann müsste aber der Induktionsanfang so lauten: Aus A(1) *und* A(2) folgt A(3).
A(1): $3^{1-1} = 1$ stimmt noch, aber A(2): $3^{2-1} = 1$ *nicht* mehr.
Dies ist die Achillesferse des Gedankenganges.

*Anmerkung:* Der Beweis aus dem Induktionsschritt ist in sich korrekt, baut jedoch auf Sand, weil eine Bedingung aus dem Induktionsanfang nicht erfüllt ist.

**Ins Unendliche reichender Graph**
Es gibt keinen Fehler. Aber unsere Intuition wehrt sich dagegen. Man kann es auf den Punkt bringen: Wenn man diesen Körper mit endlichem Volumen entlang der x-Achse durchschneidet, erhält man einen Querschnitt mit unendlich großem Flächeninhalt.
Betrachten wir nun ein **anderes Beispiel**:
Längs des Äquators wird ein Seil straff gespannt. Nun wird das Seil um 1 m verlängert; es steht danach überall gleich weit von der Oberfläche ab.
Die Frage: Kann jetzt eine Maus unter dem Seil durchkriechen?
*Hinweis:* Der Äquator ist 40 000 km lang; die Maus ist 1,7 cm groß und kräftig.
Die Lösung: Es sei r der Erdradius. Das um 1 m verlängerte Seil bildet einen Kreis, dessen Umfang einerseits $2\pi r + 1$, andererseits $2\pi R$ ist.

$2\pi R = 2\pi r + 1 \quad | : 2\pi$

$R = r + \frac{1}{2\pi}$

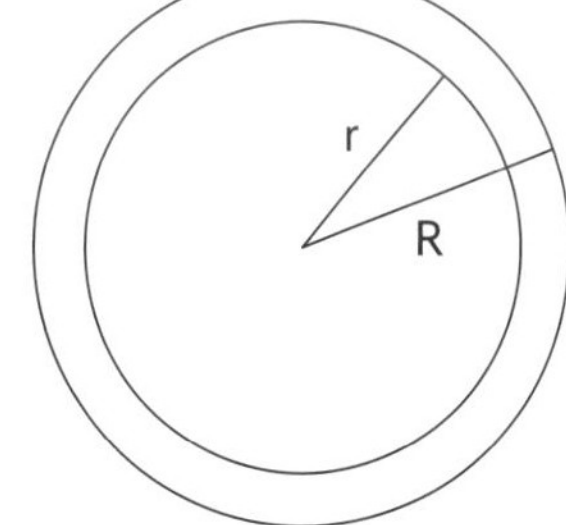


Der Abstand des angespannten Seiles vom Äquator beträgt R – r.

$R - r = r + \frac{1}{2\pi} - r = \frac{1}{2\pi} \approx 0{,}159 \text{ m} \approx 16 \text{ cm}$

Die Maus kann also locker unter dem Seil durchspazieren, obwohl sich der zusätzliche Meter rund um die Erde verteilt.

*Anmerkung:* Das Ergebnis ist vom Radius r unabhängig. Wenn man also das Experiment mit einem Ball durchführen würden, bekäme man denselben Abstand, etwa 16 cm.
*Alltagsbezogene Anwendung:* Falls jemandem die Hose eng wird und er deswegen zum Schneider geht, braucht dieser beim Erweitern der Hose die Taille nicht zu berücksichtigen.

*Beachte:* Es gibt Ergebnisse, die anschaulich schlecht zugänglich sind. Wenn sich die Menschheit darüber nicht im Klaren wäre, dann wären wir immer noch davon überzeugt, was wir Tag für Tag mit unseren eigenen Augen sehen: Die Sonne dreht sich um die Erde – und nicht umgekehrt.

**Komplexe Zahlen**
Die bekannte Bezeichnung $i = \sqrt{-1}$ ist falsch. Kein Scherz!
**Begründung**
In der Menge der komplexen Zahlen gilt:
$\sqrt{-1} = \{i, -i\}$
$\sqrt{-1}$ ist also laut Definition *keine Zahl*, sondern eine *Menge* bestehend aus den *zwei* Zahlen i und –i.
Der Schritt $\sqrt{-1} \cdot \sqrt{-1}$ würde also bedeuten $\{i, -i\} \cdot \{i, -i\}$. Diese Multiplikation zweier Mengen ist aber nicht definiert.
*Anmerkungen:* Allgemein ist $\sqrt[n]{z}$ in $\mathbb{C}$ eine Menge bestehend aus n komplexen Zahlen. Es sind die Lösungen der Gleichung $x^n = z$ in $\mathbb{C}$.
Betrachten wir den Term $\sqrt{9} \cdot \sqrt{4}$.
In der Menge der *reellen Zahlen* ist $\sqrt{9} = 3$, $\sqrt{4} = 2$ und somit gilt
$\sqrt{9} \cdot \sqrt{4} = 3 \cdot 2 = 6$ oder $\sqrt{9} \cdot \sqrt{4} = \sqrt{9 \cdot 4} = 6$.
In der Menge der *komplexen Zahlen* ist $\sqrt{9} = \{-3, 3\}$, $\sqrt{4} = \{-2, 2\}$.
$\sqrt{9} \cdot \sqrt{4}$ wäre $\{-3, 3\} \cdot \{-2, 2\}$, ist aber nicht definiert.

*Beachte:* Die Umformung $\sqrt{9} \cdot \sqrt{4} = \sqrt{9 \cdot 4}$ geht in $\mathbb{C}$ nicht.

**Harmlose Wörter und gefährliche Wörter**
Es handelt sich um einen nicht auflösbaren Widerspruch. Die Grundidee stammt von den Logikern Kurt Grelling und Leonard Nelson.

*Anmerkungen:* Man stellte fest, dass viele Paradoxien mit Selbstbezug zu tun haben. In unserem Fall haben gefährliche Wörter einen Selbstbezug.
Als die ersten Paradoxien erschienen sind, gab es einen Versuch, Selbstbezug auszuklammern und sich nur auf Phänomene ohne Selbstbezug zu beschränken. In unserem Beispiel sind diese die harmlosen Wörter.
Den Versuch, jeden Selbstbezug zu verbannen und eine „heile Welt" ohne Widersprüche zu schaffen, hat man inzwischen aufgegeben.
Schließlich gibt es sinnvolle Selbstbezüge ohne Widerspruch, wie zum Beispiel:
„Ich mache mir Gedanken über meine eigenen Gedanken."
Dies ist jedoch selbstverständlich und zutiefst menschlich.
Die Unterteilung der Wörter in harmlos und gefährlich hat ihre Tücken. Denn „Merkmal" ist kein mathematischer Begriff. Daher bietet die Formulierung Spielräume für subjektive Deutungen.
Die genannten Beispiele sind klar. Wie ist es aber mit dem Wort „langweilig"? Ist es langweilig und damit *gefährlich* oder nicht? Und wer darf so etwas entscheiden?

# Literaturverzeichnis


**Baruk, Stella** (1989): Wie alt ist der Kapitän? Über den Irrtum in der Mathematik. Birkhäuser Verlag

**Furdek, Attila**: Wo steckt der Fehler? matematikai lapok, Klausenburg, Hefte 8/1977, 9/1977, 10/1977, 11/1977, 1/1978, 2/1978, 3/1978, 5/1978, 6/1978, 7/1978, 8/1978, 9/1978, 11/1978, 1/1979, 2/1979, 3/1979, 4/1979, 6/1979, 7/1979, 8/1979, 9/1979, 10/1979, 11/1979, 12/1979, 1/1980, 2/1980, 3/1980, 4/1980, 5/1980, 6/1980, 7/1980, 9/1980, 10/1980, 11/1980, 12/1980, 1/1981, 3/1981, 5/1981, 6/1981, 7/1981, 8/1981, 10/1981, 11/1981, 12/1981, 1/1982, 2/1982, 3/1982, 4/1982, 9+10/1982, 11/1982, 4/1983, 8/1983, 9/1983, 12/1983, 1/1984, 3/1984, 4+5/1984, 6/1984, 8/1984, 9/1984 und 10/1984

**Furdek, Attila**: Schlaue Leute werden durch die Fehler von anderen klug. die √WURZEL, Hefte 7/2004, 9+10/2004, 12/2004, 1/2005, 3+4 /2005, 6/2005, 9+10/2005, 12/2005, 3/2006, 6/2006, 9+10/06, 12/2006, 2/2007, 5/2007, 7/2007, 9+10 / 2007, 1/2008, 3+4/2008, 6/2008, 9+10/2008, 12/2008, 3+4/2009, 06/2009, 9+10/2009, 12/2009, 2/2010, 6/2010, 9+10/2010, 11/2010, 3+4/2011, 6/2011, 9+10/2011, 2/2012, 6/2012, 12/2012, 2/2013, 12/2013, 3+4/2014, 9+10/2014 und 9+10/2015

**Furdek, Attila**: Knobeleck. die √WURZEL, Hefte 3+4/2007, 6/2007, 8/2007 und 12/2007

**Furdek, Attila**: Wo steckt der Fehler? Matlap, Klausenburg, in den Heften 5/2003, 6/2003, 7/2003, 8/2003, 9/2003, 12/2003, 1/2004, 2/2004, 3/2004, 4/2004, 5/2004, 6/2004, 7/2004, 8/2004, 9/2004, 10/2004, 1/2005, 2/2005, 4/2005, 5/2005, 3/2005, 6/2005, 7/2005, 8/2005, 9/2005, 10/2005, 1/2006, 2/2006, 3/2006, 4/2006, 5/2006, 7/2006, 8/2006, 9/2006, 10/2006, 1/2007, 2/2007, 3/2007, 4/2007, 5/2007, 6/2007, 7/2007, 8/2007, 9/2007, 10/2007, 1/2008, 2/2008, 3/2008, 5/2008 und 12/2008

**Furdek, Attila** (2002): Fehler-Beschwörer. Typische Fehler beim Lösen von Mathematikaufgaben. Books on Demand

**Furdek, Attila** (2003): Logistisches Wachstum – und wann der Schein trügt. In: Praxis der Mathematik in der Schule, Heft 2/45, S. 83–84

**Furdek, Attila** (2003): Fehler in der Anteilsberechnung. In: Praxis der Mathematik in der Schule, Heft 5/45, S. 264

**Furdek, Attila** (2003): Wo steckt der Fehler? MONOID, Heft 75, S. 29

**Furdek, Attila** (2004): Fehlersuche als Bereicherung des Unterrichts. In: Praxis der Mathematik in der Schule, Heft 1/46, S. 48

**Furdek, Attila** (2004): Fehler in der Prozentrechnung. In: Praxis der Mathematik in der Schule, Heft 2/46, S. 96

**Furdek, Attila** (2004): Der Fehler am Rande: lokale Extremwerte. In: mathematiklehren, Heft 125, S. 55–57

**Furdek, Attila** (2004): Fehler bei reellen Zahlen. In: Praxis der Mathematik in der Schule, Heft 5/46, S. 238

**Furdek, Attila** (2004): Eine Anmerkung zur Farbe meines Hutes. In: Praxis der Mathematik in der Schule, Heft 5/46, S. 220

**Furdek, Attila** (2004): Zwei Schüler unterhalten sich über eine Aufgabe. In: die √WURZEL, Heft 2, S. 268–273

**Furdek, Attila** (2004): Fehler in der Dreisatzrechnung. In: Praxis der Mathematik in der Schule, Heft 6/46 Jg., S. 304

**Furdek, Attila** (2005): Wo steckt der Fehler? In: Praxis der Mathematik in der Schule, Heft 2/47 Jg., S 42–43

**Furdek, Attila** (2005): Tangentialebene einer Kugel – aber wie viele denn?! In: Praxis der Mathematik in der Schule, Heft 6/47 Jg., S. 6–10

**Furdek, Attila** (2006): Krimi öt jelenetben. In: MATEMATIKA TANÍTÁSA, 4/2006, Budapest, S. 14–16

**Furdek, Attila** (2006): Fehler in Kombinatorik und Wahrscheinlichkeitsrechnung. In: Praxis der Mathematik in der Schule, Heft 8/48 Jg., S. 40

**Furdek, Attila** (2006): Drei Dreieckskonstruktionen – welche stimmt? in: Praxis der Mathematik in der Schule, Heft 11/48 Jg., 2006, S. 41–42

**Furdek, Attila** (2007): Tangente zum Schaubild – ein Krimi in fünf Akten. In: mathematiklehren, Heft 140, S. 48–50

**Furdek, Attila** (2007): Krimi kilenc jelenetben. In: MATEMATIKA TANÍTÁSA, 2/2007, Budapest, S. 20–24

**Furdek, Attila** (2007): Új utak a matematika tanításában (1). In: MATEMATIKA TANÍTÁSA, 4/2007, Budapest, S. 3–6

**Furdek, Attila** (2008): Új utak a matematika tanításában (2). in: MATEMATIKA TANÍTÁSA, 1/2008, Budapest, S. 13–16

**Furdek, Attila** (2008): Új utak a matematika tanításában (3). in: MATEMATIKA TANÍTÁSA, 2/2008, Budapest, S. 9–14

**Furdek, Attila** (2008): Új utak a matematika tanításában (4). in: MATEMATIKA TANÍTÁSA, 3/2008, Budapest, S. 7–12

**Furdek, Attila** (2008): Új utak a matematika tanításában (5). in: MATEMATIKA TANÍTÁSA, 4/2008, Budapest, S. 14–20

**Furdek, Attila** (2008): Beim Prozentrechnen aus lehrreichen Schülerfehlern lernen. Stark-Verlag, in der Reihe 6301, E.1.2, S 1–21

**Furdek, Attila** (2008): Mephisto mischt im Matheunterricht mit. In: Praxis der Mathematik in der Schule, Heft 21/50 Jg., S. 34–36

**Furdek, Attila** (2008): Der Hauptsatz der Differenzial- und Integralrechnung – und was in der Schule meist verschwiegen wird. In: Die Mathematikinformation, Heft 1/2008, S. 15–26

**Furdek, Attila** (2008): Integration abschnittsweise definierten Funktionen. Stark-Verlag, in den Reihen 706E und 7061E, T.57, S. 1–4

**Furdek, Attila** (2008): Beim Prozentrechnen aus lehreichen Schülerfehlern lernen. Stark-Verlag, Reihe 6301, E.1.2, S. 1–21

**Furdek, Attila** (2008): Beweis von Summenformeln mit vollständiger Induktion. Stark-Verlag; in den Reihe 7061, S. 1–6

**Furdek, Attila** (2009): Wie unendliche Summen schwarze Löcher erzeugen. In: Praxis der Mathematik in der Schule, Heft 27/51 Jg., S. 38–40

**Furdek, Attila** (2009): Polynomdivision und Anwendungen. Stark-Verlag, in der Reihe KM712, V.5.5, S. 1–6

**Furdek, Attila** (2010): Additions- und Einsetzungsverfahren, Gauß-Verfahren. Stark-Verlag, in den Reihen 707 und 7071, C.2.11, S 1–6

**Furdek, Attila** (2010): Ableitungsregeln. Stark-Verlag, Unterrichts-Konzepte Analysis, F.2.1, S. 1–40

**Furdek, Attila** (2010): Darstellungsformen von Ebenen – Entdeckendes Lernen. Stark-Verlag, Unterrichts-Konzepte Geometrie, in den Reihen KM73 und KM731, 2010, E.1.2, S. 1–30

**Furdek, Attila** (2010): Zinseszinsen. Stark-Verlag, Reihe 6301, K.3.1, S. 1–14

**Furdek, Attila** (2010): Vektorielle Geradengleichungen – Lernen aus Fehlern. Stark-Verlag, Unterrichts-Konzepte Geometrie, in den Reihen KM73 und KM731, E.1.2, S. 1–31

**Furdek Attila** (2013): Pfadregeln und Gegenereignis – Veranschaulichung am Baumdiagramm. Stark-Verlag, Unterrichts-Konzepte Wahrscheinlichkeitsrechnung und Statistik, V.3.2, S. 1–22

**Furdek, Attila** (2013): Notwendige und hinreichende Bedingung – von der Alltagssprache zur Fachsprache. Stark-Verlag, Unterrichts-Konzepte Analysis, K.3.2, S. 1–33

**Furdek, Attila** (2016): Fehler als Bereicherung des Unterrichts – Anregungen und Gestaltungsvorschläge. In: Der Mathematikunterricht, 3/2016, S. 31–40

**Furdek, Attila und Röttel, Karl** (2004): Mach'n Se doch mal wieda'n Fehla! In: mathematiklehren, Heft 125, S. 13–16

**Furdek, Attila und Benkeser, Matthias** (2007): Viele Wege führen aus Rom – ein Plädoyer für Brainstorming. In: Praxis der Mathematik in der Schule, Heft 14/49 Jg., S. 40–43

**Furdek, Attila und Benkeser, Matthias** (2012): Chancen mathematisch erfasst – Spielerische Einführung in die Wahrscheinlichkeitsrechnung. Stark-Verlag, Unterrichts-Konzepte Unterstufe, R.2.3, S. 1–35

**Furdek, A.; Benkeser, M. und Dragmann, D.** (2021): Mündliches Abitur BF Gymnasium Baden-Württemberg. Stark

**Furdek, A.; Benkeser, M. und Dragmann, D.** (2023): Mathematische Grundlagen verständlich einführen. Klassen 7–10 Cornelsen

**Furdek, A.; Benkeser, M. und Dragmann, D.** (2024): Mathematische Grundlagen verständlich einführen. Klassen 11–13 Cornelsen

**Lakatos, Imre** (1979): Beweise und Widerlegungen. Die Logik mathematischer Entdeckungen. Vieweg

**Lorenz, Jens-Holger** (1984): Gibt es für Schüler einen guten Grund, Fehler zu machen? In: mathematiklehren, 5/1984, S. 40–43

**Laing, Ronald D.** (1972): Knoten. Rowohlt

**Polya, Georg** (1963): Mathematik und Plausibles Schließen. Birkhäuser

**Solomon, Marcus** (1984): PARADOXUL. Editura Albatros, Bucuresti

**Sainsbury, Richard Mark** (2001): Paradoxien. Reclam, Stuttgart

**Székely, Gábor** (2004): Paradoxonok a végtelen matematikájában. Typotex, Budapest